Physik

in Formeln und Tabellen

Von
Prof. Joachim Berber
Prof. Heinz Kacher
Prof. Dr. Rudolf Langer
Fachhochschule Coburg

2., überarbeitete Auflage

B. G. Teubner Stuttgart 1986

Inhaltsverzeichnis

5 Elektrik und Magnetik 67

6 Optik 98

7 Quantenmechanik und Atombau 112

8 Tabellen 125

Griechisches Alphabet

A α alpha	Z ζ zeta	Λ λ lambda	Π π pi	Φ φ phi
B β beta	H η eta	M μ mü	P ϱ rho	X χ chi
Γ γ gamma	Θ ϑ theta	N ν nü	Σ σ sigma	Ψ ψ psi
Δ δ delta	I i iota	Ξ ξ xi	T τ tau	Ω ω omega
E ε epsilon	K $\varkappa$ kappa	O o omikron	Y υ ypsilon	

1 Mechanik des Massenpunktes und der festen Körper

1.1 Statik

1.1.1 Grundgrößen

Länge[1]) l $(r, d, \ldots)$ einer Strecke oder Kurve

Einheit: **1 Meter m**

Ortskoordinaten x, y, z eines Punktes P

Einheit: 1 m

Ortsvektor $\vec{r} = \begin{pmatrix} x \\ y \\ z \end{pmatrix}$

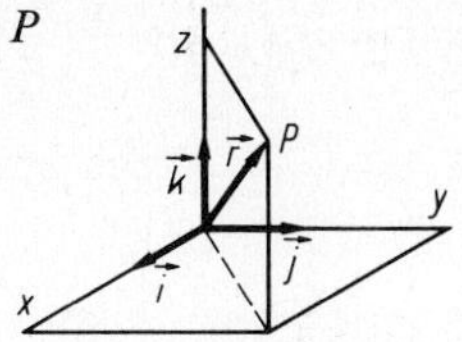

x, y, z Ortskoordinaten (skalare Komponenten)

$$\vec{r} = x\vec{i} + y\vec{j} + z\vec{k}$$

Flächeninhalt A (Tab. 5)

Einheit: 1 Quadratmeter m^2

Gerichtete ebene Fläche $\vec{A}$:

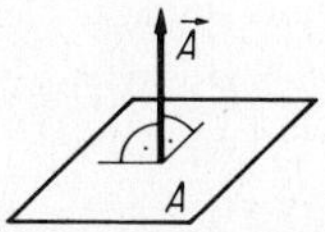

Volumen (Rauminhalt) V (Tab. 5)

Einheit: 1 Kubikmeter m^3

Ebener Winkel α $(\beta, \gamma, \delta, \ldots)$

Einheit: 1 m/1 m = 1 Radiant rad

$$\alpha = \frac{s}{r}$$

1 Grad ° $= \frac{\pi}{180}$ rad

s Kreisbogen mit dem Zentriwinkel α, r Kreisradius

Winkelkoordinate, Phasenwinkel φ $(\psi, \ldots)$ eines Strahls

Einheit: 1 m/1 m = 1 rad

Masse[1]) (Gewicht) m

Einheit: **1 Kilogramm kg**

1 Tonne t $= 10^3$ kg

Kraft $\vec{F}$

Speziell: Gewichtskraft $\vec{F}_G$

Betragseinheit: 1 kg m s^{-2} = 1 Newton N

1 Kilopond kp = 9,81 N

1 dyn = 1 g cm s^{-2} = 10^{-5} N

Dichte ϱ (Tab. 6)

Einheit: 1 kg/m^3

$$\varrho = \frac{m}{V}$$

1 kg/dm^3 = 10^3 kg/m^3

Normalspannung σ

Einheit: 1 N/m^2 = 1 Pascal Pa

$$\sigma = \frac{F_n}{A}$$

1 MPa = 1 N/mm^2

F_n Kraft senkrecht zur Fläche mit dem Inhalt A

Tangentialspannung (Schubspannung) τ

Einheit: 1 N/m^2 = 1 Pa

$$\tau = \frac{F_t}{A}$$

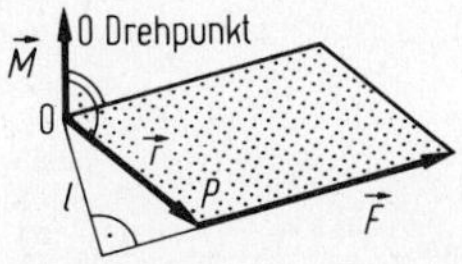

F_t Kraft parallel zur Fläche mit dem Inhalt A

Drehmoment $\vec{M}$

Betragseinheit: 1 N m

$$\vec{M} = \vec{r} \times \vec{F}$$

$\vec{r}$ Ortsvektor des Angriffspunktes P der Kraft $\vec{F}$

Speziell: Ein starrer Körper hat eine feste Drehachse, die senkrecht auf der von $\vec{r}$ und $\vec{F}$ aufgespannten Ebene steht:

$$M = l\,F$$

l Abstand der Kraftwirkungslinie von der Drehachse (Hebelarm)

---

[1]) Basisgröße

1.1.2 Gleichgewichtsbedingungen eines starren Körpers

$$\sum_{i=1}^{n} \vec{F}_i = \vec{0}$$

$$\sum_{i=1}^{n} \vec{M}_i = \sum_{i=1}^{n} \vec{r}_i \times \vec{F}_i = \vec{0}$$

$\vec{F}_i$ Einzelkräfte mit den Angriffspunkten A_i
$\vec{r}_i = \overrightarrow{OA}_i$ Ortsvektoren der Angriffspunkte
n Anzahl der Einzelkräfte
$F_1, F_2, \ldots,$ Beträge der Kräfte
$\varphi_1, \varphi_2, \ldots, \varphi$ Winkelkoordinaten der Kraftrichtungen
$r_1, r_2, \ldots$ Beträge der Ortsvektoren
$\vartheta_1, \vartheta_2, \ldots$ zugehörige Winkelkoordinaten
F_x, F_y Koordinaten der resultierenden Kraft $\vec{F}$

Speziell: Wirkungslinien aller Kräfte und Bezugspunkt O liegen in einer Ebene

Rechtwinklige Koordinaten der Kräfte:

$$F_{1x} = F_1 \cos\varphi_1; \qquad F_{1y} = F_1 \sin\varphi_1$$
$$F_{2x} = F_2 \cos\varphi_2; \qquad F_{2y} = F_2 \sin\varphi_2$$
$$\ldots \qquad \ldots$$

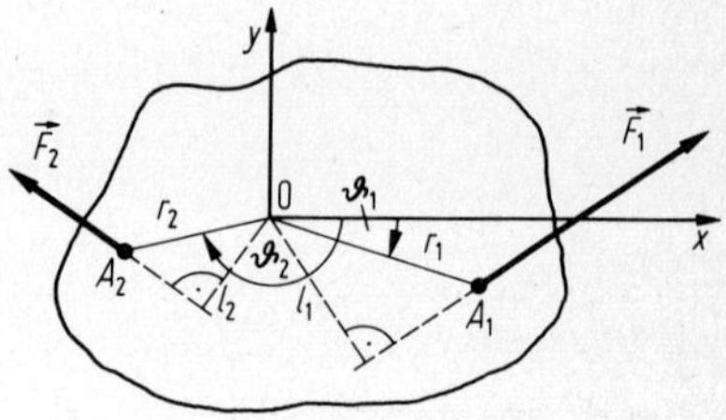

Zusammensetzung der Kräfte:

$$F_{1x} + F_{2x} + \cdots + F_{nx} = F_x; \qquad F = \sqrt{F_x^2 + F_y^2}$$
$$F_{1y} + F_{2y} + \cdots + F_{ny} = F_y; \qquad \tan\varphi = F_y / F_x$$

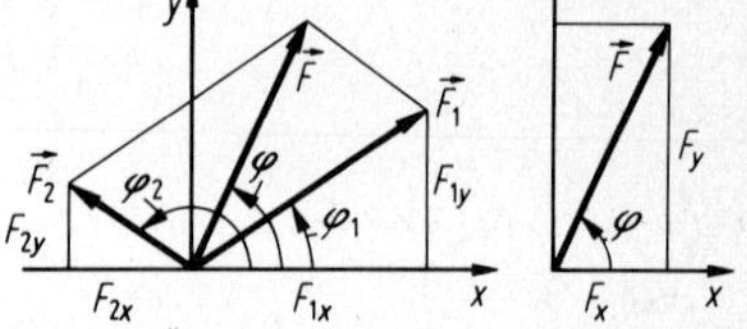

Drehmomente:

$$M_{1z} = r_{1x} F_{1y} - r_{1y} F_{1x}$$
$$M_{2z} = r_{2x} F_{2y} - r_{2y} F_{2x}; \qquad M_z = M_{1z} + M_{2z} + \cdots$$
$$\ldots$$

$$r_{1x} = r_1 \cdot \cos\vartheta_1 \qquad r_{1y} = r_1 \cdot \sin\vartheta_1$$
$$r_{2x} = r_2 \cdot \cos\vartheta_2 \qquad r_{2y} = r_2 \cdot \sin\vartheta_2$$
$$\ldots \qquad \ldots$$

Gleichgewichtsbedingungen:

$$F_x = 0; \qquad F_y = 0; \qquad M_z = 0$$

$\vec{M} = \begin{pmatrix} 0 \\ 0 \\ M_z \end{pmatrix}$ resultierendes Drehmoment

Da die Drehmomentvektoren hier parallele Wirkungslinien haben, kann man sie in rechtsdrehende und linksdrehende Momente einteilen und nur mit Beträgen rechnen.

Rechtsdrehende Momente — Linksdrehende Momente

$$M_{r1} = l_{r1} \cdot F_{r1} \qquad M_{l1} = l_{l1} \cdot F_{l1}$$
$$M_{r2} = l_{r2} \cdot F_{r2} \qquad M_{l2} = l_{l2} \cdot F_{l2}$$
$$\ldots \qquad \ldots$$

F_{ri} Beträge der rechtsdrehenden Kräfte
l_{ri} zugehörige Hebelarme
F_{li} Beträge der linksdrehenden Kräfte
l_{li} zugehörige Hebelarme

Zusammensetzung:

$$M_{r1} + M_{r2} + \cdots = M_r$$
$$M_{l1} + M_{l2} + \cdots = M_l$$
$$M = |M_r - M_l|$$

M_r Summe der rechtsdrehenden Momente
M_l Summe der linksdrehenden Momente
M Betrag des resultierenden Drehmoments

Keine Drehung, wenn $M = 0$ oder

$M_r = M_l$ (*Hebelgesetz*)

1.1.3 Schwerpunkt

Schwerpunktskoordinaten x_S, y_S, z_S

$$x_S\, m = \int x\,\mathrm{d}m; \qquad y_S\, m = \int y\,\mathrm{d}m; \qquad z_S\, m = \int z\,\mathrm{d}m$$

x, y, z Koordinaten des Massenelements dm
m Masse des Körpers

Speziell: Homogene Massenverteilung

$$x_S V = \int_V x\,\mathrm{d}V; \qquad y_S V = \int_V y\,\mathrm{d}V; \qquad z_S V = \int_V z\,\mathrm{d}V$$

V Körpervolumen

Momentensatz für Körper

$$x_S F_G = x_1 F_{G,1} + x_2 F_{G,2} + \cdots$$
$$y_S F_G = y_1 F_{G,1} + y_2 F_{G,2} + \cdots$$
$$z_S F_G = z_1 F_{G,1} + z_2 F_{G,2} + \cdots$$
$$F_G = F_{G,1} + F_{G,2} + \cdots$$

S$(x_S|y_S|z_S)$ Körperschwerpunkt (Massenmittelpunkt)
$S_1(x_1|y_1|z_1)$, $S_2(x_2|y_2|z_2)$, ... Teilkörperschwerpunkte (Tab. 5)
$F_{G,1}$, $F_{G,2}$, ... Beträge der Gewichtskräfte der Teilkörper
F_G Betrag der Gewichtskraft des Körpers

Bei einem homogenen Körper kann man in den obigen Formeln die Gewichtskräfte durch die zugehörigen Rauminhalte ersetzen.

Momentensatz für Flächen

$$x_S A = x_1 A_1 + x_2 A_2 + \cdots$$
$$y_S A = y_1 A_1 + y_2 A_2 + \cdots$$
$$A = A_1 + A_2 + \cdots$$

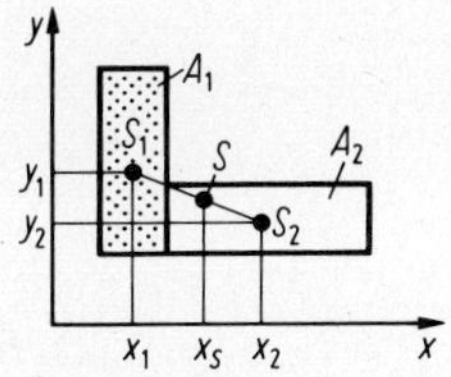

S$(x_S|y_S)$ Flächenschwerpunkt der Gesamtfläche A
$S_1(x_1|y_1)$, $S_2(x_2|y_2)$ Schwerpunkte der Teilflächen A_1, A_2, ... (Tab. 5)

Flächenmoment 1. Grades H

$$H = \int_A x\,\mathrm{d}A$$

Einheit: 1 m³

x Abstand des Flächenelements dA von der y-Achse

1.1.4 Elastizität

Relative Längenänderung ε eines stabförmigen Körpers

$$\varepsilon = \frac{\Delta l}{l_0}; \qquad \Delta l = |l - l_0|$$

l bzw. l_0 Länge bei der Normalspannung σ bzw. 0 (senkrecht zur Querschnittsfläche)

Normalspannung σ
zur Aufrechterhaltung der Dehnung bzw. Stauchung eines stabförmigen Körpers

$$\sigma = E\varepsilon \qquad (\text{für } \sigma < \sigma_P) \quad (\textit{Gesetz von Hooke})$$

ε relative Längenänderung
σ_P Spannung an der Proportionalitätsgrenze

E Elastizitätsmodul (Tab. 7)

Einheit: 1 N m²

Relative Queränderung ε_q eines stabförmigen Körpers

$$\varepsilon_q = \frac{\Delta d}{d_0}; \qquad \Delta d = |d - d_0|$$

d bzw. d_0 Dicke bei der Normalspannung σ bzw. 0

Poissonzahl (Querkontraktionszahl) μ eines festen Stoffes

$$\mu = \varepsilon_q / \varepsilon \qquad (\text{Tab. } 7)$$

Tangentialspannung τ
zur Aufrechterhaltung der Verscherung eines prismatischen Körpers

$$\tau = G\gamma; \qquad \gamma = b/h$$

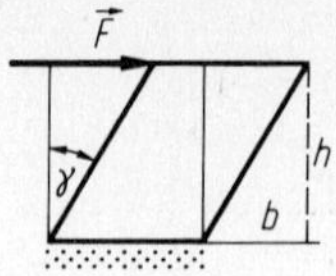

γ Scherung ($b \ll h$)
G Schubmodul

Einheit: 1 N/m²

G Schubmodul oder Torsionsmodul

$$G = \frac{E}{2(1+\mu)}$$

E Elastizitätsmodul
μ Poissonzahl

Drehmoment M
zur Aufrechterhaltung der Verdrillung eines kreiszylindrischen Körpers

$$M = G\,\frac{\pi r^4}{2l}\cdot\alpha$$

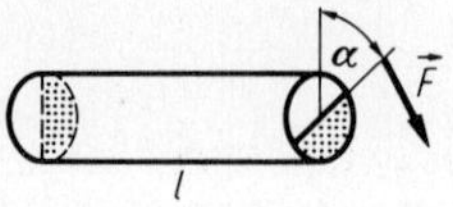

r Radius der Querschnittsfläche
l Länge des Körpers
α Verdrillungswinkel, G Torsionsmodul

Allseitige Normalspannung σ
zur Aufrechterhaltung einer Volumenänderung ΔV

$$\sigma = K\,\frac{\Delta V}{V_0}; \qquad \Delta V = |V - V_0|$$

$$\sigma = \Delta p$$

V bzw. V_0 Volumen bei der Spannung σ bzw. 0
Δp Betrag der Druckänderung

Einheit: 1 N/m²

K Kompressionsmodul (Tab. 7)

Kompressibilität $\varkappa$

Einheit: 1 m²/N

$$\varkappa = \frac{1}{K}; \qquad \varkappa = \frac{3(1-2\mu)}{E}$$

E Elastizitätsmodul
μ Poissonzahl

Flächenmoment 2. Grades I
(Flächenträgheitsmoment) von ebenen Flächen

Einheit: 1 m⁴

$$I = \int_A l^2\,\mathrm{d}A$$

l Abstand des Flächenelements dA von der Bezugsachse in der Flächenebene oder senkrecht dazu

Speziell: Axiale Flächenmomente 2. Grades (Tab. 5)

$$I_y = \int_A x^2\,\mathrm{d}A; \qquad I_x = \int_A y^2\,\mathrm{d}A$$

x, y Koordinaten des Flächenelements dA

Speziell: Polare Flächenmomente 2. Grades

$$I_p = \int_A r^2\,\mathrm{d}A; \qquad I_p = I_x + I_y$$

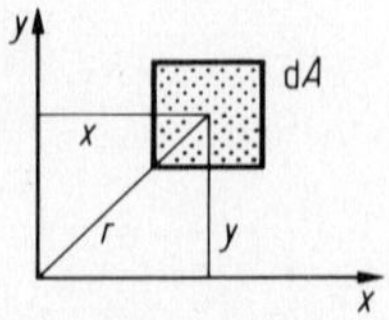

r Abstand des Flächenelements dA vom Schnittpunkt der beiden zueinander senkrechten Bezugsachsen von I_x und I_y

Satz von Steiner:

$$I = I_S + A s^2$$

I_S Flächenmoment 2. Grades für eine Achse durch den Schwerpunkt der Fläche A
I Flächenmoment 2. Grades bezüglich einer zur Schwerpunktachse parallelen Achse im Abstand s

Zentrifugalflächenmoment 2. Grades

$$I_{xy} = \int_A x\,y\,\mathrm{d}A$$

Trägheitsellipse:

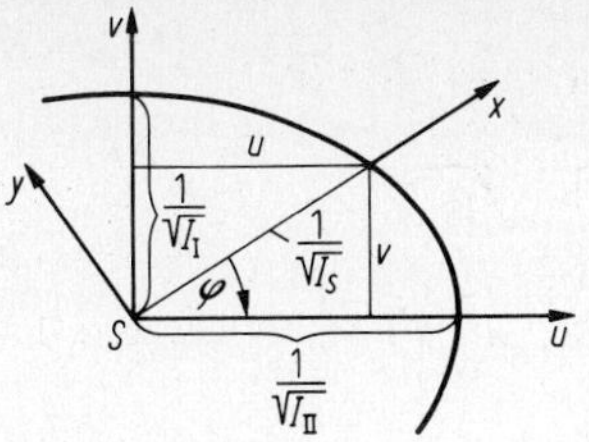

$$a = \frac{1}{\sqrt{I_\mathrm{I}}}; \quad b = \frac{1}{\sqrt{I_\mathrm{II}}}$$

$$I_\mathrm{I} u^2 + I_\mathrm{II} v^2 = 1;$$

$$\frac{1}{\sqrt{I_\mathrm{s}}} = \sqrt{u^2 + v^2}$$

a, b Halbachsen der Trägheitsellipse in m^{-2}
I_I, I_II Hauptflächenmomente 2. Grades
I_{xy} Zentrifugalflächenmoment 2. Grades
I_s Flächenmoment 2. Grades für eine beliebige Schwerpunktachse
u, v Koordinaten eines Punktes auf der Trägheitsellipse in m^{-2}

$$I_\mathrm{I} = I_x \cos^2\varphi + I_y \sin^2\varphi - I_{xy} \sin 2\varphi$$

$$I_\mathrm{II} = I_x \sin^2\varphi + I_y \cos^2\varphi + I_{xy} \sin 2\varphi$$

$$\tan\varphi = \frac{2 I_{xy}}{I_y - I_x}$$

φ Winkel zwischen der x-Achse und der u-Achse

Durchbiegung *d* von Trägern
(innerhalb des Gültigkeitsbereichs des Gesetzes von Hooke)

$$d = \frac{1}{3EI} F l^3$$

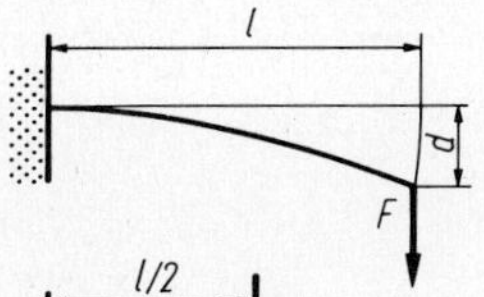

$$d = \frac{1}{48EI} F l^3$$

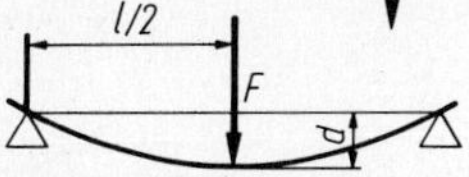

$$d = \frac{1}{8EI} q l^4$$

$$d = \frac{5}{384EI} q l^4$$

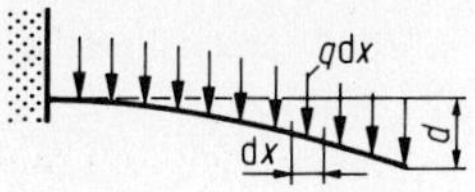

l Trägerlänge, E Elastizitätsmodul
I Flächenmoment 2. Grades des Querschnitts in bezug auf die horizontale Achse durch den Flächenschwerpunkt in der Flächenebene (Tab. 5)
F Einzelkraft
q konstante Streckenlast

Längenbezogene Kraft *q*

$$q(x) = \frac{\mathrm{d}F}{\mathrm{d}x}$$

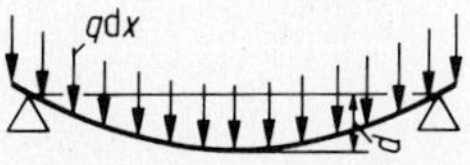

Einheit: 1 N/m

dF Kraft auf das Längenelement dx

Gesetz von Hooke für Federn

1. Linearauslenkung:

$$F_x = D x$$

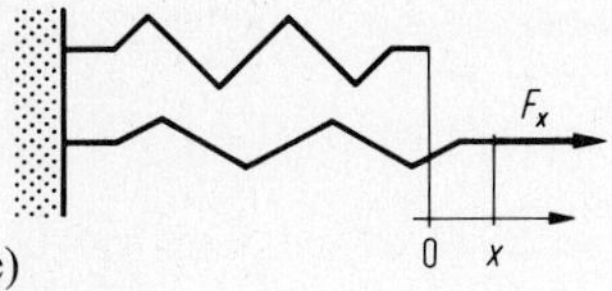

D Richtgröße (Federkonstante)

F_x Kraft zur Aufrechterhaltung einer Verformung
x Koordinate des Federendes

Einheit: 1 N/m

Federschaltungen:

Hintereinander: $\frac{1}{D} = \frac{1}{D_1} + \frac{1}{D_2} + \cdots$

D_1, D_2, ... Richtgrößen der Einzelfedern

Parallel: $D = D_1 + D_2 + \cdots$

D Gesamtrichtgröße

2. Drehauslenkung:

$$M_z = D^* \varphi$$

D^* Winkelrichtgröße

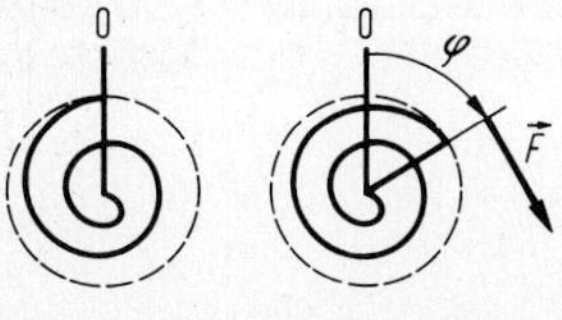

M_z Drehmoment zur Aufrechterhaltung der Verformung
φ Winkelkoordinate eines Strahles vom Drehpunkt zum Federende

Einheit: 1 N m

1.1.5 Reibung

Maximale Haftreibungskraft $F'_{R,\,max}$:

$$F'_{R,\,max} = \mu' F_N; \qquad \mu' = \tan \varrho'$$

F_N Normalkraft (⊥ zu den reibenden Flächen)
μ' Haftreibungszahl (Tab. 8)
ϱ' Haftreibungswinkel, bei dem der Körper auf einer schiefen Ebene gerade noch nicht gleitet

Gleitreibungskraft F_R:

$$F_R = \mu F_N; \qquad \mu = \tan \varrho$$

μ Gleitreibungszahl (Tab. 8)
ϱ Gleitreibungswinkel, bei dem der Körper auf einer schiefen Ebene gerade noch gleitet

Rollreibungskraft $F_{R,\,R}$:

$$F_{R,R} = \mu_R F_N; \qquad \mu_R = \frac{f}{r}$$

μ_R Rollreibungszahl (Tab. 9)
r Radius des rollenden Körpers (z.B. Rad)
f Rollreibungslänge (Tab. 10)

1.1.6 Einfache Maschinen

Schiefe Ebene

Hangabtriebskraft F_H:

$$F_H = F_G \sin\alpha: \qquad \sin\alpha = \frac{h}{l}$$

Normalkraft F_N:

$$F_N = F_G \cos\alpha; \qquad \cos\alpha = \frac{b}{l}$$

F_G Gewichtskraft, α Steigungswinkel

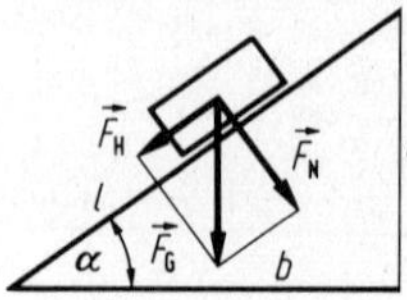

Flachgängige Schraube in fester Mutter

$$\tan\alpha = \frac{h}{2\pi r}; \qquad \tan\varrho = \mu$$

α Steigungswinkel, h Ganghöhe
r mittl. Radius (Flankenradius)
μ Gleitreibungszahl
ϱ Gleitreibungswinkel

Theoretische Kraft $F_{1,\,th}$ ohne Reibung zur Hebung oder zum Festhalten einer Last mit der Gewichtskraft F_2:

$$F_{1,\,th} = F_2 \frac{h}{2\pi l}$$

l Hebelarm

Wirkliche Drehkraft F_1 zur Hebung einer Last mit der Gewichtskraft F_2:

$$F_1 = F_2 \frac{r}{l} \tan(\alpha + \varrho)$$

Wirkliche Drehkraft F_1 zum Festhalten einer Last mit der Gewichtskraft F_2:

$$F_1 = F_2 \frac{r}{l} \tan(\alpha - \varrho)$$

Speziell $\alpha \leqslant \varrho$: $F_1 = 0$ (Selbsthemmung)

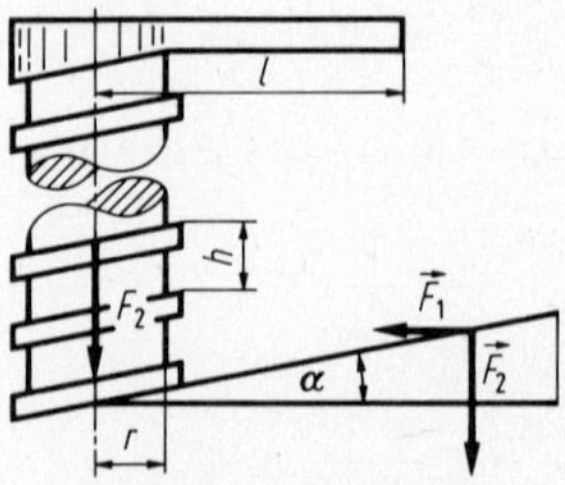

Keil

Spaltkraft F_N:

$$F_N = \frac{F}{2(\sin\alpha + \mu\cos\alpha)}$$

Theoretische Spaltkraft $F_{N,\,th}$ für $\mu = 0$:

$$F_{N,\,th} = \frac{F}{2\sin\alpha} = \frac{w}{b} F$$

F Kraft auf den Keilrücken

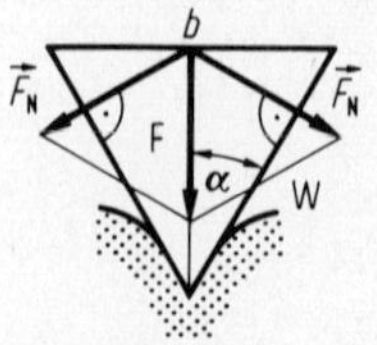

Umschlingung eines feststehenden Zylinders
Zugkraft für gleichförmige Aufwärtsbewegung:

$$F_Z = F_L\, e^{\mu\alpha}$$

Zugkraft für gleichförmige Abwärtsbewegung:

$$F_Z = F_L\, e^{-\mu\alpha}$$

Keine Bewegung des Zugmittels relativ zum Zylinder:

$$F_Z\, e^{-\mu'\alpha} < F_L < F_Z\, e^{\mu'\alpha}$$

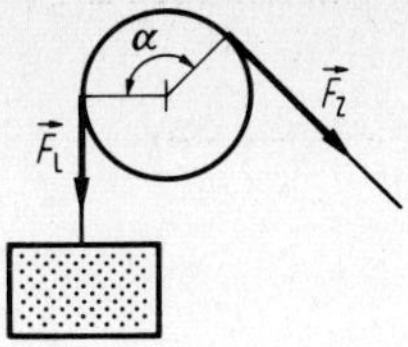

F_L Lastkraft, F_Z Zugkraft
μ Gleitreibungszahl
μ' Haftreibungszahl
α Umschlingungswinkel (in rad)

Seilmaschinen
F_Z Zugkraft bei vernachlässigter Reibung, F_L Lastkraft

Rolle fest: $F_Z = F_L$;
lose: $F_Z = \frac{1}{2} F_L$

Stufenscheibe (Wellrad): $F_Z = \dfrac{d}{D} F_L$

Faktorenflaschenzug: $F_Z = \dfrac{1}{2n} F_L$

Differentialflaschenzug: $F_Z = \dfrac{D-d}{2D} F_L$

d Durchmesser der kleinen Scheibe
D Durchmesser der großen Scheibe
n Anzahl der losen Rollen

1.2 Klassische Kinematik

1.2.1 Grundgrößen

Zeit[1]) t

Einheit: **1 Sekunde s**
1 (siderisches) Jahr a = 365,26 d

Geschwindigkeit $\vec{v}(t)$
eines Punktes

Betragseinheit: 1 m/s
1 km/h = (1/3,6) m/s

$$\vec{v}(t) = \frac{d\vec{r}(t)}{dt} = \dot{\vec{r}}(t)$$

$$\vec{v} = v_x\vec{i} + v_y\vec{j} + v_z\vec{k} = \dot{x}\vec{i} + \dot{y}\vec{j} + \dot{z}\vec{k}$$

$\vec{r}(t)$ Ortsvektor des Punktes zur Zeit t (s. S. 5)

Beschleunigung $\vec{a}(t)$

Betragseinheit: 1 m/s²

$$\vec{a}(t) = \dot{\vec{v}}(t) = \ddot{\vec{r}}(t)$$

$$\vec{a} = a_x\vec{i} + a_y\vec{j} + a_z\vec{k} = \ddot{x}\vec{i} + \ddot{y}\vec{j} + \ddot{z}\vec{k}$$

Weg s

Einheit: 1 m

$$s = \int_{t_1}^{t_2} \sqrt{\dot{x}^2 + \dot{y}^2 + \dot{z}^2}\, dt$$

s Weg zwischen dem Anfangspunkt zur Zeit t_1 und dem Endpunkt zur Zeit t_2
x, y, z Koordinaten des Punktes zur Zeit t

1.2.2 Geradlinige Bewegung mit konstanter Geschwindigkeit v (gleichförmige Bewegung)

Weg s

Einheit: 1 m

$$s = v \cdot t$$

t Zeit, in der s durchlaufen wird

---

[1]) Basisgröße

1.2.3 Geradlinige Bewegung mit konstanter Beschleunigung *a* (gleichmäßig beschleunigte bzw. verzögerte Bewegung)

Mittlere Geschwindigkeit $\bar{v}$

$$\bar{v} = \frac{1}{2}(v_0 + v) = \frac{s}{t}$$

v_0 bzw. v Anfangs- bzw. Endgeschwindigkeit
t Zeit, in welcher der Weg s durchlaufen wird

1. Zunehmende Geschwindigkeit

$$v = v_0 + a\,t; \qquad v = \sqrt{v_0^2 + 2\,a\,s}$$

$$s = v_0\,t + \tfrac{1}{2}a\,t^2; \qquad s = \tfrac{1}{2}(v_0 + v)\,t$$

Wurf nach unten: $a = g$
g Fallbeschleunigung
$g = 9{,}81\ \mathrm{m/s^2}$

Speziell: $v_0 = 0$

$$v = a\,t; \qquad v = \sqrt{2\,a\,s}$$

$$s = \tfrac{1}{2}a\,t^2; \qquad s = \tfrac{1}{2}v\,t$$

Freier Fall: $a = g$

2. Abnehmende Geschwindigkeit

$$v = v_0 - a\,t; \qquad v = \sqrt{v_0^2 - 2\,a\,s}$$

$$s = v_0\,t - \tfrac{1}{2}a\,t^2; \qquad s = \tfrac{1}{2}(v_0 + v)\,t$$

Wurf nach oben: $a = g$

Speziell: $v = 0$

Bremszeit: $t_B = v_0/a$

Bremsweg: $s_B = \tfrac{1}{2}a\,t_B^2 = \tfrac{1}{2}v_0\,t_B = \tfrac{1}{2}v_0^2/a$

Steigzeit: $t_{st} = v_0/g$

Steighöhe: $s_{st} = \tfrac{1}{2}g\,t_{st}^2$

1.2.4 Schiefer Wurf (ohne Luftwiderstand)

Geschwindigkeitskoordinaten:

$$v_x = v_0 \cos\alpha; \qquad v_z = v_0 \sin\alpha - g\,t$$

v_0 Betrag der Abwurfgeschwindigkeit
α Winkelkoordinate der Richtung von $\vec{v}_0$
g Fallbeschleunigung

Geschwindigkeitsbetrag

$$v = \sqrt{v_x^2 + v_z^2}$$

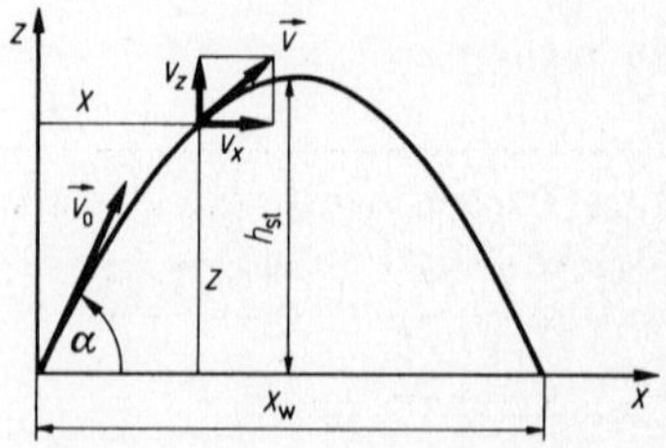

Ortskoordinaten

$$x = v_0\,t\cos\alpha; \qquad z = v_0\,t\sin\alpha - \tfrac{1}{2}g\,t^2$$

Gleichung der Wurfparabel

$$z = x\tan\alpha - \frac{g}{2\,v_0^2\cos^2\alpha}\,x^2$$

Steigzeit t_{st}:

$$t_{st} = \frac{v_0 \sin\alpha}{g}$$

Steighöhe h_{st}:

$$h_{st} = \frac{v_0^2 \sin^2\alpha}{2\,g}$$

v_0 Anfangsgeschwindigkeit
α Winkelkoordinate der Richtung von $\vec{v}_0$
g Fallbeschleunigung

Wurfzeit t_w:

$$t_w = 2\,t_{st}$$

Wurfweite x_w:

$$x_w = \frac{v_0^2 \sin 2\alpha}{g}$$

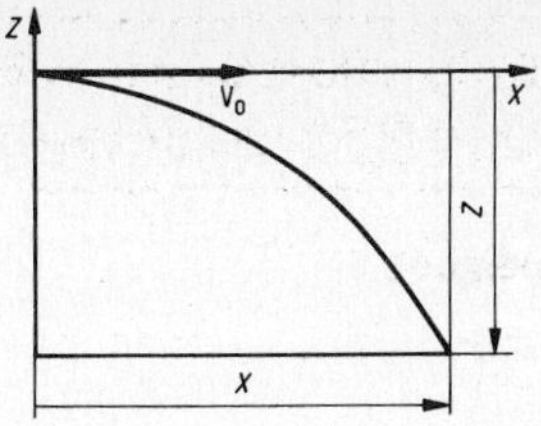

Speziell $\alpha = 0$: **Horizontaler Wurf**

$$x = v_0\,t; \qquad z = -\frac{g}{2\,v_0^2}\,x^2$$

1.2.5 Drehbewegung eines Strahls

Winkelgeschwindigkeit $\vec{\omega}(t)$

Betragseinheit: $1\,\mathrm{s}^{-1}$

$$\omega(t) = \frac{\mathrm{d}\varphi(t)}{\mathrm{d}t} = \dot{\varphi}(t)$$

$\varphi(t)$ Winkelkoordinate zur Zeit t

Winkelbeschleunigung $\vec{\alpha}(t)$

Betragseinheit: $1\,\mathrm{s}^{-2}$

$$\alpha(\mathrm{t}) = \dot{\omega}(t) = \ddot{\varphi}(t)$$

Drehwinkel ε

$$\varepsilon = \varphi_2 - \varphi_1$$

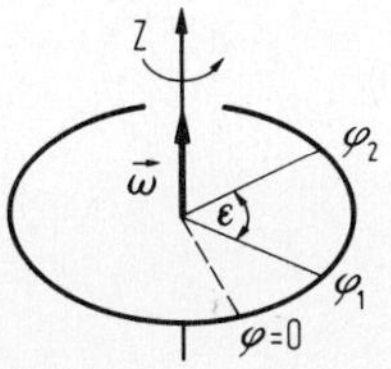

φ_1 bzw. φ_2 Winkelkoordinate zur Zeit t_1 bzw. t_2

1.2.6 Drehbewegung mit konstanter Winkelgeschwindigkeit ω (gleichförmige Drehbewegung)

Drehwinkel ε

Einheit: 1 rad

$$\varepsilon = \omega\,t; \qquad \omega = 2\pi f = \frac{2\pi}{T}$$

t Zeit, in der sich der Strahl um ε dreht
T Umdrehungsdauer (= Zeit, in der sich der Strahl um 2π rad dreht)

Drehfrequenz $f(n)$

Einheit: $1\,\mathrm{s}^{-1} = 1$ Hertz Hz

$$f = \frac{1}{T}; \qquad n = \frac{N}{t}$$

$1\,\mathrm{min}^{-1} = \frac{1}{60}\,\mathrm{s}^{-1}$
N Zahl der Umdrehungen in der Zeit t

1.2.7 Drehbewegung mit konstanter Winkelbeschleunigung α (gleichmäßig beschleunigte bzw. verzögerte Drehbewegung)

Mittlere Winkelgeschwindigkeit $\bar{\omega}$

$$\bar{\omega} = \frac{1}{2}(\omega_0 + \omega) = \frac{\varepsilon}{t}$$

ω_0 bzw. ω Anfangs- bzw. Endwinkelgeschwindigkeit
t Zeit, in der sich der Strahl um den Winkel ε dreht

1. Zunehmende Winkelgeschwindigkeit

$$\omega = \omega_0 + \alpha\,t; \qquad \omega = \sqrt{\omega_0^2 + 2\alpha\,\varepsilon}$$

$$\varepsilon = \omega_0\,t + \tfrac{1}{2}\alpha\,t^2; \qquad \varepsilon = \tfrac{1}{2}(\omega_0 + \omega)\,t$$

ω_0 Anfangswinkelgeschwindigkeit
ω Winkelgeschwindigkeit zur Zeit t

2. Abnehmende Winkelgeschwindigkeit

$$\omega = \omega_0 - \alpha t; \qquad \omega = \sqrt{\omega_0^2 - 2\alpha\varepsilon}$$

$$\varepsilon = \omega_0 t - \tfrac{1}{2}\alpha t^2; \qquad \varepsilon = \tfrac{1}{2}(\omega_0 + \omega)\, t$$

ε Drehwinkel in der Zeit t
α Winkelbeschleunigung

Speziell: $\omega = 0$

Bremszeit: $t_B = \dfrac{\omega_0}{\alpha}$ Bremswinkel: $\varepsilon_B = \tfrac{1}{2}\alpha t_B^2 = \tfrac{1}{2}\omega_0 t_B = \tfrac{1}{2}\omega_0^2/\alpha$

1.2.8 Kreisbewegung eines Punktes

Weg s

$$s = \varepsilon \varrho = \varepsilon r \sin\gamma$$

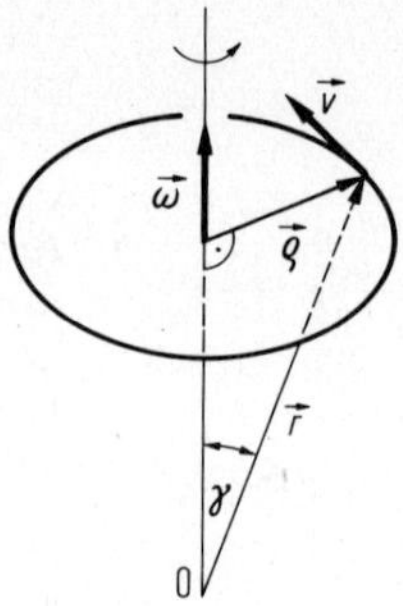

ε Drehwinkel
ϱ Abstand des rotierenden Punktes von der Drehachse
γ Winkel zwischen $\vec{r}$ und $\vec{\omega}$

Momentane Geschwindigkeit $\vec{v}$

$$\vec{v} = \vec{\omega} \times \vec{r}$$

$\vec{\omega}$ momentane Winkelgeschwindigkeit
$\vec{r}$ Ortsvektor des rotierenden Punktes

Beschleunigung $\vec{a}$

$$\vec{a} = \dot{\vec{v}} = \vec{\alpha} \times \vec{r} + \vec{\omega} \times \vec{v}$$

$$\vec{a} = \vec{a}_t + \vec{a}_p$$

$\vec{v}$ Geschwindigkeit
$\vec{\alpha}$ Winkelbeschleunigung

Tangentialbeschleunigung $\vec{a}_t$

$$\vec{a}_t = \vec{\alpha} \times \vec{r}; \qquad a_t = \alpha \varrho; \qquad \vec{a}_t \parallel \vec{v}$$

$\vec{\alpha}$ Winkelbeschleunigung
$\vec{r}$ Ortsvektor des rotierenden Punktes

Zentripetalbeschleunigung $\vec{a}_p$

$$\vec{a}_p = \vec{\omega} \times \vec{v} = -\omega^2 \vec{\varrho}$$

$\vec{\varrho}$ senkrechte Projektion von $\vec{r}$ auf die Kreisebene

Zentrifugalbeschleunigung $\vec{a}_f$
(im rotierenden Bezugssystem)

$$\vec{a}_f = \omega^2 \vec{\varrho}$$

ω Winkelgeschwindigkeit

Speziell: $\vec{\varrho} = \vec{r}$

$$s = r\varepsilon$$

$$v = r\omega$$

$$a_t = r\alpha$$

$$a_p = a_f = r\omega^2 = \frac{v^2}{r}$$

$$a = \sqrt{a_t^2 + a_p^2}$$

r Kreisradius
s Weg
ε Drehwinkel
v Umfangsgeschwindigkeit
ω Winkelgeschwindigkeit
α Winkelbeschleunigung
a_t Tangentialbeschleunigung
a_p Zentripetalbeschleunigung
a_f Zentrifugalbeschleunigung
a Gesamtbeschleunigung

Speziell: ω konstant (gleichförmige Kreisbewegung)

$$\omega = 2\pi f = \frac{2\pi}{T}$$

$$s = r\,\frac{2\pi}{T}\,t$$

T Umlaufdauer (= Zeit, in welcher der Punkt den Kreis umläuft)
f Frequenz
ω Kreisfrequenz
s Weg des Punktes auf dem Kreis mit dem Radius r in der Zeit t

1.3 Klassische Dynamik

1.3.1 Impuls und Kraft

Impuls (Bewegungsgröße) $\vec{p}$

Betragseinheit: $1\,\mathrm{kg\,m\,s^{-1}} = 1\,\mathrm{N\,s}$

$$\vec{p} = m\,\vec{v}$$

$$p = \sqrt{2\,m\,W_{\text{trans}}}$$

m momentane Masse
$\vec{v}$ momentane Geschwindigkeit
W_{trans} Translationsenergie

Dynamisches Grundgesetz

$$\vec{F} = \dot{\vec{p}}$$

$\vec{F}$ Kraft, welche die zeitliche Änderung des Impulses $\vec{p}$ bewirkt

Speziell: $m =$ konstant

$$\vec{F} = m\,\vec{a}$$

$\vec{F}$ Kraft, welche die Beschleunigung $\vec{a}$ eines Körpers mit der Masse m bewirkt

Speziell: $a = g$

$$F_{\mathrm{G}} = m\,g$$

F_{G} Gewichtskraft eines Körpers mit der Masse m
g Fallbeschleunigung

Trägheitskraft $\vec{F}_{\mathrm{tr}}$:

$$\vec{F}_{\mathrm{tr}} = -m\,\vec{a}$$

$$\sum_{i=1}^{n} \vec{F}_i + \vec{F}_{\mathrm{tr}} = \vec{0}$$

(*Prinzip von d'Alembert*)

$\vec{a}$ Beschleunigung eines Körpers mit der Masse m

$\sum_{i=1}^{n} \vec{F}_i$ Summe aller an diesem Körper angreifenden Kräfte

Kraftstoß $\vec{K}$

Betragseinheit: $1\,\mathrm{N\,s} = 1\,\mathrm{kg\,m\,s^{-1}}$

$$\vec{K} = \int_{t_1}^{t_2} \vec{F}(t)\,\mathrm{d}t = \vec{F}_{\mathrm{m}}\,\Delta t$$

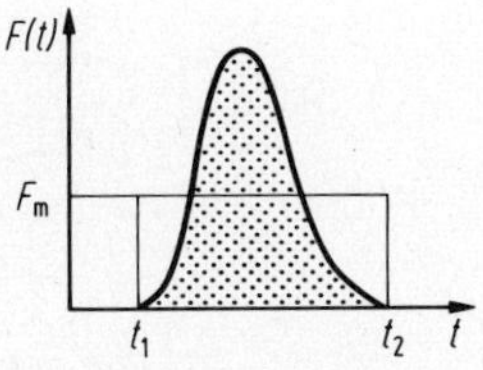

$\vec{F}_{\mathrm{m}}$ mittlere Kraft in der Zeit $\Delta t = t_2 - t_1$

Impulssatz

$$\vec{K} = \Delta\vec{p}$$

$$\Delta\vec{p} = \vec{p}_2 - \vec{p}_1$$

$\vec{K}$ Kraftstoß, $\Delta\vec{p}$ Impulsänderung
$\vec{p}_1$ bzw. $\vec{p}_2$ Impuls vor bzw. nach dem Stoß

Speziell im abgeschlossenen System:

$$\sum_{i=1}^{n} \vec{p}_{\mathrm{i}}(t_1) = \sum_{i=1}^{n} \vec{p}_{\mathrm{i}}(t_2)$$

(*Impulserhaltungssatz*)

$\vec{p}_{\mathrm{i}}(t_1)$ bzw. $\vec{p}_{\mathrm{i}}(t_2)$ Impuls des i-ten Massenpunktes zur Zeit t_1 bzw. t_2 im abgeschlossenen System von n Massenpunkten

Speziell $n = 2$: siehe S. 17

$$\sum_{i=1}^{n} \vec{p}_i = M\,\vec{v}_{\mathrm{S}} = \text{zeitlich konstant}$$

M Gesamtmasse des Systems von n Körpern mit den Einzelimpulsen $\vec{p}_i$
$\vec{v}_{\mathrm{S}}$ Geschwindigkeit des Schwerpunktes S (s. S. 7)

1.3.2 Arbeit, Energie, Leistung

Mechanische Arbeit ΔW

Einheit: 1 N m = 1 W s = Joule J
1 kp m = 9,81 N m

$$\Delta W = \int_{t_1}^{t_2} P(t)\,\mathrm{d}t$$

$$\Delta W = \int_A^B \vec{F}\,\mathrm{d}\vec{r} = \int_A^B F\cos\varphi\,\mathrm{d}s$$

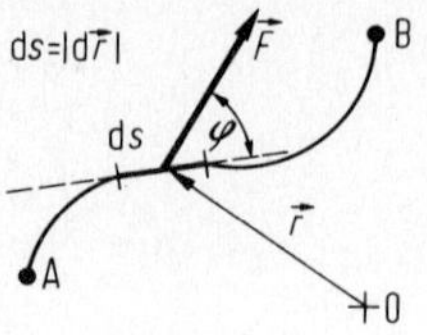

$P(t)$ momentane Leistung

$\vec{F}$ Kraft am Ort $\vec{r}$

$\mathrm{d}s = \sqrt{\dot{x}^2 + \dot{y}^2 + \dot{z}^2}\,\mathrm{d}t$ Linienelement

Speziell: $\vec{F}$ = const in Richtung einer geraden Bahn

$$\Delta W = F s$$

s zurückgelegter Weg

Beschleunigungsarbeit ΔW_{kin}:

$$\Delta W_{\text{kin}} = \tfrac{1}{2}\, m\,(v_2^2 - v_1^2)$$

v_1 Anfangsgeschwindigkeit
v_2 Endgeschwindigkeit

Spannarbeit ΔW_{def}:

$$\Delta W_{\text{def}} = \tfrac{1}{2} D (x_2^2 - x_1^2); \qquad \Delta W_{\text{def}} = \tfrac{1}{2} D^* (\varphi_2^2 - \varphi_1^2)$$

x_1 Anfangskoordinate der Deformation
x_2 Endkoordinate
D Richtgröße, D^* Winkelrichtgröße (s. S. 9)
φ_1 Anfangsdrillwinkel, φ_2 Enddrillwinkel

Hubarbeit ΔW_{grav}:

$$\Delta W_{\text{grav}} = m g (z_2 - z_1)$$

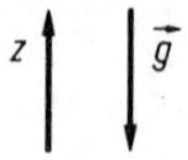

z_1 Anfangshöhe, z_2 Endhöhe
m Masse, g Fallbeschleunigung (konstant)

Mechanische Energie W

Einheit: 1 N m = 1 W s = 1 J
1 erg = 1 dyn · cm = 10^{-7} J

$$W = \int \vec{F}\,\mathrm{d}\vec{r} = \int F\cos\varphi\,\mathrm{d}s$$

$$W = W_{\text{pot}} + W_{\text{kin}}$$

$\vec{F}$ Kraft am Ort $\vec{r}$, ds Linienelement
φ Winkel zwischen $\vec{F}$ und d$\vec{r}$
W_{pot} potentielle Energie
W_{kin} kinetische Energie (Bewegungsenergie)

Kinetische Energie eines starren Körpers:

$$W_{\text{kin}} = W_{\text{trans}} + W_{\text{rot}}$$

W_{trans} Translationsenergie
W_{rot} Rotationsenergie (siehe S. 19)

Translationsenergie W_{trans}:

$$W_{\text{trans}} = \frac{1}{2} m v^2; \qquad W_{\text{trans}} = \frac{p^2}{2m}$$

m Masse
v momentane Geschwindigkeit
p Impuls

Potentielle Energie eines deformierten Körpers:

$$W_{\text{def}} = \tfrac{1}{2} D x^2; \qquad W_{\text{def}} = \tfrac{1}{2} D^* \varphi^2$$

D Richtgröße, D^* Winkelrichtgröße
x Dehnung bzw. Stauchung
φ Verdrillungswinkel

Potentielle Energie eines Körpers im homogenen Gravitationsfeld:

$$W_{\text{grav}} = m g z$$

m Masse, g Fallbeschleunigung (konstant)
z Höhe des Massenpunktes

Energieerhaltungssatz

$$\Delta W = W_2 - W_1$$

W_1 bzw. W_2 mechanische Energie eines Körpers zur Zeit t_1 bzw. t_2; ΔW Arbeit in der Zeit $t_2 - t_1$, die der Körper verrichtet bzw. die an ihm verrichtet wird

Speziell in einem abgeschlossenen System:

$$\sum_{i=1}^{n} W_i(t_1) = \sum_{i=1}^{n} W_i(t_2)$$

$W_i(t_1)$ bzw. $W_i(t_2)$ mechanische Energie des i-ten Massenpunktes in einem abgeschlossenen System von n Massenpunkten zur Zeit t_1 bzw. t_2

Leistung *P*

Einheit: $1\,\frac{\mathrm{J}}{\mathrm{s}} = 1\,\frac{\mathrm{N\,m}}{\mathrm{s}} = 1\,\mathrm{Watt\,W}$

$1\,\mathrm{PS} = 736\,\mathrm{W}$

$$P = \frac{\mathrm{d}W}{\mathrm{d}t} = \vec{F}\vec{v}$$

$\mathrm{d}W$ Arbeit in der Zeit $\mathrm{d}t$
$\vec{F}$ Kraft, $\vec{v}$ Geschwindigkeit

$$\overline{P} = \frac{1}{\Delta t}\int_{t_1}^{t_2} P\,\mathrm{d}t = \frac{\Delta W}{\Delta t}$$

$\overline{P}$ mittl. Leistung in der Zeit $\Delta t = t_2 - t_1$
ΔW Arbeit während der Zeit Δt

Wirkungsgrad η

Einheit: $1 = 100\,\%$

$$\eta = \left|\frac{\Delta W_{\mathrm{nutz}}}{\Delta W_{\mathrm{ges}}}\right| = \left|\frac{\overline{P}_{\mathrm{nutz}}}{\overline{P}_{\mathrm{ges}}}\right|$$

ΔW_{nutz} Nutzarbeit, ΔW_{ges} Gesamtarbeit
$\overline{P}_{\mathrm{nutz}}$ bzw. $\overline{P}_{\mathrm{ges}}$ mittlere Nutz- bzw. Gesamtleistung

1.3.3 Zentraler Stoß (ohne Rotationen)

Die Stoßnormale geht durch die Schwerpunkte S_1 und S_2 der beiden Körper.

Gerader Stoß

Impulserhaltungssatz:

$$m_1\vec{v}_{1\,\mathrm{a}} + m_2\vec{v}_{2\,\mathrm{a}} = m_1\vec{v}_{1\,\mathrm{e}} + m_2\vec{v}_{2\,\mathrm{e}}$$

m_1, m_2 Massen der Körper
$\vec{v}_{1\,\mathrm{a}}$, $\vec{v}_{2\,\mathrm{a}}$ Geschwindigkeiten vor dem Stoß
$\vec{v}_{1\,\mathrm{e}}$, $\vec{v}_{2\,\mathrm{e}}$ Geschwindigkeiten nach dem Stoß

Energieerhaltungssatz:

$$\tfrac{1}{2} m_1 v_{1\,\mathrm{a}}^2 + \tfrac{1}{2} m_2 v_{2\,\mathrm{a}}^2 = \tfrac{1}{2} m_1 v_{1\,\mathrm{e}}^2 + \tfrac{1}{2} m_2 v_{2\,\mathrm{e}}^2 + \Delta W_{\mathrm{f}}$$

ΔW_{f} Formänderungsarbeit (hier kann ΔW_{f} auch eine umgesetzte chemische Energie sein)

Speziell $v_{1\,\mathrm{a}} = v_{2\,\mathrm{a}} = 0$: Rückstoß

Stoßzahl k: $k = \dfrac{|\vec{v}_{1\,\mathrm{e}} - \vec{v}_{2\,\mathrm{e}}|}{|\vec{v}_{2\,\mathrm{a}} - \vec{v}_{1\,\mathrm{a}}|}$

Speziell Kugeln: $k = \sqrt{h_{\mathrm{e}}/h_{\mathrm{a}}}$

h_{e} Rückprallhöhe einer Kugel, die aus der Höhe h_{a} auf eine horizontale, ruhende Platte des gleichen Materials fällt

1. Wirklicher Stoß: $0 < k < 1$

$$\vec{v}_{1\,\mathrm{e}} = (1+k)\,\frac{m_1\vec{v}_{1\,\mathrm{a}} + m_2\vec{v}_{2\,\mathrm{a}}}{m_1 + m_2} - k\vec{v}_{1\,\mathrm{a}}$$

$$\vec{v}_{2\,\mathrm{e}} = (1+k)\,\frac{m_1\vec{v}_{1\,\mathrm{a}} + m_2\vec{v}_{2\,\mathrm{a}}}{m_1 + m_2} - k\vec{v}_{2\,\mathrm{a}}$$

$$\Delta W_{\mathrm{f}} = \tfrac{1}{2}(1-k^2)\,\frac{m_1 m_2}{m_1 + m_2}\,(\vec{v}_{1\,\mathrm{a}} - \vec{v}_{2\,\mathrm{a}})^2$$

2. Elastischer Stoß: $k = 1$ bzw. $\Delta W_f = 0$

$$\vec{v}_{1e} = 2\,\frac{m_1 \vec{v}_{1a} + m_2 \vec{v}_{2a}}{m_1 + m_2} - \vec{v}_{1a} = \frac{m_1 - m_2}{m_1 + m_2}\,\vec{v}_{1a} + \frac{2 m_2}{m_1 + m_2}\,\vec{v}_{2a}$$

$$\vec{v}_{2e} = 2\,\frac{m_1 \vec{v}_{1a} + m_2 \vec{v}_{2a}}{m_1 + m_2} - \vec{v}_{2a} = \frac{2 m_1}{m_1 + m_2}\,\vec{v}_{1a} + \frac{m_2 - m_1}{m_1 + m_2}\,\vec{v}_{2a}$$

Speziell $m_1 = m_2$: $\vec{v}_{1e} = \vec{v}_{2a}$; $\vec{v}_{2e} = \vec{v}_{1a}$

Speziell $\vec{v}_{2a} = \vec{0}$: $\vec{v}_{1e} = \frac{2 m_1 \vec{v}_{1a}}{m_1 + m_2} - \vec{v}_{1a} = \frac{m_1 - m_2}{m_1 + m_2}\,\vec{v}_{1a}$; $\vec{v}_{2e} = \frac{2 m_1}{m_1 + m_2}\,\vec{v}_{1a}$

$$W_{2e} = W_{1a}\,\frac{4 m_1 m_2}{(m_1 + m_2)^2} = W_{1a}\,q; \qquad q = \frac{4 m_1 m_2}{(m_1 + m_2)^2}$$

Übertragene Energie nach n Stößen: $W_{2e} = W_{1a}\,q^n$

Restenergie des stoßenden Körpers nach n Stößen: $W_{1e} = W_{1a}(1 - q^n)$

W_{1a} Energie des 1. Körpers vor dem Stoß
W_{2e} Energie, die vom Körper der Masse m_1 auf den mit der Masse m_2 übertragen wird.
q Stoßparameter

Speziell $m_2 \to \infty$ und $\vec{v}_{2a} = \vec{0}$ (ruhende Wand):

$$\vec{v}_{1e} = -\vec{v}_{1a}; \qquad \vec{v}_{2e} = \vec{0}; \qquad \Delta\vec{p} = 2 m_1 \vec{v}_{1a}$$

$\Delta\vec{p}$ übertragener Impuls auf die ruhende Wand

3. Unelastischer Stoß: $k = 0$ bzw. $\vec{v}_{1e} = \vec{v}_{2e} = \vec{v}$

$$\vec{v} = \frac{m_1 \vec{v}_{1a} + m_2 \vec{v}_{2a}}{m_1 + m_2}; \qquad \Delta W_f = \frac{1}{2}\,\frac{m_1 m_2}{m_1 + m_2}\,(\vec{v}_{1a} - \vec{v}_{2a})^2$$

$\vec{v}$ gemeinsame Geschwindigkeit der Körper nach dem Stoß
ΔW_f Verformungsarbeit

Speziell $\vec{v}_{2a} = \vec{0}$: $\Delta W_f = W_{1a}\,\frac{m_2}{m_1 + m_2}$

W_{1a} kinetische Energie des stoßenden Körpers vor dem Stoß

Schiefer elastischer Stoß zweier Kugeln

Speziell $\vec{v}_{2a} = \vec{0}$:

Übertragene Energie: $W_{2e} = W_{1a}\,\frac{4 m_1 m_2}{(m_1 + m_2)^2}\cos^2\varphi$

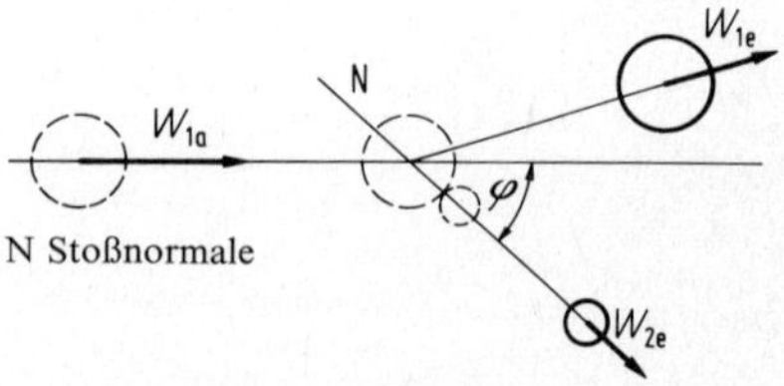

N Stoßnormale

Restenergie der stoßenden Kugel:

$$W_{1e} = W_{1a}\left\{\frac{(m_1 - m_2)^2}{(m_1 + m_2)^2}\cos^2\varphi + \sin^2\varphi\right\}$$

W_{1a} kinetische Energie der stoßenden Kugel
m_1 Masse der stoßenden Kugel
m_2 Masse der gestoßenen Kugel

1.3.4 Rakete (ohne Berücksichtigung der Reibung)

Massenstrom $\dot{m}$

Einheit: 1 kg/s

$$\dot{m} = \left|\frac{dm}{dt}\right|$$

dm Treibstoffmasse, die in der Zeit dt ausgestoßen wird

Brennschlußzeit τ

Einheit: 1 s

$$\tau = \frac{m_0 - m_E}{\dot{m}} = \frac{m_{Tr}}{\dot{m}}$$

m_0 Startmasse, m_E Endmasse (Leermasse)
m_{Tr} Treibstoffmasse, $\dot{m}$ Massenstrom

Schubkraft $\vec{F}_S$

Einheit: 1 N

$$\vec{F}_S = \dot{m}\,\vec{v}_{Tr}$$

$\vec{v}_{Tr}$ Ausströmgeschwindigkeit der Treibmittel relativ zur Rakete, $\dot{m}$ Massenstrom

Einstufenrakete bei senkrechtem Aufstieg

Startmasse m_0: $m_0 = m_E + m_{Tr}$ — m_E Endmasse (Leermasse), m_{Tr} Treibstoffmasse

Massenverhältnis Z: $Z = \frac{m_0}{m_E}$

Endgeschwindigkeit v_E nach der Brennschlußzeit τ:

$$v_E = v_{Tr} \ln Z - \bar{g}\tau; \qquad \bar{g} = g \frac{r_Z}{r_Z + h_\tau}$$

v_{Tr} konstante Ausströmgeschwindigkeit des Treibmittels
$\bar{g}$ mittlere Fallbeschleunigung
g Fallbeschleunigung am Abschußort
r_Z Radius des Zentralkörpers

Brennschlußhöhe h_τ:

$$h_\tau = \frac{v_{Tr}}{m_{Tr}} [m_{Tr} - m_E \ln Z] - \frac{1}{2} \bar{g} \tau^2$$

m_E Endmasse (Leermasse), m_{Tr} Treibstoffmasse

Mehrstufenrakete bei senkrechtem Aufstieg

Endgeschwindigkeit v_E nach der Gesamtbrennschlußzeit τ_{ges}:

$$v_E = v_{Tr,1} \ln Z_1 + v_{Tr,2} \ln Z_2 + \ldots + v_{Tr,n} \ln Z_n - \bar{g} \tau_{ges}$$

n Anzahl der Stufen,
$v_{Tr,i}$ Ausströmgeschwindigkeit der i-ten Stufe mit dem Massenverhältnis Z_i
$\bar{g}$ mittlere Fallbeschleunigung

Speziell gleiche Ausströmgeschwindigkeit v_{Tr}:

$$v_E = v_{Tr} \ln Z_{ges} - \bar{g} \tau_{ges}; \qquad Z_{ges} = Z_1 Z_2 Z_3 \ldots Z_n$$

Z_{ges} Gesamtmassenverhältnis

1.3.5 Kreisbewegung eines Massenpunktes (siehe Bild S. 14)

Drehimpuls $\vec{L}$

Betragseinheit: $1 \text{ kg m}^2 \text{s}^{-1} = 1 \text{ N m s}$

$$\vec{L} = \vec{r} \times \vec{p}; \qquad \vec{L} = \vec{r} \times m(\vec{\omega} \times \vec{r}) = r^2 m \vec{\omega} - m(\vec{\omega}\vec{r})\vec{r}$$

$\vec{r}$ Ortsvektor des rotierenden Massenpunktes
$\vec{p}$ Bahnimpuls des Massenpunktes
$\vec{\omega}$ Winkelgeschwindigkeit

Komponente ∥ Drehachse: $\vec{L}_\omega = \varrho^2 m \vec{\omega}$

$$\vec{L}_\omega = J \vec{\omega}$$

ϱ Abstand des Massenpunktes von der Drehachse
J Trägheitsmoment bezogen auf die Drehachse

Komponente ⊥ Drehachse: $L_\varrho = L_\omega \cot \gamma$

γ Winkel zwischen Ortsvektor $\vec{r}$ und Drehachse

Trägheitsmoment J

Einheit: 1 kg m^2

$$J = \varrho^2 m$$

m Masse
ϱ Abstand des Massenpunktes von der Drehachse

Dynamisches Grundgesetz

$$\vec{M} = \dot{\vec{L}}; \qquad \vec{M} = \vec{r} \times \vec{F}$$

$$\vec{M}_\omega = J \vec{\alpha}; \qquad M_\omega = F_t \varrho$$

$\vec{M}$ Drehmoment, $\vec{L}$ Drehimpuls
$\vec{r}$ Ortsvektor des Angriffspunktes der Kraft $\vec{F}$
$\vec{M}_\omega$ Komponente des Drehmomentes $\vec{M}$ parallel zur Drehachse
F_t Betrag der Tangentialkomponente der Kraft
$\vec{\alpha}$ Winkelbeschleunigung

Rotationsenergie W_{rot}

Einheit: 1 J

$$W_{rot} = \frac{1}{2} J \omega^2$$

J Trägheitsmoment
ω Winkelgeschwindigkeit

Zentrifugalkraft $\vec{F}_f$

$$\vec{F}_f = m \vec{a}_f$$

$\vec{a}_f$ Zentrifugalbeschleunigung; m Masse

Speziell: $\vec{\varrho} = \vec{r}$

$$F_f = m r \omega^2 = \frac{m v^2}{r}$$

r Kreisradius
v Umfangs- oder Bahngeschwindigkeit des Punktes mit der Masse m

1.3.6 Rotierender starrer Körper mit raumfester Drehachse

Trägheitsmoment J (Tab. 5)
(Massenträgheitsmoment)

$$J = \int \varrho^2 \, dm; \qquad J = m \varrho_t^2$$

$$J = J_s + m s^2$$

(*Satz von Steiner*)

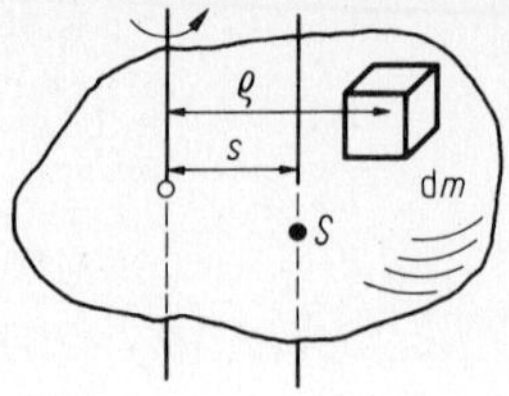

Einheit: 1 kg m²

ϱ Abstand des Massenelementes dm von der Drehachse, ϱ_t Trägheitsradius, m Masse des Körpers
s Abstand der zur Drehachse parallelen Achse durch den Körperschwerpunkt S
J_s Trägheitsmoment des Körpers in bezug auf diese Schwerpunktachse

Trägheitsellipsoid:

$$a = \frac{1}{\sqrt{J_I}}; \qquad b = \frac{1}{\sqrt{J_{II}}}; \qquad c = \frac{1}{\sqrt{J_{III}}}$$

$$J_I u^2 + J_{II} v^2 + J_{III} w^2 = 1$$

$$\frac{1}{\sqrt{J_s}} = \sqrt{u^2 + v^2 + w^2}$$

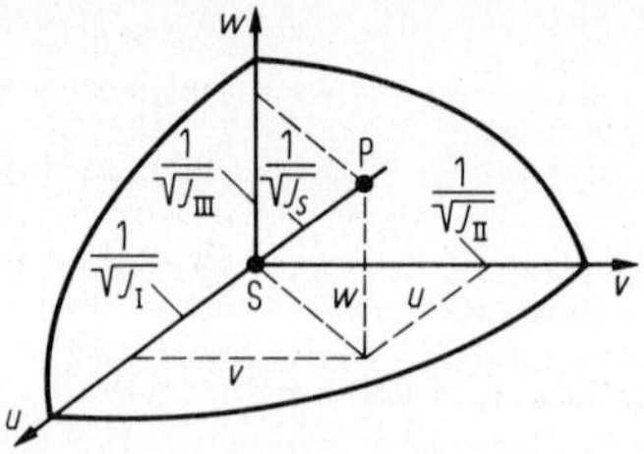

a, b, c Halbachsen des Trägheitsellipsoids in $kg^{-1/2} m^{-1}$
J_I, J_{II}, J_{III} Hauptträgheitsmomente
u, v, w Koordinaten eines Punktes P auf dem Trägheitsellipsoid in $kg^{-1/2} m^{-1}$
J_s Trägheitsmoment für eine beliebige Schwerpunktachse durch S
x, y, z Ortskoordinaten des Massenelementes dm in bezug auf ein beliebiges körperfestes kartesisches Koordinatensystem mit dem Ursprung in S

$$\begin{vmatrix} (J_{xx} - J) & -J_{xy} & -J_{xz} \\ -J_{xy} & (J_{yy} - J) & -J_{yz} \\ -J_{xz} & -J_{yz} & (J_{zz} - J) \end{vmatrix} = 0$$

mit den Lösungen:

$J = J_I$ bzw. $J = J_{II}$ bzw. $J = J_{III}$

$$J_{xx} = \int (y^2 + z^2) \, dm; \qquad J_{yy} = \int (x^2 + z^2) \, dm; \qquad J_{zz} = \int (x^2 + y^2) \, dm$$

$$J_{xy} = \int x y \, dm; \qquad J_{yz} = \int y z \, dm; \qquad J_{xz} = \int x z \, dm$$

J_{xx}, J_{yy}, J_{zz} axiale Trägheitsmomente
J_{xy}, J_{yz}, J_{xz} Zentrifugalmomente (Deviationsmomente)

Trägheitsmoment J eines Körpers, der aus den Massenelementen Δm_i zusammengesetzt ist:

$$J = \sum_i \varrho_i^2 \, \Delta m_i$$

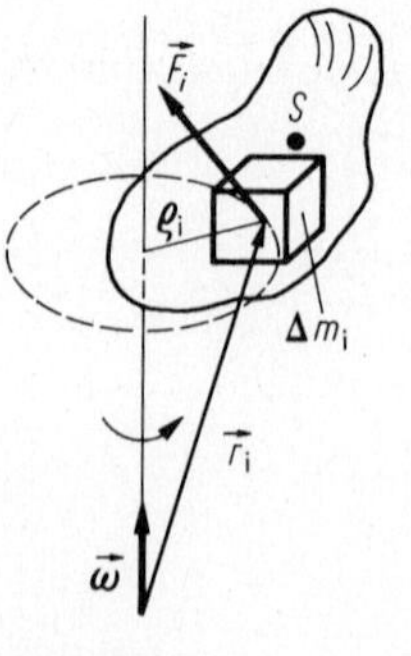

ϱ_i Abstand des Massenelementes Δm_i von der Drehachse

Drehmoment $\vec{M}$

$$\vec{M} = \sum_i \vec{r}_i \times \vec{F}_i$$

Betragseinheit: 1 N m

$\vec{r}_i$ Ortsvektor des Massenelementes Δm_i
$\vec{F}_i$ Kraft auf das Massenelement Δm_i

Drehimpuls (Drall) $\vec{L}$

$$\vec{L} = \sum_i \vec{r}_i \times \vec{p}_i$$

Betragseinheit: 1 kg m² s⁻¹ = 1 N m s

$\vec{p}_i$ Impuls des Massenelementes Δm_i

Drehimpulskomponente $\vec{L}_\omega$ parallel zur Drehachse:

$$\vec{L}_\omega = J \vec{\omega}$$

J Trägheitsmoment bezüglich der Drehachse
$\vec{\omega}$ Winkelgeschwindigkeit

Speziell Drehung um eine Hauptträgheitsachse:

$$\vec{L} = J_H \vec{\omega}$$

$\vec{L}$ Gesamtdrehimpuls
J_H Hauptträgheitsmoment (= J_I oder J_{II} oder J_{III})

Dynamisches Grundgesetz

$$\vec{M}_\omega = \dot{\vec{L}}_\omega$$

$\vec{M}_\omega$ Drehmomentkomponente parallel zur Drehachse, die die Winkelbeschleunigung $\vec{\alpha}$ eines Körpers mit dem Trägheitsmoment J in bezug auf die (konstante) Drehachse bewirkt

Speziell $J =$ konstant:

$$\vec{M}_\omega = J\vec{\alpha}$$

Drehmomentstoß $\vec{D}$

Betragseinheit: $1\,\mathrm{kg\,m^2\,s^{-1}} = 1\,\mathrm{N\,m\,s}$

$$\vec{D} = \int_{t_1}^{t_2} \vec{M}(t)\,\mathrm{d}t = \vec{M}_\mathrm{m}\,\Delta t$$

$\vec{M}$ Drehmoment
$\vec{M}_\mathrm{m}$ mittl. Drehmoment in der Zeit $\Delta t = t_2 - t_1$

Drehimpulssatz

$$\vec{D}_\omega = \Delta\vec{L}_\omega;$$
$$\Delta\vec{L}_\omega = \vec{L}_{2,\omega} - \vec{L}_{1,\omega}$$

Speziell $\vec{D}_\omega = \vec{0}$:

$$J\vec{\omega} = \text{konstant}$$

$\vec{D}_\omega$ Drehmomentstoß
$\Delta\vec{L}_\omega$ Drehimpulsänderung
$\vec{L}_{1,\omega}$ bzw. $\vec{L}_{2,\omega}$ Drehimpuls vor bzw. nach der Drehmomenteinwirkung
$\vec{\omega}$ momentane Winkelgeschwindigkeit
J momentanes Trägheitsmoment in bezug auf die (konstante) Drehachse

In einem abgeschlossenen System ist die Summe der Drehimpulse konstant.
(*Drehimpulserhaltungssatz*)

Drehleistung P_rot

Einheit: 1 W

$$P_\mathrm{rot} = \vec{M}\,\vec{\omega} = M_\omega \cdot \omega$$

$\vec{M}$ Drehmoment, $\vec{\omega}$ Winkelgeschwindigkeit

Dreharbeit ΔW_rot

Einheit: 1 J

$$\Delta W_\mathrm{rot} = \int_{t_1}^{t_2} P_\mathrm{rot}(t)\,\mathrm{d}t$$

$P_\mathrm{rot}(t)$ momentane Drehleistung

$$\Delta W_\mathrm{rot} = \int_{\varphi_1}^{\varphi_2} M_\omega(\varphi)\,\mathrm{d}\varphi$$

$M_\omega(\varphi)$ ist das bei der Winkelkoordinate φ wirksame Drehmoment in Richtung der Drehachse

Speziell $M_\omega =$ konstant:

$$\Delta W_\mathrm{rot} = M_\omega\,\varepsilon$$

ε Drehwinkel

Speziell Winkelbeschleunigungsarbeit:

$$\Delta W_\mathrm{rot} = \tfrac{1}{2}\,J\,(\omega_2^2 - \omega_1^2)$$

J Trägheitsmoment bezüglich der Drehachse
ω_1 bzw. ω_2 ist die bei der Winkelkoordinate φ_1 bzw. φ_2 vorhandene Winkelgeschwindigkeit

Rotationsenergie W_rot

Einheit: 1 J

$$W_\mathrm{rot} = \tfrac{1}{2}\,J\,\omega^2$$

J Trägheitsmoment bezüglich der Drehachse,
ω Winkelgeschwindigkeit

1.3.7 Kreisel (symmetrisch)

Kräftefreier Kreisel
bei kardanischer Lagerung

$\vec{L} = \vec{L}_K + \vec{L}_Z =$ konstant

$\vec{L}_K = J_K\,\vec{\omega}_K; \qquad \vec{L}_Z = J_Z\,\vec{\omega}_Z$

$\vec{\omega} = \vec{\omega}_K + \vec{\omega}_Z$

$\omega_N = \dfrac{L}{J_Z}$

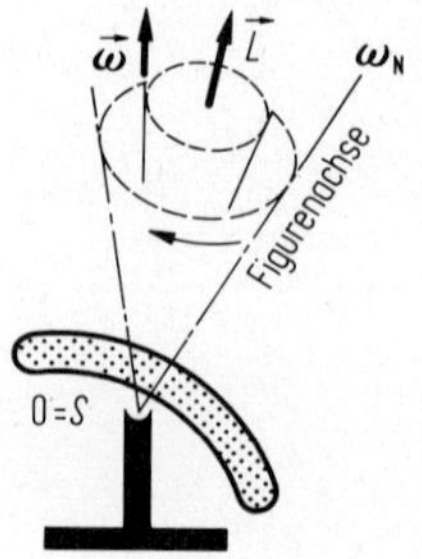

$\vec{L}$ raumfester Gesamtdrehimpuls
$\vec{\omega}_K$ Anfangswinkelgeschwindigkeit parallel zur Figurenachse
$\vec{L}_K$ Anfangsdrehimpuls
J_K Hauptträgheitsmoment bezüglich der Figurenachse
$\vec{\omega}_Z$ Winkelgeschwindigkeit parallel zu einer zur Figurenachse senkrechten Achse
$\vec{L}_Z$ Zusatzdrehimpuls
J_Z Hauptträgheitsmoment bezüglich dieser Achse
$\vec{\omega}$ Winkelgeschwindigkeit parallel zur momentanen Drehachse

ω_N Kreisfrequenz der Figurenachse (Nutationsbewegung um die raumfeste Drehimpulsachse)

Präzessionsbewegung
unter der Einwirkung einer Kraft $\vec{F}$

$\vec{M} = \dot{\vec{L}}; \qquad \vec{M} = \vec{r} \times \vec{F}$

Speziell $\vec{\omega} \parallel \vec{L}$ und $\vec{M} \perp \vec{L}$:

$\omega_P = \dfrac{M}{J\omega}; \qquad \vec{M} = \vec{\omega}_P \times \vec{L}$

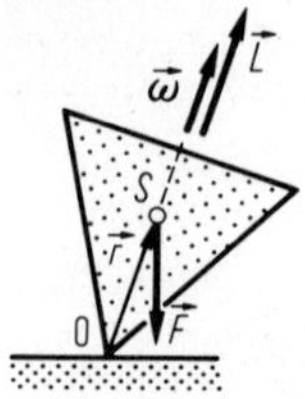

$\vec{M}$ äußeres Drehmoment, $\vec{L}$ momentaner Drehimpuls
ω momentane Winkelgeschwindigkeit
J Massenträgheitsmoment für die Figurenachse
ω_P Winkelgeschwindigkeit der Präzessionsbewegung der Figurenachse

1.4 Gravitation und Satellitenbewegung

1.4.1 Grundgrößen

Gravitationsfeldstärke (Gravitationsbeschleunigung) $\vec{G}$

Einheit: $1\ \mathrm{N/kg} = 1\ \mathrm{m/s^2}$

$$\vec{G} = \frac{\Delta\vec{F}}{\Delta m}$$

$\Delta\vec{F}$ Gravitationskraft auf die Probemasse Δm

Gravitationsgesetz von Newton
(Kraft $\vec{F}$ zwischen zwei Massenpunkten)

$$\vec{F}_1(r) = m_1\,\vec{G}_2(r); \qquad \vec{F}_2(r) = m_2\,\vec{G}_1(r)$$

$$|\vec{F}_1| = |\vec{F}_2| = F = \gamma\,\frac{m_1 m_2}{r^2}$$

$$\gamma = 6{,}670 \cdot 10^{-11}\ \frac{\mathrm{m^3}}{\mathrm{kg\,s^2}}$$

m_1, m_2 Massen
$\vec{F}_1$ bzw. $\vec{F}_2$ Kraft auf die 1. bzw. 2. Masse
$\vec{G}_1$ bzw. $\vec{G}_2$ Feldstärke der 1. bzw. 2. Masse am Ort der 2. bzw. 1. Masse
r Abstand der Massenpunkte
γ Gravitationskonstante

Potential φ_{grav} in einem Feldpunkt P

Kontinuierliche Massenverteilung:

$$\varphi_{grav}(\mathrm{P}) = -\gamma \int \frac{\mathrm{d}m}{r}$$

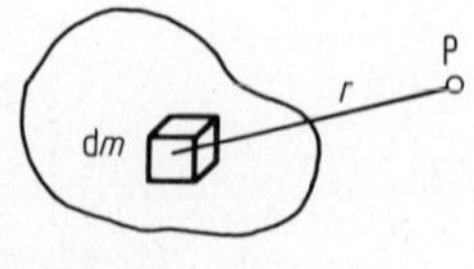

Einheit: $1\ \mathrm{J/kg} = 1\ \mathrm{m^2/s^2}$

r Abstand des Punktes P vom felderzeugenden Massenelement dm eines Körpers
γ Gravitationskonstante

Flächen, auf denen $\varphi_{grav} =$ konstant: **Äquipotentialflächen**

Diskrete Massenverteilung von n kugelsymmetrischen Körpern:

$$\varphi_{grav}(P) = -\gamma \sum_{i=1}^{n} \frac{m_i}{r_i}$$

r_i Abstand des Punktes P vom Mittelpunkt des i-ten Körpers mit der Masse m_i

Zusammenhang zwischen $\vec{G}$ und φ_{grav}:

$$\varphi_{grav}(P) = -\int_{P_0}^{P} \vec{G}(\vec{r})\,d\vec{r}$$

mit $\varphi_{grav}(P_0) = 0$

$$\vec{G} = -\operatorname{grad}\varphi_{grav}; \quad G = \left|\frac{d\varphi_{grav}}{ds}\right|$$

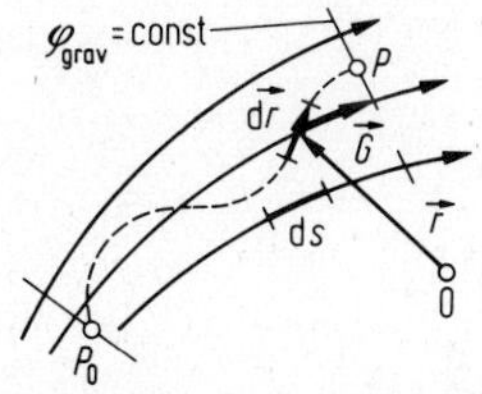

$\vec{G}$ Gravitationsfeldstärke
$d\vec{r}$ Differential des Ortsvektors $\vec{r}$
P_0 Potentialnullpunkt
$d\varphi_{grav}$ Potentialänderung längs des Feldlinienelements ds

1.4.2 Spezielle Gravitationsfelder

$\vec{G}$ Gravitationsfeldstärke, φ_{grav} Potential, ΔW Arbeit

Homogenes Feld
(näherungsweise in einem Radialfeld bei kleinen Niveauunterschieden)

Feldstärke $\vec{G}$: $\quad \vec{G} = \text{konstant}$

Kraft $\vec{F}$ auf die Masse m: $\quad \vec{F} = m\vec{G}$

Überführungsarbeit ΔW: $\quad \Delta W = m\,G\,(z_2 - z_1)$

Potential φ_{grav} im Punkt P: $\quad \varphi_{grav}(P) = -G\,(z - z_0)$

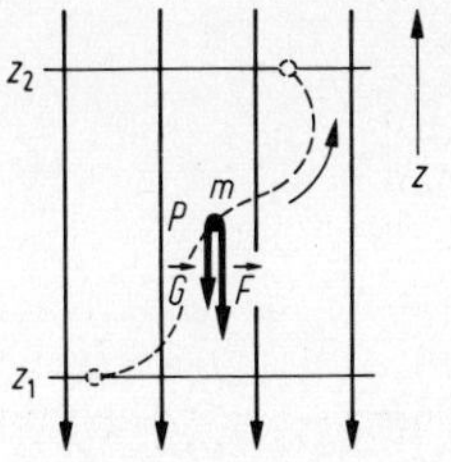

z_1 bzw. z_2 Anfangs- bzw. Endkoordinate
z_0 Koordinate des Potentialnullpunktes

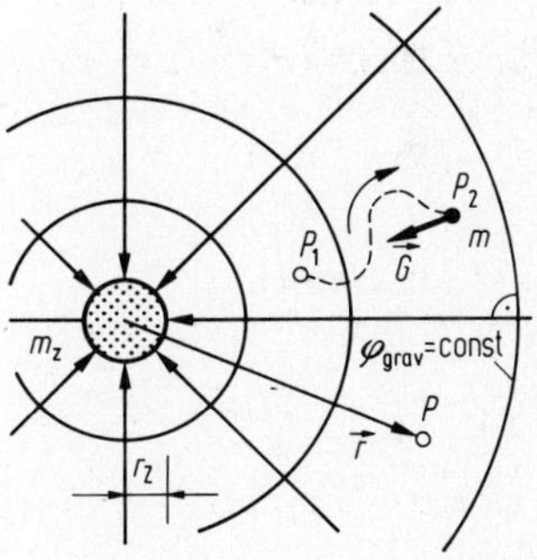

Radialfeld eines Zentralkörpers

Feldstärke $\vec{G}$: $\quad \vec{G} = \gamma \dfrac{m_Z}{r^2}$

Kraft $\vec{F}$ auf die Masse m: $\quad \vec{F} = m\vec{G}$

Überführungsarbeit ΔW: $\quad \Delta W = \gamma\, m\, m_Z \left(\dfrac{1}{r_1} - \dfrac{1}{r_2}\right)$

Potential im Punkt P: $\quad \varphi_{grav} = \gamma\, m_Z \left(\dfrac{1}{r_0} - \dfrac{1}{r}\right)$

r_0 Abstand des Potentialnullpunktes vom Massenmittelpunkt des Zentralkörpers der Masse m_Z

Gravitationsbeschleunigung $\vec{g}_0(r) = \vec{G}(r)$ im Abstand r vom Mittelpunkt eines Zentralkörpers:

$$g_0(r) = \gamma \frac{m_Z}{r^2}; \qquad \vec{g}_0 \downarrow\uparrow \vec{r}; \qquad r \geqslant r_Z$$

$g_0(r_Z)$ Gravitationsbeschleunigung an der Oberfläche des Zentralkörpers der Masse m_Z und des Radius r_Z

$$g_0(r) = g_0(r_Z)\frac{r_Z^2}{r^2} = g_0(r_Z)\frac{1}{n^2} \qquad \text{mit} \qquad n = \frac{r}{r_Z}$$

n Entfernungsfaktor

Fallbeschleunigung $\vec{g}(r)$ eines mitrotierenden Körpers im Abstand r von einem rotierenden Zentralkörper:

$$\vec{g}(r) = \vec{g}_0(r) + \vec{a}_f; \qquad \vec{a}_f = \omega^2 \vec{\varrho}$$

Gewichtskraft F_G:

$$F_G = m g$$

Speziell Erde am Normort ($h = 0$; $\varphi = 45°$):

$$g = g_n = 9{,}806\,65\ \mathrm{m/s^2}$$

Endgeschwindigkeit v für freien Fall aus der Höhe h:

$$v = \frac{\sqrt{2 g_n h}}{1 + \frac{1}{2}\frac{h}{r_E}}$$

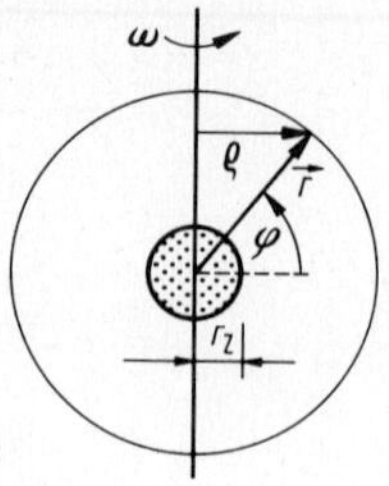

$\vec{a}_f$ Zentrifugalbeschleunigung
ϱ Abstand von der Drehachse (= Radius des Breitenkreises für $r = r_Z$)
$\vec{g}_0(r)$ Gravitationsbeschleunigung auf die Masse m im Gravitationsfeld des Zentralkörpers
ω Winkelgeschwindigkeit des Zentralkörpers

φ geographische Breite
h Höhe über dem Meeresspiegel
g_n Normfallbeschleunigung

r_E Erdradius

1.4.3 Satellitenbewegung (im Feld eines Zentralkörpers, ohne Berücksichtigung der Rotation des Zentralkörpers und der Reibung)

Kreisbahnen (Zentralkörper im Mittelpunkt)

Grenzbahn $r = r_Z$ bzw. $h = 0$:

$$v_{gr} = \sqrt{r_Z\, g_0(r_Z)}; \qquad T_{gr} = 2\pi \sqrt{\frac{r_Z}{g_0(r_Z)}}$$

Speziell Erde: $v_{gr} = 7{,}9\ \mathrm{km/s}$ **(1. kosmische Geschwindigkeit)**
$T_{gr} = 84{,}4\ \mathrm{min}$

v_{gr} Grenzgeschwindigkeit
T_{gr} Grenzbahnumlaufsdauer
r_Z Radius des Zentralkörpers
h Höhe über der Oberfläche
$g_0(r_Z)$ Gravitationsbeschleunigung

Bahn mit dem Radius r bzw. der Höhe $h = r - r_Z$:

$$v_K(r) = \sqrt{r\, g_0(r)} = \sqrt{\frac{\gamma\, m_Z}{r}}; \qquad v_K(r) = \frac{\sqrt{n}}{n} v_{gr}$$

$$T_K(r) = 2\pi \sqrt{\frac{r}{g_0(r)}} = n\sqrt{n}\, T_{gr}; \qquad n = \frac{r}{r_Z}$$

v_K Kreisbahngeschwindigkeit
T_K Kreisbahnumlaufsdauer
$g_0(r)$ Gravitationsbeschleunigung im Abstand r
γ Gravitationskonstante,
m_Z Masse des Zentralkörpers
n Entfernungsfaktor

Ellipsenbahnen

1. Gesetz von Kepler: Satelliten bewegen sich auf Ellipsenbahnen, in deren einem Brennpunkt der Zentralkörper steht (Tab. 3 u. 4).

2. Gesetz von Kepler: Der Fahrstrahl $\vec{r}$ vom Zentralkörper zum Satelliten überstreicht in gleichen Zeiten gleiche Flächen.

$$|\vec{r} \times \vec{v}| = \text{konstant}$$

Speziell Sonne:
P Perihel, A Aphel

Speziell Erde:
P Perigäum, A Apogäum

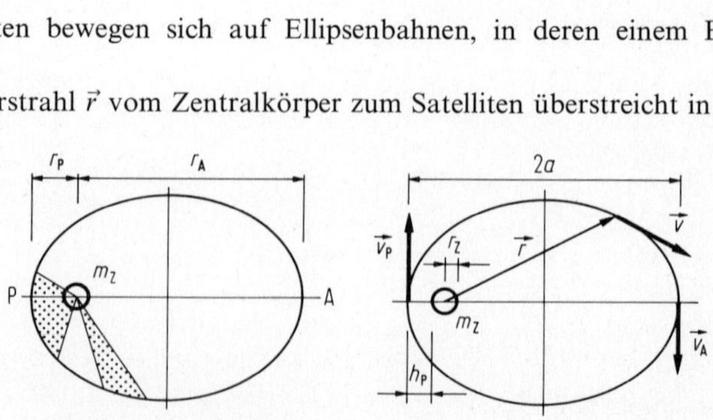

$r_P + r_A = 2a; \qquad h_P = r_P - r_Z$

r_A Aphel- bzw. Apogäumsabstand, r_P Perihel- bzw. Perigäumsabstand
a große Halbachse der Ellipse

3. Gesetz von Kepler: Die Quadrate der Umlaufszeiten verschiedener Satelliten eines Zentralkörpers verhalten sich wie die dritten Potenzen der großen Halbachsen ihrer Bahnellipsen.

$$\frac{T_1^2}{T_2^2} = \frac{a_1^3}{a_2^3}; \qquad T^2 = \frac{4\pi^2 a^3}{\gamma(m_Z + m)}$$

T Umlaufsdauer, a große Halbachse
m_Z Masse des Zentralkörpers, m Satellitenmasse
γ Gravitationskonstante

Parabelbahn (Zentralkörper im Brennpunkt)
Erforderliche Abschußgeschwindigkeit aus einer Kreisbahn um den Zentralkörper mit dem Radius r:

$$v_{Pa} = \sqrt{\frac{2\gamma m_Z}{r}} = v_K \sqrt{2}$$

γ Gravitationskonstante
m_Z Masse des Zentralkörpers
v_K Kreisbahngeschwindigkeit

Speziell Erde und $r = r_Z$: $v_{Pa} = v_{gr}\sqrt{2} = 11{,}2\,\text{km/s}$

v_{gr} Grenzgeschwindigkeit

(2. kosmische Geschwindigkeit, Fluchtgeschwindigkeit)

Hyperbelbahnen (Zentralkörper im Brennpunkt des Hyperbelastes)
Abschußgeschwindigkeit aus einer Kreisbahn um den Zentralkörper mit dem Radius r:

$$v_H > v_{Pa}$$

v_{Pa} Abschußgeschwindigkeit aus der gleichen Kreisbahn für Parabelbahn

Speziell Erde und $r = r_Z$: $v_H > 11{,}2\,\text{km/s}$

1.5 Relativitätsmechanik

1.5.1 Kinematik bei kleinen Geschwindigkeiten

Inertialsysteme
Ein Inertialsystem S′ bewegt sich gleichförmig relativ zu einem Inertialsystem S.

Galilei-Transformation: *Speziell* $\vec{r}\,' = \vec{r}$ für $t = 0$

Ortsvektor $\vec{r}\,'$: $\vec{r}\,' = \vec{r} - \vec{v}t$

Geschwindigkeit $\vec{u}\,'$: $\vec{u}\,' = \vec{u} - \vec{v}$

Beschleunigung $\vec{a}\,'$: $\vec{a}\,' = \vec{a}$

$\vec{r}$ bzw. $\vec{u}$ bzw. $\vec{a}$ Ortsvektor bzw. Geschwindigkeit bzw. Beschleunigung eines Punktes P im System S
$\vec{r}\,'$ bzw. $\vec{u}\,'$ bzw. $\vec{a}\,'$ Ortsvektor bzw. Geschwindigkeit bzw. Beschleunigung von P in S′
$\vec{v}$ konstante Geschwindigkeit von S′ in S

Spezielle Lage der Systeme S, S′ (siehe Bild)

$x' = x - v_x t;$ $\quad u'_x = u_x - v_x;$ $\quad a'_x = a_x$

$y' = y;$ $\quad u'_y = u_y;$ $\quad a'_y = a_y$

$z' = z;$ $\quad u'_z = u_z;$ $\quad a'_z = a_z$

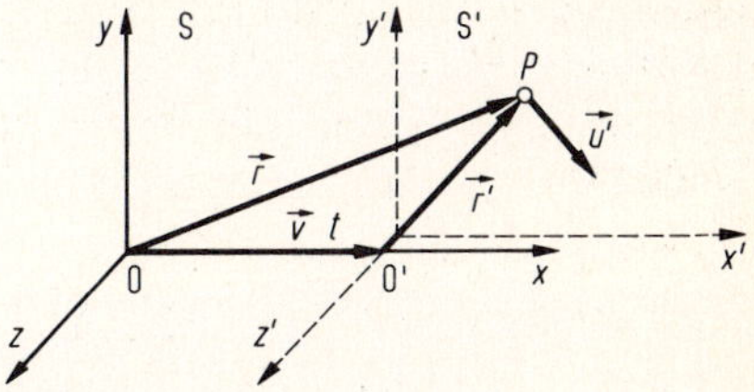

Beschleunigtes Bezugssystem
Ein Bezugssystem S′ (Ursprung O′) bewegt sich beschleunigt gegenüber einem Inertialsystem S (Ursprung O).

Ortsvektor $\vec{r}$ eines Punktes P in S:

$$\vec{r} = \vec{r}_{o'} + \vec{r}\,'$$

$\vec{r}_{o'}$ Ortsvektor von O′ in S
$\vec{r}\,'$ Ortsvektor von P in S′

Führungsgeschwindigkeit $\vec{v}_F$ (Geschwindigkeit eines fest mit S′ verbundenen Punktes in S):

$$\vec{v}_F = \vec{v}_{trans} + \vec{\omega} \times \vec{r}\,'; \qquad \vec{v}_{trans} = \frac{d\vec{r}_{o'}}{dt}$$

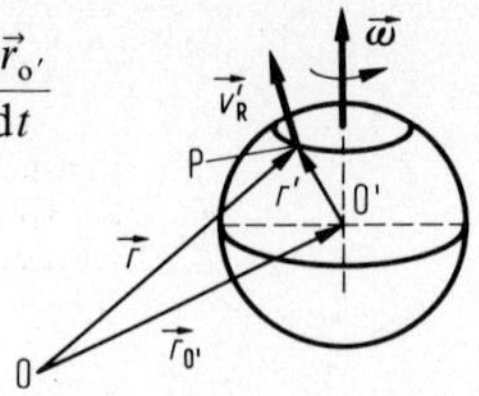

$\vec{v}_{trans}$ bzw. $\vec{\omega}$ Translations- bzw. Winkelgeschwindigkeit von S′ in S

Geschwindigkeit $\vec{u}$ von P in S:

$$\vec{u} = \vec{u}\,' + \vec{v}_F; \qquad \vec{u}\,' = \frac{d\vec{r}\,'}{dt}$$

$\vec{u}\,'$ Geschwindigkeit von P in S′

Führungsbeschleunigung $\vec{a}_F$ (Beschleunigung eines fest mit S′ verbundenen Punktes in S):

$$\vec{a}_F = \vec{a}_{trans} + \vec{a}_t - \vec{a}_f; \qquad \vec{a}_t = \vec{\alpha} \times \vec{r}\,'$$

$$\vec{a}_{trans} = \frac{d\vec{v}_{trans}}{dt}; \qquad \vec{a}_f = \vec{\omega} \times (\vec{r}\,' \times \vec{\omega})$$

$\vec{a}_{trans}$ bzw. $\vec{\alpha}$ Translations- bzw. Winkelbeschleunigung von S′ in S
$\vec{a}_t$ Tangentialbeschleunigung
$\vec{a}_f$ Zentrifugalbeschleunigung

Beschleunigung $\vec{a}$ von P in S:

$$\vec{a} = \vec{a}\,' + \vec{a}_F - \vec{a}_C$$

$$\vec{a}_C = 2\vec{u}\,' \times \vec{\omega}; \qquad \vec{a}\,' = \frac{d\vec{u}\,'}{dt}$$

$\vec{a}\,'$ Beschleunigung von P in S′
$\vec{a}_C$ Coriolisbeschleunigung

1.5.2 Kinematik in Inertialsystemen bei Geschwindigkeiten vergleichbar mit c_0

Lorentztransformation

Speziell: $x' = x$ für $t' = t = 0$,
$v_y = v_z = 0$ für alle Zeiten
und $y' = y$, $z' = z$ für alle Zeiten

$c_0 = 299\,792\,458$ m/s Vakuumlichtgeschwindigkeit
(x, y, z, t) bzw. (x', y', z', t') Raumzeitkoordinaten eines Punktes im Inertialsystem S bzw. S′
v konstante Geschwindigkeit von S′ in S ($v = |\vec{v}| = v_x$)

Ortskoordinate:

$$x' = \frac{x - v_x t}{\sqrt{1-\beta^2}}; \qquad x = \frac{x' + v_x t}{\sqrt{1-\beta^2}}; \qquad \beta = \frac{v}{c_0}$$

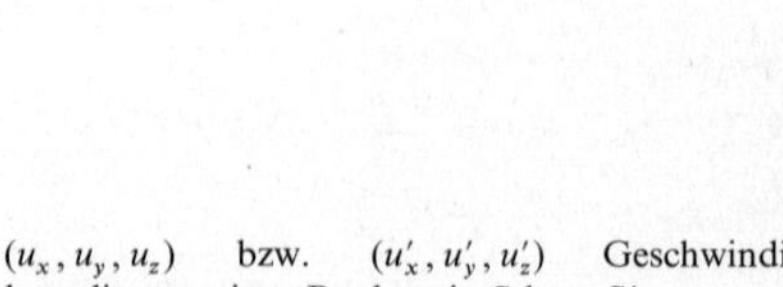

Zeitkoordinate:

$$t' = \frac{t - \beta x/c_0}{\sqrt{1-\beta^2}}; \qquad t = \frac{t' + \beta x'/c_0}{\sqrt{1-\beta^2}}$$

Geschwindigkeitskoordinaten:
(Additionstheorem der Geschwindigkeiten)

$$u_x' = \frac{dx'}{dt'} = \frac{u_x - v_x}{1 - \beta u_x/c_0}; \qquad u_x = \frac{dx}{dt} = \frac{u_x' + v_x}{1 - \beta u_x'/c_0}$$

(u_x, u_y, u_z) bzw. (u_x', u_y', u_z') Geschwindigkeitskoordinaten eines Punktes in S bzw. S′

$$u_y' = \frac{u_y\sqrt{1-\beta^2}}{1 - \beta u_x/c_0}; \qquad u_z' = \frac{u_z\sqrt{1-\beta^2}}{1 - \beta u_x/c_0}$$

Speziell: Der Beobachter ruht in dem einen der beiden Systeme, der beobachtete Körper im anderen:

Zeitdilatation

Dauer Δt eines Vorganges am beobachteten Körper für den Beobachter:

$$\Delta t = \frac{\Delta t_0}{\sqrt{1-\beta^2}}; \qquad \beta = \frac{v}{c_0}$$

v Geschwindigkeit des Körpers relativ zum Beobachter
Δt_0 Dauer des Vorganges für einen relativ zum Körper ruhenden Beobachter (Eigenzeit)

Längenkontraktion

Länge Δx einer Strecke am beobachteten Körper für den parallel zu ihr bewegten Beobachter:

$$\Delta x = \Delta x_0 \sqrt{1-\beta^2}; \qquad \beta = \frac{v}{c_0}$$

v Geschwindigkeit der Strecke relativ zum Beobachter
Δx_0 Länge der Strecke für einen relativ zu ihr ruhenden Beobachter (Ruhe- oder Eigenlänge)

1.5.3 Dynamik in Inertialsystemen bei Geschwindigkeiten vergleichbar mit c_0

Dynamische (träge) Masse *m*

Masse m des beobachteten Körpers für den Beobachter:

$$m = \frac{m_0}{\sqrt{1-\beta^2}}; \qquad \beta = \frac{v}{c_0}$$

$$m = m_0 (1+\varepsilon)$$

v Geschwindigkeit des Körpers relativ zum Beobachter
m_0 Masse des Körpers für einen relativ zu ihm ruhenden Beobachter (Ruhemasse)
ε relativer Massen- oder Energiezuwachs des Körpers

Impuls $\vec{p}$ eines Körpers

$$\vec{p} = m\vec{v}$$

$\vec{v}$ Geschwindigkeit des Körpers relativ zum Beobachter
m dynamische Masse des Körpers

Kraft $\vec{F}$,

die einem Körper mit der dynamischen Masse m die Beschleunigung $\vec{a}$ erteilt:

$$\vec{F} = \frac{d\vec{p}}{dt} = m\left(\vec{a}_s + \frac{\vec{a}_p}{1-\beta^2}\right); \qquad \beta = \frac{v}{c_0}$$

$$\vec{a} = \vec{a}_s + \vec{a}_p; \qquad \vec{a} = \frac{d\vec{v}}{dt}$$

$\vec{a}_s$ bzw. $\vec{a}_p$ Komponente von $\vec{a}$ senkrecht bzw. parallel zu $\vec{v}$
$\vec{v}$ Geschwindigkeit des Körpers relativ zum Beobachter
c_0 Vakuumlichtgeschwindigkeit

Ruheenergie W_0 eines Körpers

$$W_0 = m_0 c_0^2$$

m_0 Ruhemasse des Körpers

Gesamtenergie *W*

eines gegenüber einem Beobachter bewegten Körpers

$$W = m c_0^2 = W_0 + W_{kin}$$

(Äquivalenzprinzip von Masse und Energie)

m dynamische Masse,
W_{kin} kinetische Energie des Körpers

$$m = \frac{m_0}{\sqrt{1-\beta^2}}; \qquad \beta = \frac{v}{c_0}$$

v Geschwindigkeit des Körpers relativ zum Beobachter

$$W = \sqrt{m_0^2 c_0^4 + p^2 c_0^2}$$

p Impuls des Körpers

Relativer Energie- bzw. Massenzuwachs ε

$$\varepsilon = \frac{m - m_0}{m_0} = \frac{W - W_0}{W_0} = \frac{W_{\text{kin}}}{W_0}$$

m bzw. m_0 dynamische bzw. Ruhemasse
W bzw. W_0 bzw. W_{kin} Gesamt- bzw. Ruhe- bzw. kinetische Energie

Geschwindigkeit v eines Körpers

$$v = c_0 \sqrt{1 - 1/(1 + \varepsilon)^2}$$

ε relativer Massen- oder Energiezuwachs

Energieerhaltungssatz
in einem abgeschlossenen System von Teilchen

$$\sum_{i=1}^{n_a} W_{i,\text{a}} = \sum_{j=1}^{n_e} W_{j,\text{e}}$$

n_a bzw. n_e Anzahl der Teilchen vor bzw. nach der Reaktion
$W_{i,\text{a}}$ bzw. $W_{j,\text{e}}$ Gesamtenergie des Teilchens i bzw. j vor bzw. nach der Reaktion

Speziell: Massendefekt Δm und Bindungsenergie W_{B} bei der Bildung eines stabilen Körpers aus freien Teilchen:

$$\Delta m = \left(\sum_{i=1}^{n} m_{0,i} \right) - m_0$$

$$W_{\text{B}} = -\Delta m \, c_0^2$$

n Anzahl der freien Teilchen
$m_{0,i}$ Ruhemasse des Teilchens i
m_0 Ruhemasse des stabilen Körpers
c_0 Vakuumlichtgeschwindigkeit

2 Mechanik der Fluide (Flüssigkeiten und Gase)

2.1 Statik der Fluide

2.1.1 Grundgrößen

Druck p

$$p = \frac{\Delta F_n}{\Delta A}$$

Einheit: $1\ N/m^2 = 1$ Pascal Pa
1 Bar bar $= 10^5$ Pa; 1 Torr $= 133{,}322$ Pa
1 mm WS $= 9{,}80665$ Pa

ΔF_n Normalkraft auf die Fläche ΔA

Isotherme Druckänderung Δp
für die relative Volumänderung $\Delta V/V$:

$$\Delta p = -K \frac{\Delta V}{V}; \qquad K = 1/\varkappa$$

K Kompressionsmodul (Tab. 11)
$\varkappa$ Kompressibilität

Speziell ideale Flüssigkeit: $\varkappa = 0$

Speziell ideales Gas: $\varkappa = 1/p$

p Gasdruck

2.1.2 Grenzflächeneffekte

Kapillaritätskonstante σ (Oberflächen-, Grenzflächenspannung) einer Flüssigkeit (Tab. 12):

Einheit: $1\ N/m = 1\ J/m^2 = 1\ kg/s^2$

$$\sigma = \frac{\Delta W}{\Delta A}; \qquad \sigma = \frac{\Delta F}{\Delta l}$$

ΔW Arbeit zur Vergrößerung der Flüssigkeitsoberfläche um ΔA
ΔF Kraft auf ein Teilstück Δl der Berandungslinie der Flüssigkeitsoberfläche

Speziell ideale Flüssigkeit: $\sigma = 0$

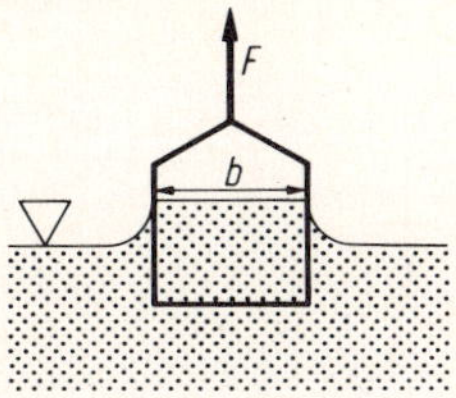

Kraft F zum Heben eines Drahtbügels:

$$F = F_G + 2b\sigma$$

F Kraft kurz vor dem Abreißen der Lamelle
σ Kapillaritätskonstante
b bzw. F_G Breite bzw. Gewichtskraft des Bügels

Kraft F zum Heben eines Drahtringes:

$$F = F_G + 4\pi r \sigma$$

F Kraft kurz vor dem Abreißen der Lamelle
σ Kapillaritätskonstante
r bzw. F_G Radius bzw. Gewichtskraft des Drahtringes

Kohäsionsdruck p_k auf ein Teilchen
in einer gewölbten Oberfläche (Meniskus)

$$p_k = p_e + \frac{2\sigma}{r}$$

$r > 0$: konvexer Meniskus
$r < 0$: konkaver Meniskus

$$p_{D,k} = p_{D,e} + \frac{2\sigma}{r} \frac{\varrho_D}{\varrho_{Fl}}$$

p_e Kohäsionsdruck bei ebener Oberfläche
σ Kapillaritätskonstante der Flüssigkeit
r Krümmungsradius
$p_{D,k}$ Dampfdruck einer Flüssigkeit mit kugelförmiger Oberfläche
$p_{D,e}$ Dampfdruck der gleichen Flüssigkeit bei ebener Oberfläche
ϱ_D Dampfdichte, ϱ_{Fl} Flüssigkeitsdichte

Überdruck Δp in einer kugelförmigen Blase

$$\Delta p = \frac{4\sigma}{r}$$

σ Kapillaritätskonstante
r Kugelradius

Haftspannung und Kapillarität
(1) Gas, (2) Flüssigkeit, (3) Wand

Haftspannung σ_H: $\sigma_H = \sigma_{1,3} - \sigma_{2,3}$

Kapillaritätsgesetz: $\sigma_H = \sigma_{1,2} \cos\theta$

Vollständige Benetzung: $\theta = 0°$ bzw. $\sigma_H \geqq \sigma_{1,2}$

Unvollständige Benetzung: $0° < \theta < 90°$ bzw. $\sigma_{1,2} > \sigma_H > 0$

Nichtbenetzung: $\theta > 90°$ bzw. $\sigma_H < 0$

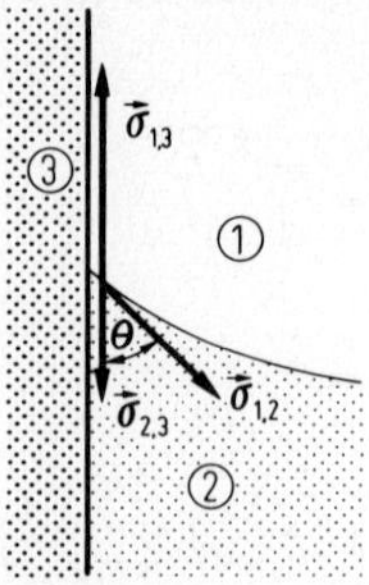

$\vec{\sigma}_{i,k}$ Grenzflächenspannung zwischen den Medien (i) und (k)
θ Randwinkel

Maximale Steighöhe bzw. Depressionshöhe h_{max} einer Flüssigkeit in einem kreiszylindrischen Kapillarrohr:

$$h_{max} = \frac{2\sigma_{1,2}\cos\theta}{r\varrho g}$$

r Kapillarrohrradius
ϱ Flüssigkeitsdichte
g Fallbeschleunigung

Speziell Wasser/Glas: $h_{max} \approx 15\,\text{mm}^2/r$

Speziell Quecksilber/Glas: $h_{max} \approx -7\,\text{mm}^2/r$

2.1.3 Druck und Kraft in offenen Gefäßen

Hydrostatischer Druck p in einer Flüssigkeit
mit freier Oberfläche:

$$p = p_G + p_o = \varrho g h + p_o$$

p_G Schweredruck in der Flüssigkeit
p_o Druck auf die Flüssigkeitsoberfläche
ϱ Flüssigkeitsdichte (Tab. 6), g Fallbeschleunigung

Normaldruckkraft F_n
auf horizontale Boden- bzw. Deckflächen:

$$F_n = A\varrho g h$$

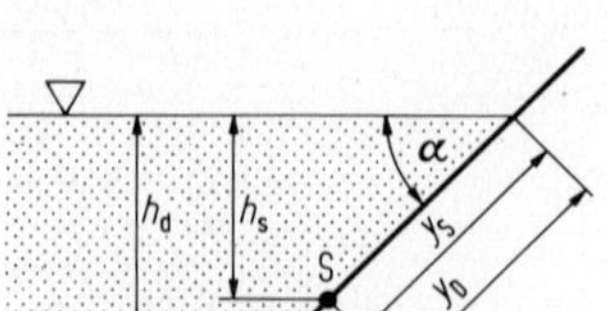

A Boden- bzw. Deckfläche
ϱ Dichte, g Fallbeschleunigung
h Höhe der Flüssigkeitsoberfläche über der Boden- bzw. Deckfläche

Normaldruckkraft F_n
auf symmetrische ebene Seitenwand

$$F_n = A\varrho g h_S;$$
$$F_n = A\varrho g y_S \sin\alpha$$

Angriffspunkt von F_n (Druckmittelpunkt D):

$$y_D = y_S + e;$$
$$h_D = y_D \sin\alpha$$
$$e = \frac{I_S}{A y_S}$$

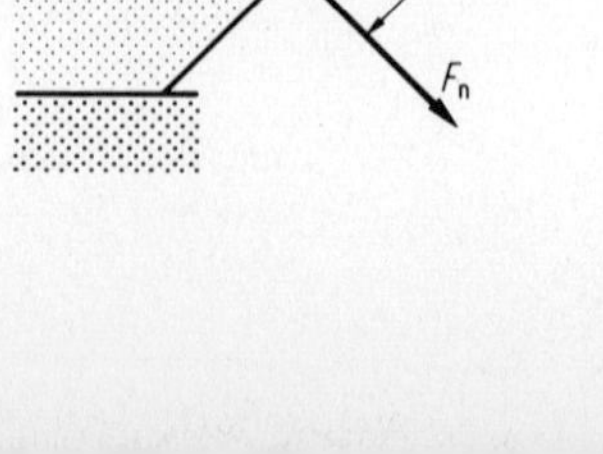

A benetzte Seitenfläche
ϱ Dichte
g Fallbeschleunigung
h_S (senkrechter) Abstand des Flächenschwerpunktes S der benetzten Wandfläche vom Flüssigkeitsspiegel
I_S axiales Flächenmoment 2. Grades der benetzten Seitenfläche in bezug auf die horizontale Achse durch S (S. 8 u. Tab. 5)

2.1.4 Druck und Kraft in geschlossenen Gefäßen

Hydraulischer Druck p (ohne Schweredruck) an jeder Stelle der Flüssigkeit:

$$p = \frac{F}{A}$$

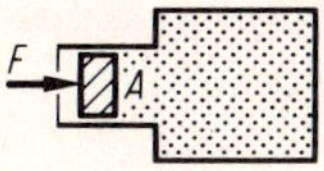

F Kraft auf die Kolbenfläche A

Hydraulische Kraft- bzw. Druckübertragung

$$F_2 = \frac{A_2}{A_1} F_1; \quad s_2 = \frac{A_1}{A_2} s_1$$

$$p_2 = \frac{A_1}{A_2} p_1$$

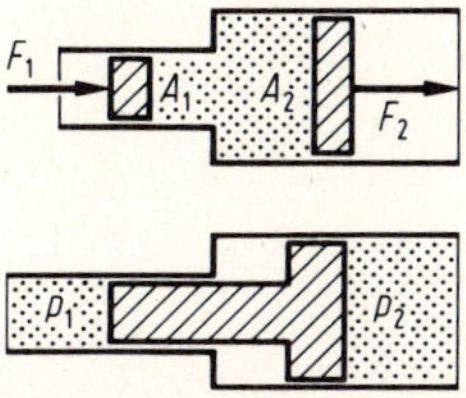

F_1, F_2 Kolbenkräfte
A_1, A_2 Kolbenflächen
s_1, s_2 Kolbenwege
p_1, p_2 hydraulischer Druck der Flüssigkeit in den Zylindern

2.1.5 Auftrieb und Schwimmen

Auftriebskraft F_A

$$F_A = \varrho g V'_K$$

(Gesetz von Archimedes)

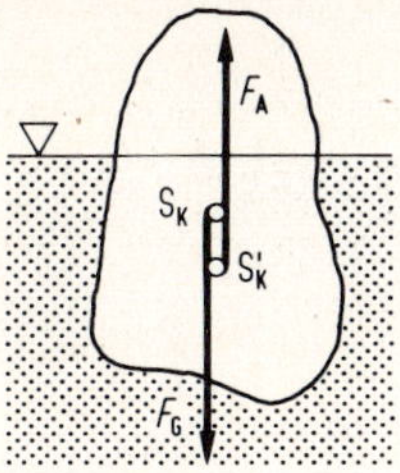

V'_K Teil des Körpervolumens, der sich in einem Fluid der Dichte ϱ befindet
g Fallbeschleunigung
S_K Schwerpunkt des Gesamtkörpers
S'_K Schwerpunkt des eingetauchten Teiles
ϱ_K Dichte des Körpers
F_G Gewichtskraft des Gesamtkörpers

Scheinbare Gewichtskraft F'_G eines Körpers in einem Fluid

$$F'_G = F_G - F_A$$

Schwimmbedingung: $F_G = F_A$

F_G (absolute) Gewichtskraft des Körpers
F_A Auftriebskraft des Körpers im Fluid

Dichtebestimmung mit Hilfe des Auftriebs in einer Flüssigkeit:

$$\varrho_K = \frac{F_G}{F'_G} \varrho$$

F_G Gewichtskraft des Körpers
F'_G scheinbare Gewichtskraft des Körpers in der Flüssigkeit der Dichte ϱ

2.1.6 Luftdruck und Gasdruck

Barometrische Höhenformel für konstante Temperatur

$$p_2 = p_1 \cdot e^{-\frac{\varrho_1 g}{p_1}(h_2 - h_1)}; \quad h_2 = h_1 + \frac{p_1}{\varrho_1 g} \cdot \ln \frac{p_1}{p_2}$$

Speziell $\vartheta = 0\,°C$: $h_2 - h_1 = 18{,}4\,km \cdot \lg \frac{p_1}{p_2}$

p_1 bzw. p_2 atmosphärischer Luftdruck in der Höhe h_1 bzw. h_2
ϱ_1 Luftdichte in der Höhe h_1
g Fallbeschleunigung
ϑ Celsius-Temperatur

Gesetz von Boyle-Mariotte

$p_1 V_1 = p_2 V_2$ (Temperatur konstant)

V_1 bzw. V_2 Volumen des Gases beim Druck p_1 bzw. p_2

2.2 Dynamik der Fluide

Voraussetzung: Die Fluide sind inkompressibel. (Ein Gas kann als inkompressibel behandelt werden, solange die Strömungsgeschwindigkeit kleiner ist als die Ausbreitungsgeschwindigkeit des Schalls in diesem Gas.) Die Strömungen sollen stationär sein.

2.2.1 Ideale Fluide

Volumenstrom (Volumendurchfluß) $\dot{V}\,(Q)$

Einheit: $1\ \mathrm{m^3/s}$

$$\dot{V} = \frac{\mathrm{d}V}{\mathrm{d}t} = v\,A$$

$\mathrm{d}V$ Volumen, das in der Zeit $\mathrm{d}t$ senkrecht durch die Querschnittsfläche A fließt
v Geschwindigkeit des Fluids

Massenstrom (Massendurchfluß) $\dot{m}$

Einheit: $1\ \mathrm{kg/s}$

$$\dot{m} = \frac{\mathrm{d}m}{\mathrm{d}t} = \varrho\,\dot{V}$$

$\mathrm{d}m$ Masse, die in der Zeit $\mathrm{d}t$ mit der Geschwindigkeit v senkrecht durch die Querschnittsfläche A fließt
ϱ Dichte des Fluids

Kontinuitätsgleichung

$$\dot{V} = v\,A = \text{konstant}$$

$$v_1\,A_1 = v_2\,A_2$$

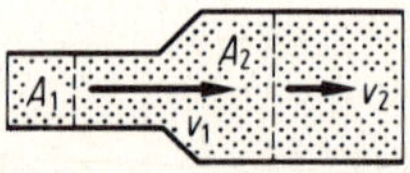

$\dot{V}$ Volumenstrom, v Geschwindigkeit
A Querschnittsfläche
v_1 bzw. v_2 Strömungsgeschwindigkeit in der Querschnittsfläche A_1 bzw. A_2

2.2.2 Gesetz von Bernoulli

Bernoullische Gleichung

$$p_1 + \tfrac{1}{2}\varrho\,v_1^2 + h_1\,\varrho\,g = p_2 + \tfrac{1}{2}\varrho\,v_2^2 + h_2\,\varrho\,g$$

$$\frac{p_1}{\varrho\,g} + \frac{v_1^2}{2g} + h_1 = \frac{p_2}{\varrho\,g} + \frac{v_2^2}{2g} + h_2$$

p_1 bzw. p_2 statischer Druck, v_1 bzw. v_2 Strömungsgeschwindigkeit
h_1 bzw. h_2 Ortshöhe an der 1. bzw. 2. Meßstelle im Stromfaden

Speziell horizontale Strömung: $h_1 = h_2$:

$$p + \tfrac{1}{2}\varrho\,v^2 = p_{\mathrm{ges}} = \text{konstant}$$

p_{ges} Gesamtdruck, p statischer Druck
v Strömungsgeschwindigkeit an der Meßstelle
ϱ Flüssigkeitsdichte

Dynamischer Druck (Geschwindigkeitsdruck, Staudruck) p_{d}

$$p_{\mathrm{d}} = \tfrac{1}{2}\varrho\,v^2$$

ϱ Dichte, v Strömungsgeschwindigkeit

Venturi-Rohr: $\Delta p = \Delta p_{\mathrm{d}} = \varrho_{\mathrm{fl}}\,g\,\Delta h$

$$v_1 = \sqrt{\frac{2\,\Delta p}{\left[\left(\frac{A_1}{A_2}\right)^2 - 1\right]\varrho}}$$

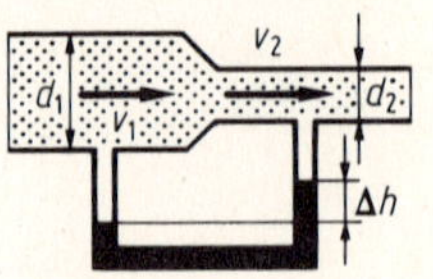

ϱ bzw. ϱ_{fl} Dichte des Fluids bzw. der Manometerflüssigkeit
g Fallbeschleunigung
A_1, A_2 Querschnittsflächen

Prandtl-Rohr:

$$v = \sqrt{\frac{2\,\Delta p}{\varrho}}$$

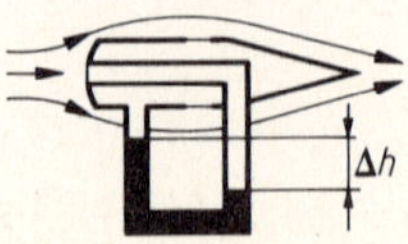

2.2.3 Ausfluß aus Gefäßen

Offenes Gefäß mit konstanter Spiegelhöhe
und Bodenöffnung bzw. kleiner Seitenöffnung

Ausflußgeschwindigkeit v_a:

$$v_a = \varphi \sqrt{2gh} \quad (A: A_o \leqq 0{,}1)$$

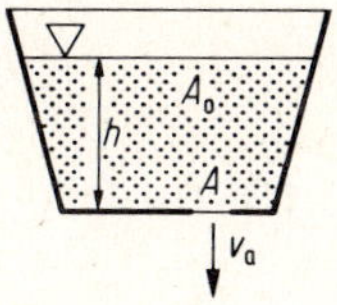

A_o Flüssigkeitsspiegelfläche
A Querschnittsfläche der Austrittsöffnung
φ Geschwindigkeitszahl, g Fallbeschleunigung
h Höhe des Flüssigkeitsspiegels über der Ausflußöffnung

Speziell Wasser und dünne Wand:

scharfkantige Öffnung: $\varphi \approx 0{,}97$

gerundete Öffnung: $\varphi \approx 0{,}99$

Volumenstrom $\dot{V}$:

$$\dot{V} = v_a A_{str} = \alpha A \varphi \sqrt{2gh}$$

$$\dot{V} = \mu A \sqrt{2gh}$$

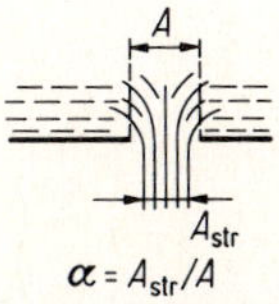

A_{str} Strahlquerschnitt
α Einschnürzahl
$\mu = \alpha\varphi$ Ausflußzahl

Speziell Wasser: scharfkantige kreisförmige Öffnung: $\mu \approx 0{,}6$
abgerundete Düse: $\mu \approx 1{,}0$

2.2.4 Reale Fluide

1. Laminare Strömungen ($v < v_{krit}$)

Reibungskraft F_R zwischen zwei Fluidschichten

$$F_R = \eta A \frac{dv}{dy}$$

η dynamische Viskosität
dv/dy Geschwindigkeitsgefälle senkrecht zur Berührungsfläche A

Dynamische Viskosität η (Tab. 13 u. 14)

Einheit: $1\ \text{Pa s} = 1\ \frac{\text{N s}}{\text{m}^2} = 1\ \frac{\text{kg}}{\text{m s}}$

1 Poise = 0,1 Pa s

Speziell ideales Gas: siehe Seite 61.

Kinematische Viskosität ν

Einheit: $1\ \text{m}^2/\text{s}$ (= 10^4 Stokes St)

$$\nu = \frac{\eta}{\varrho}$$

ϱ Fluiddichte, η dynamische Viskosität

Grenzschichtdicke D

$$D = \sqrt{\frac{2\eta l}{\varrho v}} = \sqrt{\frac{2\nu l}{v}}$$

v Geschwindigkeit eines Körpers der Länge l in einer Flüssigkeit der dynamischen Viskosität η bzw. der kinematischen Viskosität ν und der Dichte ϱ

Volumenstrom $\dot{V}$ bei einer Rohrströmung

$$\dot{V} = \frac{r^4 \pi \Delta p}{8 \eta l}$$

(*Gesetz von Hagen-Poiseuille*)

r Rohrinnenradius
Δp Druckunterschied über die Länge l
η dynamische Viskosität

Gesetz von Bernoulli

$$p_1 + \varrho g h_1 + \tfrac{1}{2}\varrho v_1^2 = p_2 + \varrho g h_2 + \tfrac{1}{2}\varrho v_2^2 + \Delta p_R$$

p_1 bzw. p_2 statischer Druck
v_1 bzw. v_2 Strömungsgeschwindigkeit
h_1 bzw. h_2 Ortshöhe an der 1. bzw. 2. Meßstelle im Stromfaden
Δp_R Druckverlust zwischen den Meßstellen durch Reibung

Strömungswiderstand $\vec{F}_W$ eines Körpers

$$\vec{F}_W = -c\vec{v}$$

$\vec{v}$ Relativgeschwindigkeit des Körpers im Fluid
c Reibungskoeffizient

Reibungskraft F_R auf ein Rohr

$$F_R = 8\pi\eta l\bar{v}; \qquad \bar{v} = \frac{V}{A}$$

η dynamische Viskosität, l Rohrlänge
$\bar{v}$ mittlere Strömungsgeschwindigkeit

Reibungskraft F_R auf eine Kugel

$$F_R = 6\pi\eta r v \quad \textit{(Gesetz von Stokes)}$$

r Kugelradius, v Kugelgeschwindigkeit

Korrektur für die Bewegung einer Kugel in einem Rohr ($R > r$):

$$F_R = 6\pi\eta r v\left(1 + 2{,}1\,\frac{r}{R}\right)$$

R Rohrradius

2. Turbulente Strömung ($v > v_{krit}$)

Gesetz von Bernoulli siehe oben

Strömungswiderstandskraft $\vec{F}_w$ eines Körpers

$$F_w = c_w\,\tfrac{1}{2}\varrho v^2 A_o; \qquad \vec{F}_w \parallel \vec{v}$$

A_o wirksame Stirnfläche senkrecht zur Relativgeschwindigkeit $\vec{v}$ zwischen Körper und Fluid
ϱ Dichte des Fluids
c_w Widerstandsbeiwert (Tab. 15)

Luftkraft $\vec{F}_L$ auf einen Tragflügel

$$\vec{F}_L = \vec{F}_w + \vec{F}_A; \qquad F_w = c_w\,\tfrac{1}{2}\varrho v^2 A$$

$$F_A = c_A\,\tfrac{1}{2}\varrho v^2 A$$

Gleitzahl ε: $\varepsilon = F_w/F_A = c_w/c_A$

Gleitwinkel γ: $\gamma = \arctan \varepsilon$

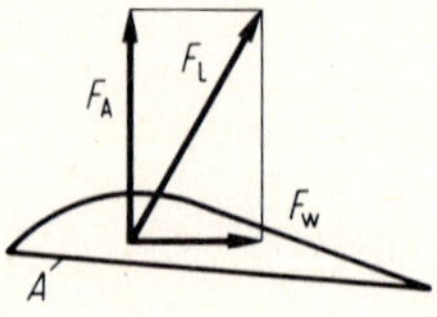

A größte Projektionsfläche des Tragflügel
$\vec{v}$ Relativgeschwindigkeit zwischen Tragflügel und Luft
$\vec{F}_A$ dynamische Auftriebskraft senkrecht zu $\vec{v}$
c_A Auftriebsbeiwert, ϱ Luftdichte

Reynolds-Zahl *Re*

Einheit: 1

$$Re = \frac{v}{\nu}\,d$$

v Relativgeschwindigkeit eines Körpers zu einem Fluid
ν kinematische Viskosität
d charakteristische Abmessung

Laminare Strömung: $Re < Re_{krit}$

Turbulente Strömung: $Re > Re_{krit}$

Re_{krit} kritische Reynolds-Zahl

Speziell Rohrströmung bei Kreisquerschnitt:

$$Re_{krit} \approx 1160; \qquad v_{krit} = Re_{krit}\,\frac{\nu}{d}$$

v_{krit} kritische Geschwindigkeit
d Innendurchmesser des Rohres

Ähnlichkeitsgesetz für Strömungen
bei geom. ähnlichen räumlichen Abmessungen und mit $v_1/\nu_1 = v_2/\nu_2$:

$$Re_1 = Re_2$$

Re_1 bzw. Re_2 Reynolds-Zahlen der 1. bzw. 2. Strömung

3 Mechanische Schwingungen und Wellen. Akustik

3.1 Schwingungen mit linearem Kraftgesetz

3.1.1 Grundgrößen

Rückstellende Kraft $F_{r,x}$ bei Längsschwingungen

$$F_{r,x} = -D\,x$$

D Richtgröße (Einheit: 1 N/m, S. 9)
x Elongation (Auslenkung aus der Ruhelage)

Rückstellendes Moment $M_{r,z}$ bei Drehschwingungen

$$M_{r,z} = -D^*\,\varphi^*$$

D^* Winkelrichtgröße (Einheit: 1 N m, S. 9)
φ^* Winkelelongation (entspricht der Winkelkoordinate bei der Drehbewegung S. 13)

Frequenz f und Kreisfrequenz ω

Einheit: $1\,\mathrm{s}^{-1} = 1$ Hertz Hz

$$f = \frac{n}{t}; \qquad f = \frac{1}{T}$$

n Anzahl der Schwingungen in der Zeit t
T Schwingungsdauer (Schwingungszeit)

$$\omega = 2\pi f; \qquad \omega = \frac{2\pi}{T}$$

Schwingungsdauer T

Einheit: 1 s

$$T = \frac{1}{f}; \qquad T = \frac{2\pi}{\omega}$$

f Frequenz, ω Kreisfrequenz

Schwingungsenergie W_S bei Längsschwingungen

Einheit: 1 J

$$W_S = \tfrac{1}{2} D\,x^2 + \tfrac{1}{2} m\,v_x^2$$

D Richtgröße, x Elongation, m Masse
v_x Geschwindigkeit

Schwingungsenergie W_S bei Drehschwingungen

Einheit: 1 J

$$W_S = \tfrac{1}{2} D^*\,\varphi^{*2} + \tfrac{1}{2} J\,\omega_z^{*2}$$

D^* Winkelrichtgröße, φ^* Winkelelongation
J Trägheitsmoment, ω_z^* Winkelgeschwindigkeit

3.1.2 Freie Längsschwingungen ohne Dämpfung

Differentialgleichung

$$m\ddot{x} + D\,x = 0$$

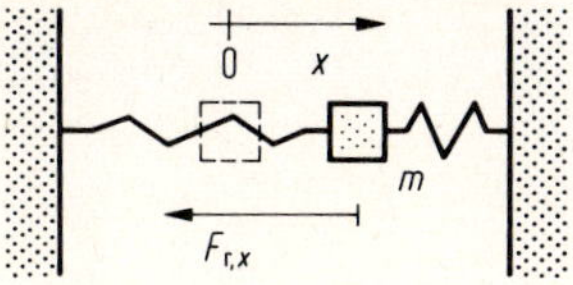

x Elongation, D Richtgröße (S. 9)
m Masse des Schwingers

Elongation (Auslenkung) $x(t)$

$$x(t) = \hat{x}\,\sin\varphi = \hat{x}\,\sin(\omega_0 t + \varphi_0)$$

$$\varphi(t) = \omega_0 t + \varphi_0$$

$\hat{x}$ (Elongations-)Amplitude (maximale Auslenkung)
$\varphi(t)$ Phase (Phasenwinkel), φ_0 Nullphasenwinkel
ω_0 Kennkreisfrequenz

Kennkreisfrequenz ω_0

$$\omega_0 = \sqrt{\frac{D}{m}}$$

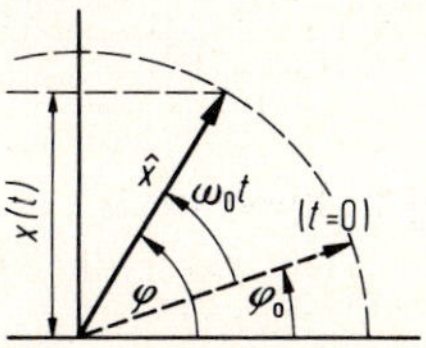

D Richtgröße
m Masse des Schwingers

Geschwindigkeit $v_x(t)$

Einheit: 1 m/s

$$v_x(t) = \dot{x} = \hat{v}_x \sin\left(\omega_0 t + \varphi_0 + \frac{\pi}{2}\right) = \hat{v}_x \cos(\omega_0 t + \varphi_0)$$

$$\hat{v}_x = \hat{x}\,\omega_0$$

$\hat{x}$ Amplitude, ω_0 Kennkreisfrequenz
φ_0 Nullphasenwinkel, $\hat{v}_x$ Geschwindigkeitsamplitude

Beschleunigung $a_x(t)$

Einheit: 1 m/s²

$$a_x(t) = \dot{v}_x = \ddot{x} = \hat{a}_x \sin(\omega_0 t + \varphi_0 + \pi) = -\hat{a}_x \sin(\omega_0 t + \varphi_0)$$

$$\hat{a}_x = \hat{x}\,\omega_0^2$$

v_x Geschwindigkeit, x Elongation, ω_0 Kennkreisfrequenz, φ_0 Nullphasenwinkel
$\hat{a}_x$ Beschleunigungsamplitude, $\hat{x}$ Amplitude

Schwingungsenergie W_S

$$W_S = W_{pot} + W_{kin} = \text{konstant}$$

$$W_S = \tfrac{1}{2} D\,\hat{x}^2 = \tfrac{1}{2} m\,\hat{v}_x^2 = \tfrac{1}{2} m\,\hat{x}^2\,\omega_0^2$$

W_{pot} bzw. W_{kin} potentielle bzw. kinetische Energie des Schwingers
D Richtgröße, $\hat{x}$ Amplitude, m Masse
$\hat{v}_x$ Geschwindigkeitsamplitude

Flüssigkeitsschwingung in kommunizierenden Gefäßen

Schwingungsdauer T_0:

$$T_0 = \frac{2\pi}{\sqrt{g}} \sqrt{h + \frac{A_1/A}{1 + \dfrac{A_1}{A_2}} \cdot s}$$

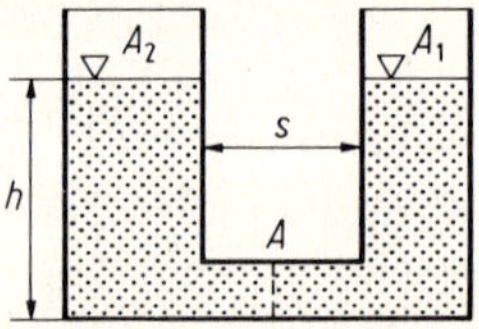

A, A_1, A_2 Querschnittsflächen
g Fallbeschleunigung

Speziell $A_1 = A_2 = A$ (**U-Rohr**):

$$T_0 = 2\pi \sqrt{\frac{l}{g}}$$

l Länge der gesamten Flüssigkeitssäule

Gasschwingungen (kleine Amplitude)
Schwingungsdauer T_0:

$$T_0 = 2\pi \sqrt{\frac{m V_0}{\varkappa \cdot p_0 A^2}}$$

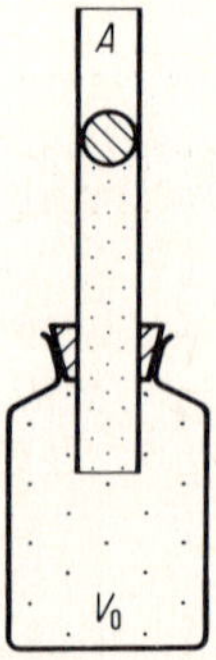

V_0 bzw. p_0 Volumen bzw. Druck des Gases bei der Ruhelage
m Masse des schwingenden Verschlusses
$\varkappa$ Kompressibilität des Gases (Tab. 27)
A Querschnittsfläche des Rohres

Fadenpendel (mathematisches Pendel)

$\hat{\varphi}^* < 5°$:

$$T_0 = 2\pi \sqrt{\frac{l}{g}}$$

$$\sin \hat{\varphi}^* \approx \hat{\varphi}^*$$

l Fadenlänge, g Fallbeschleunigung
$\hat{\varphi}^*$ Schwingungsamplitude

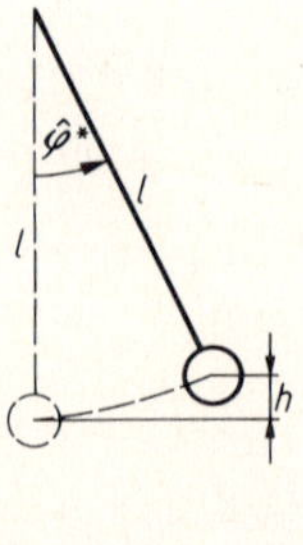

Geschwindigkeit im tiefsten Punkt:

$$v = \sqrt{2 g h}$$

h Höhe im Umkehrpunkt

$\hat{\varphi}^* > 5°$:

$$T_0 = 2\pi \sqrt{\frac{l}{g}} \cdot \left[1 + \frac{1}{4}\sin^2\left(\frac{\hat{\varphi}^*}{2}\right) + \frac{9}{64}\sin^4\left(\frac{\hat{\varphi}^*}{2}\right) + \ldots\right]$$

3.1.3 Freie Längsschwingung mit konstanter Dämpfung

Dämpfungskraft $F_{d,x}$

$$F_{d,x} = -\operatorname{sgn}(\dot{x})\, F_R; \qquad F_R = \text{konstant}$$

F_R Betrag der Reibungskraft
$\operatorname{sgn}(\dot{x})$ Vorzeichen von $\dot{x}$

Differentialgleichung

$$m\ddot{x} + Dx + \operatorname{sgn}(\dot{x})\, F_R = 0$$

m Masse des Schwingers
D Richtgröße (S. 9)

Kennkreisfrequenz ω_0

$$\omega_0 = \sqrt{\frac{D}{m}}$$

m Masse des Schwingers
D Richtgröße (S. 9)

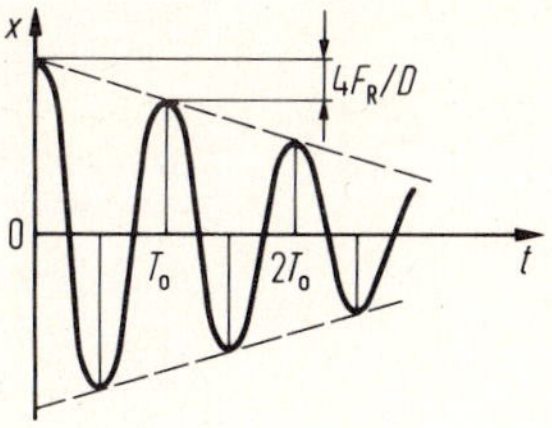

Elongation $x(t)$

Anfangsbedingungen: $t = 0$; $x(0) = \hat{x}_0$; $v(0) = 0$

$$x(t) = \frac{F_R}{D} + \left(\hat{x}_0 - \frac{F_R}{D}\right)\cos\omega_0 t \qquad \text{für } 0 \leqslant t \leqslant T_0/2$$

$$x(t) = -\frac{F_R}{D} + \left(\hat{x}_0 - \frac{3F_R}{D}\right)\cos\omega_0 t \qquad \text{für } T_0/2 \leqslant t \leqslant T_0$$

F_R Reibungskraft, D Richtgröße
$\hat{x}_0$ Anfangsauslenkung (Anfangsamplitude)
ω_0 Kennkreisfrequenz

T_0 Schwingungsdauer

Stillstand im Bereich $|x| < F_R/D$

Amplitudenabnahme pro Schwingung

$$\hat{x}_n - \hat{x}_{n+1} = 4\,\frac{F_R}{D}; \qquad (\hat{x}_{n+1} > F_R/D)$$

$\hat{x}_n$ und $\hat{x}_{n+1}$ sind zwei aufeinanderfolgender Amplituden im Zeitabstand T_0
D Richtgröße

3.1.4 Freie Längsschwingung mit geschwindigkeitsproportionaler Dämpfung

Dämpfungskonstante b

Einheit: 1 N s/m = 1 kg/s

$$b = 2m\delta = \frac{2m\omega_0\Lambda}{\sqrt{4\pi^2 + \Lambda^2}} = 2\sqrt{mD}\,\vartheta$$

m Masse des Schwingers, δ Abklingkoeffizient
ω_0 Kennkreisfrequenz, Λ log. Dekrement
ϑ Dämpfungsgrad, D Richtgröße

Dämpfungskraft $F_{d,x}$

$$F_{d,x} = -b\dot{x} = -b v_x$$

b Dämpfungskonstante, x Elongation
v_x Momentangeschwindigkeit

Differentialgleichung

$$m\ddot{x} + b\dot{x} + Dx = 0 \qquad \text{oder} \qquad \ddot{x} + 2\delta\dot{x} + \omega_0^2 x = 0$$

D Richtgröße, m Masse des Schwingers
b Dämpfungskonstante, δ Abklingkoeffizient
ω_0 Kennkreisfrequenz

Abklingkoeffizient δ

Einheit: $1\,s^{-1}$

$$\delta = \frac{b}{2m} = \frac{\omega_0\Lambda}{\sqrt{4\pi^2 + \Lambda^2}} = \omega_0\vartheta$$

b Dämpfungskonstante, m Masse des Schwingers
ω_0 Kennkreisfrequenz, Λ log. Dekrement
ϑ Dämpfungsgrad

Dämpfungsgrad ϑ

$$\vartheta = \frac{\delta}{\omega_0} = \frac{b}{2\sqrt{mD}} = \frac{\Lambda}{\sqrt{4\pi^2 + \Lambda^2}}$$

δ Abklingkoeffizient, ω_0 Kennkreisfrequenz
m Masse des Schwingers, D Richtgröße
Λ logarithmisches Dekrement

Kennkreisfrequenz ω_0 *Einheit*: $1\,\text{s}^{-1}$

$$\omega_0 = \sqrt{\frac{D}{m}}$$

D Richtgröße, m Masse des Schwingers

Periodische Fälle: $0 < \delta < \omega_0$ oder $0 < \vartheta < 1$

Elongation: $x(t) = \hat{x}_0\, e^{-\delta t} \sin(\omega_d t + \varphi_0)$

$$\omega_d = \frac{2\pi}{T_d} = 2\pi f_d; \qquad \omega_d = \sqrt{\omega_0^2 - \delta^2} = \omega_0 \sqrt{1 - \vartheta^2}$$

δ Abklingkoeffizient, ϑ Dämpfungsgrad
ω_d Eigenkreisfrequenz, ω_0 Kennkreisfrequenz
φ_0 Nullphasenwinkel, $\hat{x}_0$ Amplitude für $\delta = 0$
T_d Schwingungsdauer, f_d Frequenz

Logarithmisches Dekrement Λ: $\Lambda = \delta T_d$ *Einheit*: 1

Dämpfungsverhältnis k: *Einheit*: 1

$$k = \frac{x(t)}{x(t+T_d)} = \frac{\hat{x}_i}{\hat{x}_{i+1}} = \sqrt[n]{\frac{\hat{x}_i}{\hat{x}_{i+n}}}; \qquad k = e^{\delta T_d}$$

$\hat{x}_i$, $\hat{x}_{i+1}$ aufeinanderfolgende Amplituden
$\hat{x}_{i+n}$ Amplitude n Perioden nach $\hat{x}_i$

$$\Lambda = \ln k = \frac{2\pi b}{\sqrt{4mD - b^2}} = \frac{2\pi\delta}{\sqrt{\omega_0^2 - \delta^2}} = \frac{2\pi\vartheta}{\sqrt{1 - \vartheta^2}}$$

b Dämpfungskonstante, m Masse des Schwingers
D Richtgröße, δ Abklingkoeffizient
ω_0 Kennkreisfrequenz, ϑ Dämpfungsgrad

Aperiodischer Grenzfall: $\delta = \omega_0$ oder $\vartheta = 1$

Elongation: $x(t) = x_0\, e^{-\delta t}(1 + At)$

δ Abklingkoeffizient, ω_0 Kennkreisfrequenz
ϑ Dämpfungsgrad, x_0 Anfangselongation
A Integrationskonstante

Aperiodische Fälle (Kriechfälle): $\delta > \omega_0$ oder $\vartheta > 1$

Elongation: $x(t) = \hat{x}_0\, e^{-\delta t} \sinh(\omega_d' t + \varphi_0)$

$$\omega_d' = \sqrt{\delta^2 - \omega_0^2} = \omega_0 \sqrt{\vartheta^2 - 1}$$

δ Abklingkoeffizient, ω_0 Kennkreisfrequenz
ϑ Dämpfungsgrad, $\hat{x}_0$ Amplitude für $\delta = 0$
φ_0 Integrationskonstante

3.1.5 Erzwungene Längsschwingung mit geschwindigkeitsproportionaler Dämpfung

Anregende Kraft F_x

$$F_x(t) = \hat{F}_x \sin \omega t$$

F_x Kraftkoordinate in Schwingungsrichtung
ω Anregungskreisfrequenz

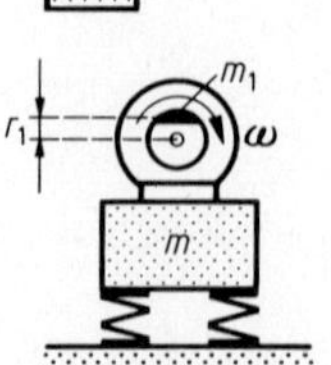

Speziell Anregung über eine Feder:

$$\hat{F}_x = D r = m r \omega_0^2 = \text{konstant}$$

D Richtgröße, ω_0 Kennkreisfrequenz
m Masse des Schwingers
r Amplitude des oberen Federendes

Speziell Fliehkrafterregung:

$$\hat{F}_x(\omega) = m s \omega^2; \qquad s = \frac{m_1}{m} r_1$$

r_1 Abstand der Unwuchtmasse m_1 von der Drehachse
m Schwingermasse

Differentialgleichung

$$m\ddot{x} + b\dot{x} + Dx = F_x; \qquad \ddot{x} + 2\delta\dot{x} + \omega_0^2 x = \frac{F_x}{m}$$

m Masse des Schwingers, D Richtgröße (S. 9)
δ Abklingkoeffizient (S. 37)
ω_0 Kennkreisfrequenz
b Dämpfungskonstante (S. 37)

Elongation $x(t)$ im stationären Zustand

$$x(t) = \hat{x} \sin(\omega t - \psi)$$

$\hat{x}$ Amplitude, ω Anregungskreisfrequenz
ψ Phasenverschiebung zwischen Anregungskraft F_x und Elongation x

Phasenverschiebung ψ
zwischen Anregungskraft F_x und Elongation x:

$$\tan\psi = \frac{2\delta\omega}{\omega_0^2 - \omega^2} = \frac{2\vartheta\lambda}{1-\lambda^2}; \qquad \lambda = \frac{\omega}{\omega_0}$$

δ Abklingkoeffizient
ω Anregungskreisfrequenz
ω_0 Kennkreisfrequenz
ϑ Dämpfungsgrad (S. 37)

Amplitude $\hat{x}(\omega)$

$$\hat{x}(\omega) = \frac{\hat{F}_x}{\sqrt{(D - m\omega^2)^2 + (b\omega)^2}} = \frac{\hat{F}_x}{m\sqrt{(\omega_0^2 - \omega^2)^2 + (2\delta\omega)^2}}$$

$\hat{F}_x$ Anregungskraftamplitude, D Richtgröße
m Masse des Schwingers, b Dämpfungskonstante
ω Anregungskreisfrequenz, ω_0 Kennkreisfrequenz
δ Abklingkoeffizient

Speziell Elongationsresonanz: $\hat{x}$ maximal

$$\omega = \sqrt{\omega_0^2 - 2\delta^2};$$

$$\hat{x}_{max} = \frac{\hat{F}_x}{2\delta m\sqrt{\omega_0^2 - \delta^2}}; \quad \psi < \pi/2$$

ψ Phasenverschiebung zwischen Anregungskraft F_x und Elongation x

Speziell Anregung über Feder:

$$\frac{\hat{x}}{r} = \frac{1}{\sqrt{(1-\lambda^2)^2 + (2\vartheta\lambda)^2}}; \qquad \frac{\hat{x}_{max}}{r} = \frac{1}{2\vartheta\sqrt{1-\vartheta^2}}$$

ϑ Dämpfungsgrad

Speziell Fliehkrafterregung

$$\frac{\hat{x}}{s} = \frac{\lambda^2}{\sqrt{(1-\lambda^2)^2 + (2\vartheta\lambda)^2}};$$

$$s = \frac{m_1}{m} r_1; \qquad \lambda = \frac{\omega}{\omega_0}$$

Geschwindigkeitsamplitude $\hat{v}_x(\omega)$

$$\hat{v}_x(\omega) = \omega\,\hat{x}(\omega)$$

ω Anregungskreisfrequenz
$\hat{x}$ Amplitude

Speziell Geschwindigkeitsresonanz: $\hat{v}_x$ maximal

$$\omega = \omega_0; \qquad \hat{v}_{x,\,max} = \frac{\hat{F}_x}{2\delta m}; \qquad \psi = \pi/2$$

$\hat{F}_x$ Anregungskraftamplitude
m Masse des Schwingers
δ Abklingkoeffizient
ψ Phasenverschiebung zwischen Anregungskraft und Elongation

Relative Halbwertsbreite für die Geschwindigkeitsresonanzkurve:

$$\frac{\omega_2 - \omega_1}{\omega_0} = \frac{f_2 - f_1}{f_0} = \frac{2\delta}{\omega_0} = 2\vartheta$$

$$\omega_1 = \sqrt{\delta^2 + \omega_0^2} - \delta;$$

$$\omega_2 = \sqrt{\delta^2 + \omega_0^2} + \delta$$

$$\hat{v}_{x,1} = \hat{v}_{x,2} = \hat{v}_{x,\,max}/\sqrt{2}$$

ω_0 Kennkreisfrequenz
ϑ Dämpfungsgrad

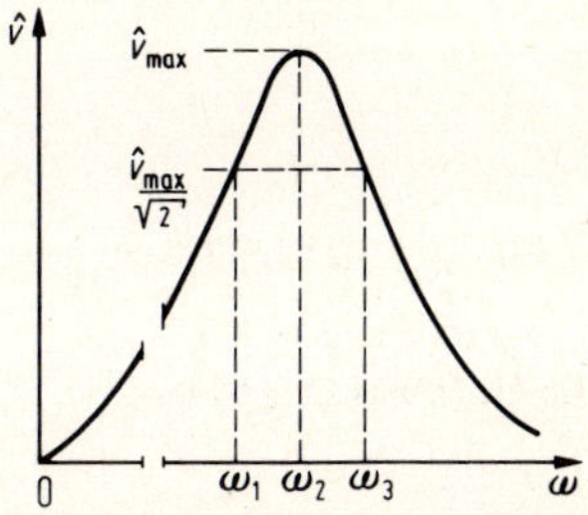

Beschleunigungsamplitude $\hat{a}_x(\omega)$

$$\hat{a}_x(\omega) = \omega^2\,\hat{x}(\omega) = \omega\,\hat{v}_x(\omega)$$

$\hat{x}$ Amplitude, ω Anregungskreisfrequenz
$\hat{v}_x$ Geschwindigkeitsamplitude

Speziell Beschleunigungsresonanz: $\hat{a}_x$ maximal

$$\omega = \frac{\omega_0^2}{\sqrt{\omega_0^2 - 2\delta^2}};$$

$$\hat{a}_{x,\max} = \frac{\hat{F}_x\,\omega_0^2}{2\delta\, m\sqrt{\omega_0^2 - \delta^2}}; \qquad \psi > \pi/2$$

$\hat{F}_x$ Anregungskraftamplitude
m Masse des Schwingers
δ Abklingkoeffizient
ψ Phasenverschiebung

3.1.6 Überlagerung paralleler Längsschwingungen

x Auslenkung, $\hat{x}$ Amplitude, φ Phase, ω Kreisfrequenz, φ_0 Nullphasenwinkel

Überlagerung von Schwingungen gleicher Frequenz

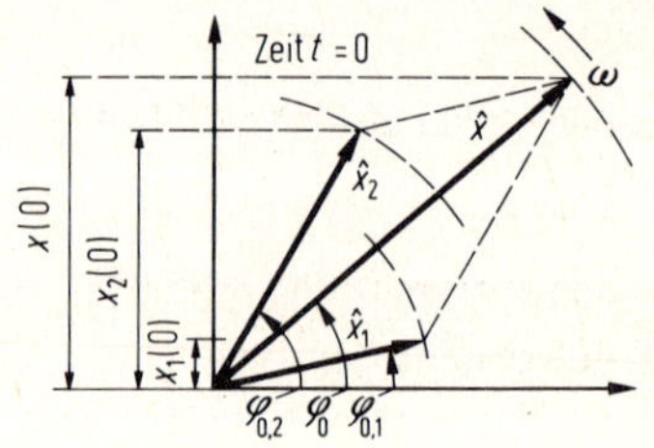

1. Schwingung: $x_1(t) = \hat{x}_1 \sin\varphi_1 = \hat{x}_1 \sin(\omega t + \varphi_{0,1})$

2. Schwingung: $x_2(t) = \hat{x}_2 \sin\varphi_2 = \hat{x}_2 \sin(\omega t + \varphi_{0,2})$

Resultierende Schwingung: $x(t) = x_1(t) + x_2(t)$

$$x(t) = \hat{x}\sin\varphi = \hat{x}\sin(\omega t + \varphi_0)$$

$$\hat{x} = \sqrt{\hat{x}_1^2 + \hat{x}_2^2 + 2\,\hat{x}_1\,\hat{x}_2\cos(\varphi_{0,2} - \varphi_{0,1})}$$

$$\tan\varphi_0 = \frac{\hat{x}_1\sin\varphi_{0,1} + \hat{x}_2\sin\varphi_{0,2}}{\hat{x}_1\cos\varphi_{0,1} + \hat{x}_2\cos\varphi_{0,2}}$$

Speziell $\varphi_{0,2} - \varphi_{0,1} = k\,2\pi$; $k = 0, \pm 1, \pm 2, \ldots$

$$\hat{x} = \hat{x}_1 + \hat{x}_2$$

Speziell $\varphi_{0,2} - \varphi_{0,1} = (2k+1)\pi$; $k = 0, \pm 1, \pm 2, \ldots$

$$\hat{x} = |\hat{x}_1 - \hat{x}_2|$$

Speziell Auslöschung, wenn $\hat{x}_1 = \hat{x}_2$.

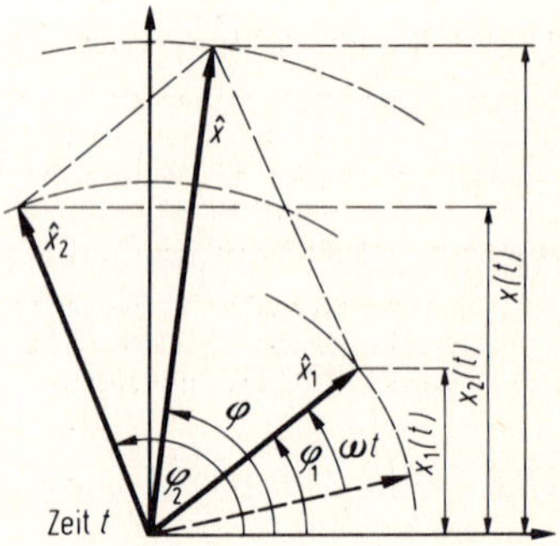

Überlagerung von Schwingungen gleicher Amplitude und verschiedener Frequenz

1. Schwingung: $x_1(t) = \hat{x}\sin\varphi_1 = \hat{x}_1\sin(\omega_1 t + \varphi_{0,1})$

2. Schwingung: $x_2(t) = \hat{x}\sin\varphi_2 = \hat{x}\sin(\omega_2 t + \varphi_{0,2})$

Resultierende Schwingung: $x(t) = x_1(t) + x_2(t)$

$$x(t) = 2\,\hat{x}\cos\tfrac{1}{2}\,[(\omega_1 - \omega_2)\,t + (\varphi_{0,1} - \varphi_{0,2})]\,\sin\tfrac{1}{2}\,[(\omega_1 + \omega_2)\,t + (\varphi_{0,1} + \varphi_{0,2})]$$

Speziell $\omega_1 \approx \omega_2$: **Schwebung**

Trägerkreisfrequenz: $\omega_t = \tfrac{1}{2}(\omega_1 + \omega_2)$

Schwebungskreisfrequenz: $\omega_s = |\omega_1 - \omega_2|$

3.1.7 Überlagerung zueinander senkrechter Längsschwingungen

Schwingung in der x-Richtung: $x(t) = \hat{x} \sin \varphi_x = \hat{x} \sin(\omega_x t + \varphi_{0,x})$

Schwingung in der y-Richtung: $y(t) = \hat{y} \sin \varphi_y = y \sin(\omega_y t + \varphi_{0,y})$

Resultierende Schwingung: **Lissajous-Schwingung**

Speziell $\omega_x : \omega_y$ rational: geschlossene Schwingungsfigur

Speziell $\omega_x = \omega_y = \omega$; $\varphi_{0,x} = \varphi_{0,y}$: **Lineare Schwingung**

$$\frac{y}{x} = \frac{\hat{y}}{\hat{x}}$$

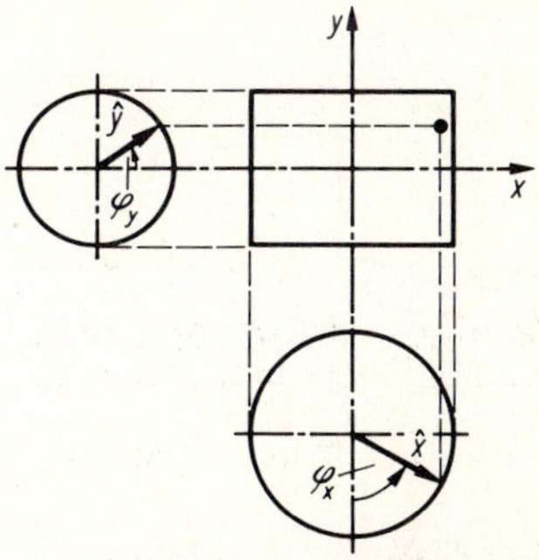

Speziell $\omega_x = \omega_y = \omega$; $\varphi_{0,y} - \varphi_{0,x} = \varphi$: **Elliptische Schwingung**

$$x^2 \hat{y}^2 + y^2 \hat{x}^2 - 2 x y \hat{x} \hat{y} \cos \varphi - \hat{x}^2 \hat{y}^2 \sin^2 \varphi = 0$$

Winkel ψ der Hauptachse gegen x-Achse:

$$\tan 2\psi = \frac{2 \hat{x} \hat{y} \cos \varphi}{\hat{y}^2 - \hat{x}^2}$$

Speziell $\hat{x} = \hat{y}$ und $\varphi = \pm \pi/2$: **Kreisschwingung**

$$x^2 + y^2 = \hat{x}^2$$

3.1.8 Drehschwingungen

Allgemeine Formeln

Die Größen der Längsbewegung werden durch die entsprechenden Größen der Drehbewegung ersetzt.

x	v_x	a_x	m	D	F_x	k	b	Linearschwingung
φ^*	ω_z^*	α_z^*	J	D^*	M_z	k^*	b^*	Drehschwingung

x Elongation, φ^* Winkelelongation, v_x Geschwindigkeit, ω_z^* Winkelgeschwindigkeit, a_x Beschleunigung, α_z^* Winkelbeschleunigung, m Masse, J Trägheitsmoment, D Richtgröße, D^* Winkelrichtgröße, F_x Kraft, M_z Drehmoment, k Dämpfungsverhältnis, k^* Dämpfungsverhältnis, b Dämpfungskonstante, b^* Dämpfungskonstante (Einheit: 1 N m s)

Torsionspendel

$$T_0 = 2\pi \sqrt{\frac{J}{D^*}}$$

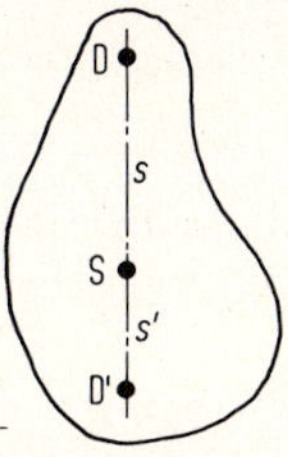

T_0 Schwingungsdauer, D^* Winkelrichtgröße (S. 9)
J Trägheitsmoment (S. 19)

Physisches Pendel

$$T_0 = 2\pi \sqrt{\frac{J}{m g s}}; \qquad l = \frac{J}{m s} = \frac{s^2 + r_t^2}{s}$$

$$s = \frac{l}{2} + \sqrt{\left(\frac{l}{2}\right)^2 - r_t^2}; \qquad s' = \frac{l}{2} - \sqrt{\left(\frac{l}{2}\right)^2 - r_t^2}$$

T_0 Schwingungsdauer (für kleine Amplituden)
J Trägheitsmoment in Bezug auf die Drehachse
m Masse, g Fallbeschleunigung
s Abstand des Schwerpunktes s von der Drehachse
l reduzierte Pendellänge, r_t Trägheitsradius

s, s' Abstände der beiden Aufhängepunkte von Schwerpunkt mit gleicher Schwingungsdauer (**Reversionspendel**)

Bedingung für Minimum von T_0: $\quad s = s' = s_{\min}$

$$l_{\min} = 2 s_{\min}$$

3.1.9 Gekoppelte mechanische Schwingungen

Zwei gekoppelte Schwinger
in symmetrischer Anordnung bei kleinen Auslenkungen

Rückstellende Kraft $F_{r,1}$ auf den Schwinger 1:

$$F_{r,1} = -D x_1 + D_K (x_2 - x_1)$$

Rückstellende Kraft $F_{r,2}$ auf den Schwinger 2:

$$F_{r,2} = -D x_2 - D_K (x_2 - x_1)$$

Speziell Fadenpendel: $D = \frac{m g}{l}$

Kopplungsgrad K:

$$K = \frac{W_1 - W_2}{(W_1 + W_2)^2} = 2 \frac{\omega_1^2 - \omega_2^2}{\omega_1^2 + \omega_2^2}$$

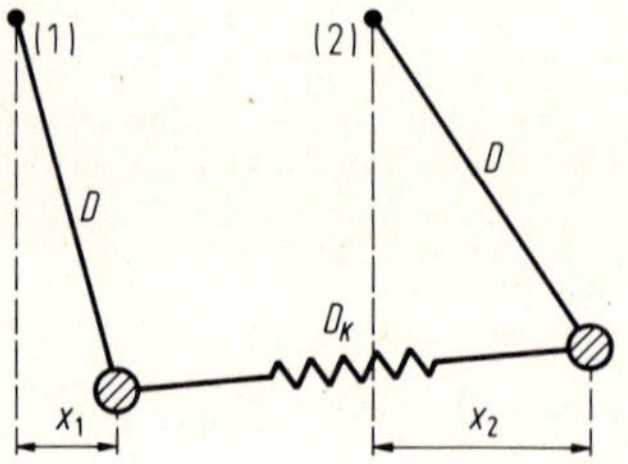

D Richtgröße der beiden Schwinger
x_1 bzw. x_2 Auslenkung des Schwingers 1 bzw. 2
D_K Richtgröße der Kopplung
m Masse eines Schwingers

g Fallbeschleunigung
l Fadenlänge

W_1, W_2 Schwingungsenergien der Fundamentalschwingungen
ω_1, ω_2 Kreisfrequenzen der Fundamentalschwingungen

Fundamentalschwingungen (kein Energieaustausch):

Phasendifferenz $\Delta\varphi = 0$ (**Gleichtakt**): $\omega_1 = \omega_0 = \sqrt{\frac{D}{m}}$

Phasendifferenz $\Delta\varphi = \pi$ (**Gegentakt**): $\omega_2 = \omega_0 \sqrt{1 + 2 \frac{D_K}{D}}$

Speziell schwache Kopplung $D_K \ll D$: $\omega_2 = \omega_0 + \frac{D_K}{m \omega_0}$

Speziell Fadenpendel: $\omega_0 = \sqrt{\frac{g}{l}}$

3.2 Wellen mit linearem Kraftgesetz (Sinuswellen) (siehe auch 5.7; 6.3; 6.5)

3.2.1 Grundgrößen

Frequenz f und Kreisfrequenz ω siehe S. 35

Repetenz (Wellenzahl) σ *Einheit*: $1\,\text{m}^{-1}$

$$\sigma = \frac{1}{\lambda}$$

λ Wellenlänge

Kreisrepetenz (Kreiswellenzahl) k *Einheit*: $1\,\text{m}^{-1}$

$$k = \frac{2\pi}{\lambda} = 2\pi\,\sigma$$

σ Repetenz

Ausbreitungsgeschwindigkeit (Phasengeschwindigkeit) c *Einheit*: $1\,\text{m/s}$

$$c = \lambda f$$

λ Wellenlänge, f Frequenz

3.2.2 Doppler-Effekt

	Bewegter Empfänger – ruhender Sender	Ruhender Empfänger – bewegter Sender	Bewegter Empfänger – bewegter Sender
Annäherung	$f_E = f_S \left(1 + \frac{v_E}{c}\right)$	$f_E = f_S \frac{1}{1 - (v_S/c)}$	$f_E = f_S \frac{c + v_E}{c - v_S}$
Entfernung	$f_E = f_S \left(1 - \frac{v_E}{c}\right)$	$f_E = f_S \frac{1}{1 + (v_S/c)}$	$f_E = f_S \frac{c - v_E}{c + v_S}$

f_S abgestrahlte Frequenz des Senders, f_E gemessene Frequenz beim Empfänger; v_E Geschwindigkeit des Empfängers und v_S Geschwindigkeit des Senders auf der gleichen Geraden; c Ausbreitungsgeschwindigkeit der Welle.

Mach-Kegel

$$v_S > c: \quad \sin\alpha = \frac{c}{v_S}$$

$$M = \frac{v_S}{c}$$

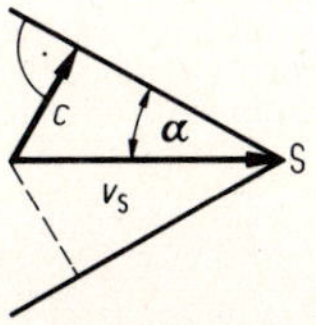

α halber Öffnungswinkel des Kopfwellenkegels (Mach-Winkel)

M Mach-Zahl

3.2.3 Lineare ungedämpfte Sinuswelle

Bei Längswellen ist die Auslenkung ξ parallel, bei Querwellen senkrecht zur Ausbreitungsrichtung x.

Wellengleichung

$$\frac{\partial^2 \xi}{\partial x^2} = \frac{1}{c^2} \frac{\partial^2 \xi}{\partial t^2}$$

ξ Auslenkung eines Teilchens des Mediums an der Stelle x zur Zeit t
c Ausbreitungsgeschwindigkeit der Welle

Auslenkung $\xi(x,t)$
(zur Zeit $t = 0$ bewegt sich das Teilchen am Ort $x = 0$ durch die Ruhelage in die positive ξ-Richtung).

$$\xi(x,t) = \hat{\xi} \sin\omega \left(t - \frac{x}{c}\right) = \hat{\xi} \sin(\omega t - k x)$$

$$\xi(x,t) = \hat{\xi} \sin 2\pi \left(\frac{t}{T} - \frac{x}{\lambda}\right)$$

$\hat{\xi}$ Amplitude (Scheitelwert der Auslenkung)
T Periode
c Ausbreitungsgeschwindigkeit
λ Wellenlänge
ω Kreisfrequenz der Welle
k Kreisrepetenz der Welle

Teilchenwechselgeschwindigkeit $\dot{\xi}(x,t)$

$$\dot{\xi}(x,t) = \hat{\xi}\,\omega \cos\omega \left(t - \frac{x}{c}\right) = \hat{\xi}\,\omega \cos(\omega t - k x)$$

Teilchenwechselbeschleunigung $\ddot{\xi}(x,t)$

$$\ddot{\xi}(x,t) = -\hat{\xi}\,\omega^2 \sin\omega \left(t - \frac{x}{c}\right) = -\hat{\xi}\,\omega^2 \sin(\omega t - k x)$$

$\hat{\xi}$ Amplitude (Scheitelwert der Auslenkung)
ω Kreisfrequenz der Welle
k Kreisrepetenz
c Ausbreitungsgeschwindigkeit

Überlagerung (Interferenz) zweier Wellen

1. Gleiche Amplituden:

1. Welle: $\xi_1(x,t) = \hat{\xi}\sin(\omega_1 t - k_1 x)$; $k_1 = 2\pi/\lambda_1$

2. Welle: $\xi_2(x,t) = \hat{\xi}\sin(\omega_2 t - k_2 x)$; $k_2 = 2\pi/\lambda_2$

$\hat{\xi}$ Amplitude der Einzelwellen
ω_1, ω_2 Kreisfrequenzen der Einzelwellen
k_1, k_2 Kreisrepetenzen der Einzelwellen

Überlagerungswelle: $\xi(x,t) = \xi_1(x,t) + \xi_2(x,t)$

$$\xi(x,t) = 2\hat{\xi}\sin[\tfrac{1}{2}(\omega_1+\omega_2)t - \tfrac{1}{2}(k_1+k_2)x]\cos[\tfrac{1}{2}(\omega_1-\omega_2)t - \tfrac{1}{2}(k_1-k_2)x]$$

Speziell $k_1 \approx k_2$ und $\omega_1 \approx \omega_2$; **Schwebungswelle**

$$k = \tfrac{1}{2}(k_1+k_2); \qquad \omega = \tfrac{1}{2}(\omega_1+\omega_2)$$

$$\Delta k = k_1 - k_2; \qquad \Delta\omega = \omega_1 - \omega_2$$

$$\xi = 2\hat{\xi}\sin(\omega t - kx)\cos(\tfrac{1}{2}\Delta\omega t - \tfrac{1}{2}\Delta k x)$$

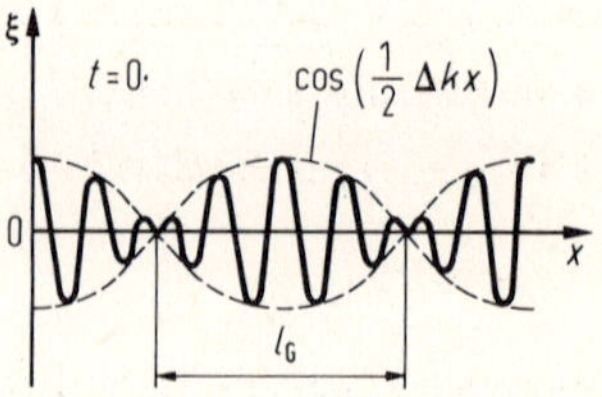

Länge l_G einer Wellengruppe: $l_G = 2\pi/\Delta k$

Gruppengeschwindigkeit:

$$v_G = \frac{d\omega}{dk} = -\lambda^2\frac{df}{d\lambda} = \frac{c}{1 - \dfrac{f}{c}\dfrac{dc}{df}}$$

2. Gleiche Frequenzen und Gangunterschied Δx:

1. Welle: $\xi_1(x,t) = \hat{\xi}_1\sin[\omega t - kx]$

2. Welle: $\xi_2(x,t) = \hat{\xi}_2\sin[\omega t - k(x+\Delta x)]$

$\hat{\xi}_1, \hat{\xi}_2$ Amplituden der Einzelwellen
ω Kreisfrequenz der Einzelwellen bzw. der Überlagerungswelle
k Kreisrepetenz der Einzelwellen bzw. der Überlagerungswelle
$\hat{\xi}^*$ Amplitude der Überlagerungswelle

Überlagerungswelle: $\xi(x,t) = \xi_1(x,t) + \xi_2(x,t)$

$$\xi(x,t) = \hat{\xi}^*\sin[\omega t - k(x+\Delta x)]$$

$$\hat{\xi}^* = \sqrt{\hat{\xi}_1^2 + \hat{\xi}_2^2 + 2\hat{\xi}_1\hat{\xi}_2\cos(k\Delta x)}$$

Speziell gleiche Amplituden: $\hat{\xi}_1 = \hat{\xi}_2 = \hat{\xi}$

$$\hat{\xi}^* = \sqrt{2}\,\hat{\xi}\,\sqrt{1+\cos(k\Delta x)}$$

Maximale Verstärkung: $\Delta x = 2n(\lambda/2)$

Totale Auslöschung: $\Delta x = (2n+1)(\lambda/2)$ $(n = 0, 1, 2, \ldots)$

Speziell **stehende Wellen:**

a) Reflexion am festen Ende ($\Delta x = -2x$):

x Ort in bezug auf den Nullpunkt im reflektierenden Ende
$\hat{\xi}$ Amplitude der beiden interferierenden Wellen
λ Wellenlänge der beiden interferierenden Wellen

$$\xi(x,t) = -2\hat{\xi}\sin(kx)\cos(\omega t)$$

$$\dot{\xi}(x,t) = 2\hat{\xi}\,\omega\sin(kx)\sin(\omega t)$$

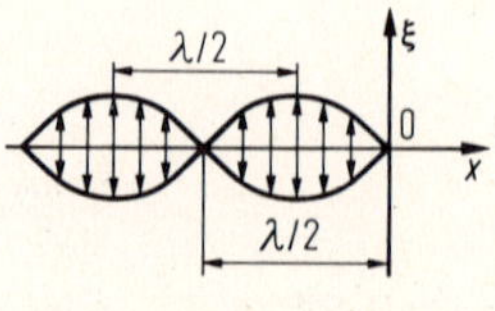

ξ bzw. $\dot{\xi}$ Auslenkung bzw. Teilchenwechselgeschwindigkeit der stehenden Welle

Speziell ebene Schallwellen:

$$p(x,t) = 2\hat{p}\cos(kx)\cos(\omega t)$$

$\hat{p}$ Scheitelwert des Schallwechseldruckes der interferierenden Wellen

b) Reflexion am freien Ende ($\Delta x = -2x - \lambda/2$):

$$\xi(x, t) = 2\,\hat{\xi}\,\cos(k\,x)\,\sin(\omega\,t)$$

$$\dot{\xi}(x, t) = 2\,\hat{\xi}\,\omega\,\cos(k\,x)\,\cos(\omega\,t)$$

Speziell ebene Schallwellen:

$$p(x, t) = 2\,\hat{p}\,\sin(k\,x)\,\sin(\omega\,t)$$

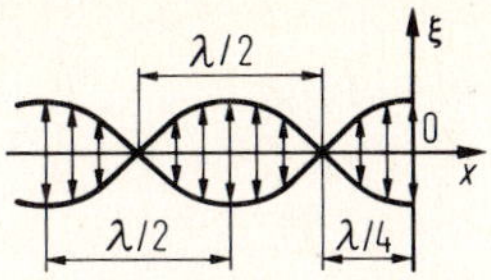

$p(x, t)$ Schallwechseldruck der stehenden Welle
k Kreisrepetenz

3.2.4 Eigenfrequenzen von begrenzten Medien

Lineares Medium (Seil, Saite, Gassäule)

a) beide Enden sind Bewegungsbäuche bzw. -knoten:

$$f_n = \frac{c}{2\,l}\,n; \qquad n = 1, 2, 3, \ldots$$

l Länge des linearen Mediums
c Ausbreitungsgeschwindigkeit der Welle im linearen Medium

b) ein Ende ist Bewegungsbauch, das andere Bewegungsknoten:

$$f_n = \frac{c}{4\,l}\,(2n - 1); \qquad n = 1, 2, 3, \ldots$$

Quaderförmiges Medium (Quaderraum)

$$f_0^2 = \left(\frac{c}{2}\right)^2 \left[\left(\frac{n_x}{l_x}\right)^2 + \left(\frac{n_y}{l_y}\right)^2 + \left(\frac{n_z}{l_z}\right)^2\right]$$

$$n_x + n_y + n_z \geqslant 1$$

$$n_x = 0, 1, 2, \ldots; \qquad n_y = 0, 1, 2, \ldots; \qquad n_z = 0, 1, 2, \ldots$$

l_x Länge, l_y Breite, l_z Höhe des Quaderraumes
c Ausbreitungsgeschwindigkeit im Medium des Quaderraumes

3.3 Ausbreitungsgeschwindigkeit von mechanischen Wellen

Dehnwelle in begrenzten Festkörpern (Längswelle)

Stab: $c = \sqrt{\frac{E}{\varrho}}$ (*Formel von Newton*)

Platte: $c = \sqrt{\frac{E}{\varrho\,(1 - \mu^2)}}$

E Elastizitätsmodul des Festkörpermaterials
ϱ Dichte (Gleichdichte: Dichte im ungestörten Zustand)
μ Poissonzahl (Querkontraktionszahl) (Tab. 7)

Dichtewelle in unbegrenzten isotropen Festkörpern (Längswelle)

$$c = \sqrt{\frac{E\,(1 - \mu)}{\varrho\,(1 + \mu)\,(1 - 2\mu)}}$$

E Elastizitätsmodul, ϱ Dichte
μ Poissonzahl

Schubwelle in unbegrenzten isotropen Festkörpern (Querwelle)

$$c = \sqrt{\frac{G}{\varrho}}$$

G Schubmodul (S. 8), ϱ Dichte

(die gleiche Formel gilt für Torsionswellen in Stäben mit gleichförmigem Querschnitt)

Biegewelle auf begrenzten Festkörpern (Querwelle)

Stab:

$$c = \sqrt[4]{\frac{B}{m/l}} \cdot \sqrt{\omega}$$

(Phasengeschwindigkeit)

m Masse des Stabes, l Länge des Stabes
ω Kreisfrequenz der Welle
E Elastizitätsmodul des Stabmaterials
I axiales Flächenmoment 2. Grades des Stabquerschnittes (horiz. Achse durch den Flächenschwerpunkt S)

$$B = E\,I$$

B Biegesteife — *Einheit*: 1 N m²

Platte:

$$c = \sqrt[4]{\frac{B'}{M}} \cdot \sqrt{\omega}$$

(Phasengeschwindigkeit)

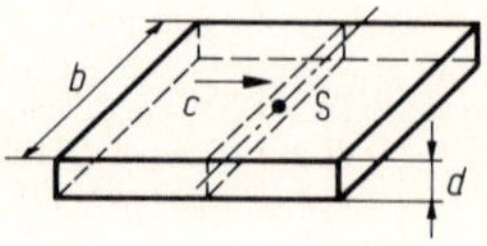

$$B' = \frac{E}{1-\mu^2} \cdot \frac{I}{b}$$

M flächenbezogene Masse
ω Kreisfrequenz der Welle, b Plattenbreite
E Elastizitätsmodul
μ Poissonzahl ($\mu \approx 0{,}3$)
I axiales Flächenmoment 2. Grades der Querschnittsfläche (Tab. 5)

B' breitenbezogene Biegesteife — *Einheit*: 1 N m

M flächenbezogene Plattenmasse — *Einheit*: 1 kg/m²

$$M = m/A = \varrho\, d$$

m Masse, A Fläche, ϱ Dichte, d Dicke

Transversalwellen auf Saiten, Seilen und Membranen (Querwelle)

$$c = \sqrt{\frac{\sigma}{\varrho}}$$

σ Zugspannung, ϱ Dichte

Druckwelle (Längswelle)

Flüssigkeit: $c = \sqrt{K/\varrho}$

Gas:

$$c = \sqrt{\frac{\varkappa\, p_=}{\varrho}} = \sqrt{\varkappa\, R_i\, T}$$

(*Formel von Laplace*)

K Kompressionsmodul (S. 29, Tab. 7)
ϱ Dichte
$\varkappa$ Adiabatenexponent (S. 57)
$p_=$ Gasgleichdruck (in Abschn. 4 mit p bezeichnet)
T Temperatur
R_i spezifische Gaskonstante (S. 54)

Speziell Luft:

$$c = \left(331{,}3 + 0{,}6\,\frac{\vartheta}{{}^\circ\mathrm{C}}\right)\frac{\mathrm{m}}{\mathrm{s}}$$

ϑ Lufttemperatur

3.4 Schallfeld in Fluiden

Schalldruck p_{eff} (Effektivwert des Schallwechseldruckes) — *Einheit*: 1 N/m² = 1 Pa

$$p_{\mathrm{eff}} = \sqrt{\frac{1}{T}\int_0^T p^2(t)\,\mathrm{d}t}$$

$p(t)$ Schallwechseldruck
T Periode der Welle
$\hat{p}$ Scheitelwert des Schallwechseldruckes

Speziell Sinuswelle: $p_{\mathrm{eff}} = \frac{1}{2}\sqrt{2}\,\hat{p}$

Schallschnelle $v_{x,\,\mathrm{eff}}$ (Effektivwert der Schallwechselgeschwindigkeit)

Einheit: 1 m/s

$$v_{x,\,\mathrm{eff}} = \sqrt{\frac{1}{T}\int_0^T v_x^2(t)\,\mathrm{d}t}$$

$v_x(t)$ Schallwechselgeschwindigkeit (Teilchenwechselgeschwindigkeit $\dot{\xi}$)
T Periode der Welle

Speziell Sinuswelle: $v_{x,\,\mathrm{eff}} = \frac{1}{2}\sqrt{2}\,\hat{v}_x$

$\hat{v}_x$ Scheitelwert der Schallwechselgeschwindigkeit

Speziell ebene Welle: $v_{x,\,\mathrm{eff}} = \frac{p_{\mathrm{eff}}}{Z}$; $Z = \varrho c$

p_{eff} Schalldruck, c Ausbreitungsgeschwindigkeit
ϱ Dichte des Mediums

Schallwellenwiderstand (Schallkennimpedanz) Z für ebene Wellen

Einheit: $1\ \frac{\mathrm{kg}}{\mathrm{m}^2\,\mathrm{s}}$

$$Z = \varrho c; \qquad Z = p_{\mathrm{eff}}/v_{x,\,\mathrm{eff}}$$

ϱ Dichte des Mediums
c Ausbreitungsgeschwindigkeit der Schallwellen
p_{eff} Schalldruck, $v_{x,\,\mathrm{eff}}$ Schallschnelle

Speziell Luft ($\vartheta = 20\,°\mathrm{C}$, $p_{\mathrm{atm}} = 10^5$ Pa):

$$Z_{\mathrm{Luft}} = 400\ \frac{\mathrm{kg}}{\mathrm{m}^2\,\mathrm{s}}$$

ϑ Lufttemperatur
p_{atm} atmosphärischer Luftdruck

Intensität I

Einheit: 1 W/m²

$$I = \frac{\Delta P}{\Delta A}; \qquad \Delta P = \frac{\Delta W}{\Delta t}$$

ΔP Leistung, die das zur Ausbreitungsrichtung senkrechte Flächenelement ΔA durchsetzt
ΔW Schallenergie, die in der Zeit Δt das Flächenelement ΔA durchsetzt

Speziell fortschreitende ebene Welle:

$$I = p_{\mathrm{eff}}\,v_{x,\,\mathrm{eff}} = \frac{p_{\mathrm{eff}}^2}{Z} = v_{x,\,\mathrm{eff}}^2\,Z$$

p_{eff} Schalldruck, $v_{x,\,\mathrm{eff}}$ Schallschnelle
Z Schallwellenwiderstand

Speziell Sinuswelle:

$$I = \tfrac{1}{2}\,\varrho\,c\,\hat{\xi}^2\,\omega^2$$

ϱ Dichte des Mediums, $\hat{\xi}$ Amplitude
c Schallgeschwindigkeit
ω Kreisfrequenz der Welle

Leistung P eines Senders

Einheit: 1 W = 1 J/s

$$P = \oint_A I\,\mathrm{d}A$$

I Intensität an der Stelle des Flächenelementes $\mathrm{d}A$
A geschlossene Fläche um den Sender

Energiedichte w

Einheit: 1 J/m³ = 1 N/m²

$$w = \frac{\Delta W}{\Delta V}$$

ΔW Schallenergie im Volumen ΔV

Speziell fortschreitende ebene Welle: $w = I/c$

I Intensität
c Schallgeschwindigkeit

Schallstrahlungsdruck p_{str}

Einheit: 1 N/m² = 1 Pa

bei vollkommener Absorption: $p_{\mathrm{str}} = w$
bei vollkommener Reflexion: $p_{\mathrm{str}} = 2w$

w Energiedichte

Schallpegel L in Luft *Einheit*: 1 Dezibel dB $\equiv 1$

$$L_p = 20\,\text{dB} \cdot \lg \frac{p_{\text{eff}}}{2 \cdot 10^{-5}\,\text{Pa}}$$

$$L_I = 10\,\text{dB} \cdot \lg \frac{I}{10^{-12}\,\text{W/m}^2} \qquad (L_I \approx L_p)$$

L_p Schalldruckpegel
p_{eff} Schalldruck
L_I Schallintensitätspegel
I Schallintensität

$$L_W = 10\,\text{dB} \cdot \lg \frac{P}{10^{-12}\,\text{W}}$$

$L_W (= L_P)$ Schalleistungspegel
P Schalleistung eines Senders

Bewerteter Schallpegel L_A *Einheit*: 1 dB(A) $\equiv 1$

$$L_\text{A} = L + \Delta L \qquad (\Delta L \text{ Tab. } 17)$$

L Schallpegel

Überlagerung von (inkohärenten) Schallwellen

$$p_{\text{eff}} = \sqrt{p_{1,\text{eff}}^2 + p_{2,\text{eff}}^2 + \cdots + p_{n,\text{eff}}^2}$$

$$I = I_1 + I_2 + I_3 + \cdots + I_n$$

$$L = 10\,\text{dB} \cdot \lg \sum_{i=1}^{n} g_i$$

$p_{i,\text{eff}}$ bzw. I_i bzw. L_i Schalldruck bzw. Intensität bzw. Schallpegel der i-ten Schallwelle ($i = 1, 2, 3, \ldots, n$) an einer bestimmten Stelle
p_{eff} bzw. I bzw. L Gesamtschalldruck bzw. Gesamtintensität bzw. Gesamtschallpegel an dieser Stelle
$g_i = 10^{0,1 \cdot L_i}$

Speziell: $I_1 = I_2 = \cdots = I_n = I_\text{e}$

$$L = L_\text{e} + 10\,\text{dB} \cdot \lg n$$

I_e Einzelintensität, L_e Einzelschallpegel
n Zahl der Sender, die an einer Stelle den gleichen Einzelschallpegel L_e verursachen
L Gesamtschallpegel an dieser Stelle

Mittelungspegel L_m

$$L_\text{m} = 10\,\text{dB} \cdot \lg \left(\frac{1}{T} \cdot \sum_{i=1}^{n} t_i \cdot g_i \right)$$

$$T = \sum_{i=1}^{n} t_i; \qquad g_i = 10^{0,1 \cdot L_i}$$

L_i Schallpegel in der Teilzeit t_i ($i = 1, 2, \ldots, n$)
T Meßzeit

Schallausbreitung im Freien

a) ohne Dämpfung

Ebene Wellen:

$$I_2 = I_1 \qquad L_2 = L_1 \qquad r_2 > r_1$$

Kreis- und Zylinderwellen:

$$I_2 = \frac{r_1}{r_2} I_1 \qquad L_2 = L_1 - 10\,\text{dB} \cdot \lg \frac{r_2}{r_1}$$

Kugelwellen:

$$I_2 = \frac{r_1^2}{r_2^2} I_1 \qquad L_2 = L_1 - 20\,\text{dB} \cdot \lg \frac{r_2}{r_1}$$

I_1 bzw. L_1 Intensität bzw. Pegel der Schallwelle im Abstand r_1 vom Zentrum
I_2 bzw. L_2 Intensität bzw. Pegel der Schallwelle im Abstand r_2 vom Zentrum (bei Zylinderwellen muß die Senderlänge viel größer sein als Wellenlänge und Abstand; bei Kugelwellen muß die Senderabmessung viel kleiner sein als Wellenlänge und Abstand)

b) mit Dämpfung

$$I_{2,\text{d}} = I_2\,\text{e}^{-d(r_2 - r_1)} \qquad L_{2,\text{d}} = L_2 - K(r_2 - r_1)$$

d Dissipationskonstante; *Einheit*: 1 m^{-1}
K Dämpfungskonstante; *Einheit*: 1 dB/m

3.5 Schallschluckung

Reflexionsgrad ϱ einer Fläche

$$\varrho = I_r / I_a$$

I_a auftreffende Intensität
I_r reflektierte Intensität

Speziell ebene Wellen mit dem Einfallswinkel 0°:

$$\varrho = \left(\frac{Z_2 - Z_1}{Z_2 + Z_1}\right)^2$$

Z_1, Z_2 Wellenwiderstände der Medien beiderseits der Grenzfläche

Absorptionsgrad (Schluckgrad) α einer Fläche (Tab. 18)

$$\alpha = \frac{I_a - I_r}{I_a} = 1 - \varrho$$

I_a auftreffende Intensität
I_r reflektierte Intensität
ϱ Reflexionsgrad

Äquivalente Absorptionsfläche (Schluckung) A eines Raumes

Einheit: 1 m²

$$A = \alpha_1 S_1 + \alpha_2 S_2 + \cdots + n_1 A'_1 + n_2 A'_2 + \cdots$$

α_μ Schluckgrad der Fläche S_μ ($\mu = 1, 2, 3, \ldots$)
n_ν Anzahl der gleichartigen Objekte mit der Schluckung A'_ν ($\nu = 1, 2, 3, \ldots$) (Tab. 19)

Eigenfrequenz f_0 eines Helmholtzresonators

$$f_0 = \frac{c}{2\pi} \sqrt{\frac{A_1/A_2}{l_1^* \, l_2}}; \qquad l_1^* = l_1 + 2\,\Delta l_1$$

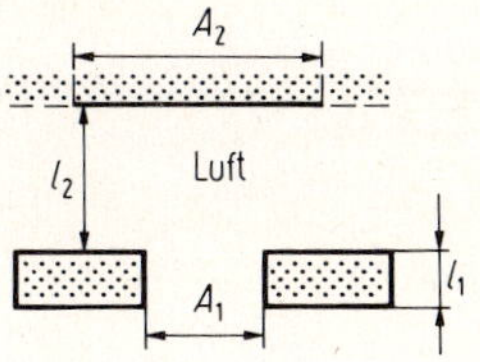

A_1 Fläche der Schalleintrittsöffnung mit der Tiefe l_1
A_2 Rückfläche des federnden Luftraums mit der Tiefe l_2
c Schallgeschwindigkeit in Luft
Δl_1 Mündungskorrektur

Speziell zylindrische Öffnung im quadratischen Muster:

$$\Delta l_1 = 0{,}8\, r_1 \left[1 - 1{,}47 \sqrt{\frac{A_1}{A_2}} + 0{,}47 \left(\sqrt{\frac{A_1}{A_2}}\right)^3\right]$$

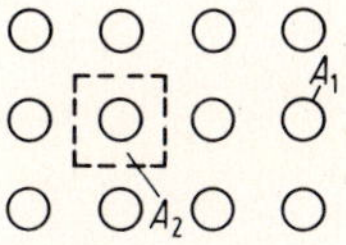

Speziell eine zylindrische Öffnung:

$$\Delta l_1 = \tfrac{1}{4}\pi\, r_1; \qquad f_0 = \frac{c}{2\pi} \sqrt{\frac{A_1}{l_1^* \, V_2}}$$

r_1 Öffnungsradius
V_2 Volumen des federnden Luftraumes

Strömungswiderstand (spez. Schallimpedanz) R einer porösen Schicht:

Einheit: $1\ \frac{\text{N s}}{\text{m}^3} = 1\ \frac{\text{kg}}{\text{m}^2\,\text{s}}$

$$R = \frac{\Delta p}{v}$$

$$R = \Xi\, d$$

Δp Druckdifferenz beiderseits der Schicht
v Strömungsgeschwindigkeit vor und hinter der Schicht, wenn durch die Schicht ein gleichförmiger Luftstrom fließt
d Schichtdicke

Ξ längenspezifischer Strömungswiderstand

Einheit: $1\ \frac{\text{N s}}{\text{m}^4} = 1\ \frac{\text{kg}}{\text{m}^3\,\text{s}}$

3.6 Raumakustik

Nachhallzeit T eines Raumes (Tab. 20)

$$T = 0{,}163\ \frac{\mathrm{s}}{\mathrm{m}}\ \frac{V}{A} \qquad \text{(Formel von Sabine)}$$

A äquivalente Absorptionsfläche des Raumes (Raumschluckung)
V Raumvolumen

Hallradius r_{H} in einem Raum

$$r_{\mathrm{H}} = \frac{1}{4}\sqrt{\frac{A}{\pi}}$$

A Raumschluckung

Stationäre Intensität I des reflektierten Schalls

$$I = 4\,\frac{P}{A}$$

P Leistung der Schallquelle
A Raumschluckung

Schallpegelminderung $L_1 - L_2$ in einem Raum

$$L_1 - L_2 = 10\,\mathrm{dB} \cdot \lg \frac{T_1}{T_2}$$

$$L_1 - L_2 = 10\,\mathrm{dB} \cdot \lg \frac{A_2}{A_1}$$

T_1 Nachhallzeit bei der Raumschluckung A_1
T_2 erniedrigte Nachhallzeit durch die erhöhte Raumschluckung A_2
L_1 bzw. L_2 stationärer Schallpegel bei gleicher Senderleistung vor bzw. nach der Erhöhung der Raumschluckung

3.7 Bauakustik

Transmissionsgrad τ einer Trennwand

$$\tau = \frac{P_\tau}{P_\mathrm{a}} = \frac{I_\tau}{I_\mathrm{a}}$$

P_a bzw. I_a auffallende Leistung bzw. Intensität
P_τ bzw. I_τ durchgelassene Leistung bzw. Intensität

Luftschalldämmaß R

$$R = 10\,\mathrm{dB} \cdot \lg \frac{1}{\tau}$$

$$R = L_\mathrm{S} - L_\mathrm{E} + 10\,\mathrm{dB} \cdot \lg \frac{S}{A}$$

τ Transmissionsgrad, L_S Schallpegel im Senderaum
L_E Schallpegel im Empfangsraum
S Fläche der Trennwand
S Schluckung des Empfangsraumes

Logarithmisch geteilte Frequenzskala

Zwischenwerte:

$$l_x = l\,\frac{\lg(f_x/f_1)}{\lg(f_2/f_1)}$$

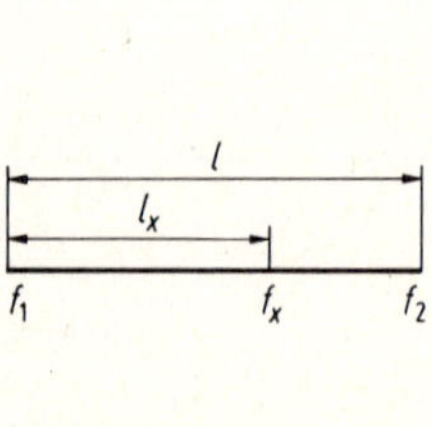

f_1, f_2 Randfrequenzen, f_x Zwischenfrequenz
l Skalenabstand zwischen f_1 und f_2
l_x Skalenabstand zwischen f_1 und f_x

Mittenfrequenz f_m: $f_\mathrm{m} = \sqrt{f_1 f_2}$

Terzrandfrequenzen:

$$f_1 = f_0\,\sqrt[3]{2} = 1{,}26\,f_0$$

$$f_2 = f_0\,(\sqrt[3]{2})^2 = 1{,}59\,f_0$$

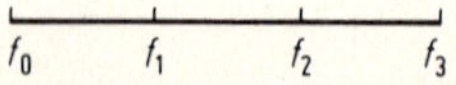

$f_0 \ldots 2\,f_0$ Oktavband
$f_0 \ldots f_1$; $f_1 \ldots f_2$; $f_2 \ldots 2\,f_0$ Terzbänder

Theoretisches Massengesetz für biegeweiche Trennwände

Schalleinfall unter dem Einfallswinkel 0°:

$$R_{\text{theor}}(0°) = 20\,\text{dB} \cdot \lg \frac{\omega M}{2Z}$$

R_{theor} theoretisches Luftschalldämmaß
M flächenbezogene Masse der Wand
Z Schallwellenwiderstand von Luft
ω Kreisfrequenz der Schallwellen

Schalleinfall unter dem Einfallswinkel 45°:

$$R_{\text{theor}}(45°) = R_{\text{theor}}(0°) - 3\,\text{dB}$$

(entspricht ungefähr allseitig gleichmäßigem Schalleinfall)

Grenzfrequenz f_g einer Platte

$$f_g = \frac{c_L^2}{2\pi}\sqrt{\frac{M}{B'}} = \frac{60\,\text{Hz}}{d/\text{m}}\sqrt{\frac{\varrho}{E}}\sqrt{\frac{\text{MN/m}^2}{\text{kg/m}^3}}$$

c_L Schallgeschwindigkeit in Luft
M flächenbezogene Masse der Platte (S. 46)
B' breitenbezogene Biegesteife (S. 46)
d Plattendicke, ϱ Dichte, E Elastizitätsmodul der Platte

Eigenfrequenz f_0 einer Doppelwand

$$f_0 = \frac{1}{2\pi}\sqrt{s\left(\frac{1}{M_1} + \frac{1}{M_2}\right)}$$

M_1, M_2 flächenbezogene Masse der einzelnen Platten

s dynamische Steifigkeit der Zwischenschicht

$$s = E/d$$

Einheit: $1\,\text{MN/m}^3$
E dynamischer Elastizitätsmodul
d Schichtdicke

Speziell lose eingefüllter Dämmstoff: $s = \dfrac{p_{\text{atm}}}{\sigma d}$

p_{atm} atmosphärischer Luftdruck
σ akustisch wirksame Porosität

Speziell Luft: $s_L = \dfrac{\varkappa_L p_{\text{atm}}}{d}$; $\varkappa_L = 1{,}4$

$\varkappa_L$ Adiabatenexponent der Luft

Speziell:	$M = M_1 = M_2$	$M = M_1 \ll M_2$
	$f_0 = \dfrac{1}{\pi\sqrt{2}}\sqrt{\dfrac{s}{M}}$	$f_0 = \dfrac{1}{2\pi}\sqrt{\dfrac{s}{M}}$
federnder Dämmstoff mit der dynamischen Steifigkeit s	$f_0 = 225\,\text{Hz}\sqrt{\dfrac{s}{M}} \cdot \sqrt{\dfrac{\text{kg/m}^2}{\text{MN/m}^3}}$	$f_0 = 160\,\text{Hz}\sqrt{\dfrac{s}{M}} \cdot \sqrt{\dfrac{\text{kg/m}^2}{\text{MN/m}^3}}$
lose eingefüllter Dämmstoff ($\sigma = 0{,}9$)	$f_0 = \dfrac{75\,\text{Hz}}{\sqrt{M d}}\sqrt{\dfrac{\text{kg}}{\text{m}^2}\,\text{m}}$	$f_0 = \dfrac{53\,\text{Hz}}{\sqrt{M d}}\sqrt{\dfrac{\text{kg}}{\text{m}^2}\,\text{m}}$
Luftschicht (seitlich entkoppelt)	$f_0 = \dfrac{85\,\text{Hz}}{\sqrt{M d}}\sqrt{\dfrac{\text{kg}}{\text{m}^2}\,\text{m}}$	$f_0 = \dfrac{60\,\text{Hz}}{\sqrt{M d}}\sqrt{\dfrac{\text{kg}}{\text{m}^2}\,\text{m}}$

Pegelminderung ΔL durch eine zweischalige Konstruktion

$$\Delta L = 40\,\text{dB} \cdot \lg(f/f_0) \quad (f > f_0)$$

f_0 Eigenfrequenz der Doppelwand
f Schallfrequenz

Norm-Trittschallpegel L_n

$$L_n = L_T + 10\,\text{dB} \cdot \lg(A/A_0); \quad A_0 = 10\,\text{m}^2$$

L_T Trittschallpegel im Empfangsraum
A Schluckung des Empfangsraumes
A_0 Bezugs-Schallschluckung

4 Kalorik

4.1 Temperatur; lineare Änderung der Ausdehnung, der Spannung und des Druckes

4.1.1 Temperatur

Kelvin-Temperatur[1]) **(thermodynamische oder absolute Temperatur)** $T \geqslant 0$ — *Einheit*: **1 Kelvin K**

Celsius-Temperatur ϑ — *Einheit*: 1 Grad Celsius °C

$$\vartheta = \left(\frac{T - T_n}{K}\right) °C; \qquad T = \left(\frac{\vartheta}{°C} + \frac{T_n}{K}\right) K$$

$T_n = 273{,}15$ K Normtemperatur

Fahrenheit-Temperatur ϑ_F — *Einheit*: 1 Grad Fahrenheit °F

$$\vartheta_F = \left(32 + \frac{9}{5}\frac{\vartheta}{°C}\right) °F; \qquad \vartheta = \frac{160}{9}\left(\frac{\vartheta_F}{32\,°F} - 1\right) °C$$

Temperaturdifferenz ΔT — *Einheit*: 1 K

$$\Delta T = T_2 - T_1 = \vartheta_2 - \vartheta_1 = \Delta\vartheta$$

4.1.2 Isobare Ausdehnung (Spannung bzw. Druck konstant)

Längenänderung Δl **fester Körper**

$$\Delta l = l_1\,\alpha\,\Delta T; \qquad \Delta l = l_2 - l_1$$

l_1 bzw. l_2 Länge bei der Temperatur T_1 bzw. $T_2 = T_1 + \Delta T$

α mittlerer (thermischer) Längenausdehnungskoeffizient im Temperaturintervall ΔT (Tab. 21) — *Einheit*: $1\,K^{-1}$

Flächenänderung ΔA **fester Körper**

$$\Delta A = A_1\,2\alpha\,\Delta T; \qquad \Delta A = A_2 - A_1$$

A_1 bzw. A_2 Fläche bei der Temperatur T_1 bzw. $T_2 = T_1 + \Delta T$

Volumenänderung ΔV

$$\Delta V = V_1\,\gamma\,\Delta T; \qquad \Delta V = V_2 - V_1$$

V_1 bzw. V_2 Volumen bei der Temperatur T_1 bzw. $T_2 = T_1 + \Delta T$

γ mittlerer (thermischer) Volumenausdehnungskoeffizient im Temperaturintervall ΔT (Tab. 22) — *Einheit*: $1\,K^{-1}$

$$\gamma = 3\alpha$$

α mittlerer Längenausdehnungskoeffizient

Relativer Volumenausdehnungskoeffizient eines Fluides in einem Gefäß — *Einheit*: $1\,K^{-1}$

$$\gamma_{rel} = \gamma_{Fl} - 3\alpha_G$$

γ_{Fl} mittlerer Volumenausdehnungskoeffizient des Fluides

α_G mittlerer Längenausdehnungskoeffizient des Gefäßmateriales

Dichteänderung $\Delta\varrho$ — *Einheit*: $1\,kg\,m^{-3}$

$$\Delta\varrho = -\varrho_1\,\gamma\,\Delta T; \qquad \Delta\varrho = \varrho_2 - \varrho_1$$

ϱ_1 bzw. ϱ_2 Dichte bei der Temperatur T_1 bzw. $T_2 = T_1 + \Delta T$

---

[1]) Basisgröße

4.1.3 Isotherme Ausdehnung: S. 29

S. 29

4.1.4 Isochore Zustandsänderung (Volumen konstant)

Wärmespannungsänderung $\Delta\sigma$
in einem stabförmigen festen Körper

$$\Delta\sigma = \alpha E \Delta T; \qquad \Delta\sigma = \sigma_2 - \sigma_1$$

Einheit: $1\,\mathrm{N\,m^{-2}} = 1\,\mathrm{Pa}$

σ_1 bzw. σ_2 Spannung bei der Temperatur T_1 bzw. $T_2 = T_1 + \Delta T$
E Elastizitätsmodul (Tab. 7)

Druckänderung Δp

$$\Delta p = \gamma K \Delta T: \qquad \Delta p = p_2 - p_1$$

Einheit: 1 Pa

p_1 bzw. p_2 Druck bei der Temperatur T_1 bzw. $T_2 = T_1 + \Delta T$
K Kompressionsmodul (Tab. 7; 11)

4.2 Thermische Zustandsgleichung von Gasen
(Zustandsänderungen siehe auch 4.5)

Normzustand

Normdruck: $p_n = 1013\,\mathrm{hPa}$

Normtemperatur: $T_n = 273{,}15\,\mathrm{K}$; $\vartheta_n = 0\,°\mathrm{C}$

Normvolumen: $V_n = \nu V_{A,n}$

Speziell ideales Gas: $V_{A,n} = 22{,}414\,\mathrm{m^3\,kmol^{-1}}$

ν Stoffmenge
$V_{A,n}$ molares Normvolumen

4.2.1 Molare und spezifische Größen

Relative Molekül-(Teilchen-)Masse M_r

$$M_r = \frac{m_M}{u}; \qquad u = 1{,}66057 \cdot 10^{-27}\,\mathrm{kg}$$

Einheit: 1

m_M Masse eines Moleküls (Teilchens)
u atomare Masseneinheit

Stoffmenge ν[1]

$$\nu = \frac{m}{\mathrm{kg}} \frac{1}{M_r}\,\mathrm{kmol}$$

Speziell $m = M_r\,\mathrm{kg}$: $\quad \nu = 1\,\mathrm{kmol}$

Einheit: **1 Mol mol**

$1\,\mathrm{kmol} = 10^3\,\mathrm{mol}$

m Masse des Stoffes mit der Stoffmenge ν
M_r relative Molekül-(Teilchen-)Masse

Masse m

$$m = N m_M$$

Einheit: 1 kg

N Anzahl der Moleküle (Teilchen)

Molares Volumen V_A

$$V_A = \frac{V}{\nu}$$

Einheit: $1\,\mathrm{m^3\,kmol^{-1}}$

V Volumen der Stoffmenge ν

Spezifisches Volumen v

$$v = \frac{V}{m} = \frac{1}{\varrho}$$

Einheit: $1\,\mathrm{m^3\,kg^{-1}}$

V bzw. m bzw. ϱ Volumen bzw. Masse bzw. Dichte des Stoffes

[1]) Basisgröße

Molare Masse m_A *Einheit*: 1 kg kmol^{-1}

$$m_A = \frac{m}{\nu} = M_r \frac{\text{kg}}{\text{kmol}}; \quad m_A = \varrho V_A$$

m Masse der Stoffmenge ν
M_r bzw. ϱ relative Molekülmasse bzw. Dichte des Stoffes
V_A molares Volumen

Avogadrokonstante N_A *Einheit*: 1 kmol^{-1}

$$N_A = \frac{N}{\nu} = \frac{1}{u} \frac{\text{kg}}{\text{kmol}}$$

$$N_A = 6{,}0220 \cdot 10^{26}\,\text{kmol}^{-1}$$

N Anzahl der Moleküle (Teilchen) in der Stoffmenge ν
u atomare Masseneinheit

Molekül-(Teilchen-)zahldichte n *Einheit*: 1 m^{-3}

$$n = \frac{N}{V} = \frac{N_A}{V_A}$$

$$n = \frac{\varrho}{m_M} = \frac{\varrho N_A}{M_r} \frac{\text{kg}}{\text{kmol}}$$

V bzw. ϱ Volumen bzw. Dichte des Stoffes
m_M Masse eines Moleküls
M_r relative Molekülmasse
V_A molares Volumen

Speziell Molekülzahldichte des idealen Gases im Normzustand: $n_n = 2{,}6867 \cdot 10^{25}\,\text{m}^{-3}$

Molare (allgemeine) Gaskonstante R *Einheit*: 1 J K^{-1} kmol^{-1}

$$R = \frac{p_n V_{A,n}}{T_n} = 8314\,\text{J K}^{-1}\,\text{kmol}^{-1}$$

p_n bzw. T_n bzw. $V_{A,n}$ Druck bzw. Temperatur bzw. molares Volumen im Normzustand

Spezifische Gaskonstante R_i (Tab. 25) *Einheit*: 1 J K^{-1} kg^{-1}

$$R_i = \frac{p_n v_n}{T_n} = (8314/M_r)\,\text{J K}^{-1}\,\text{kg}^{-1}$$

$$R_i = \frac{R}{m_A}; \quad v_n = \frac{1}{\varrho_n}$$

(ϱ_n siehe Tab. 6c)

M_r relative Molekülmasse des Stoffes
v_n bzw. ϱ_n spezifisches Volumen bzw. Dichte im Normzustand
m_A molare Masse des Stoffes

Boltzmannkonstante k *Einheit*: 1 J K^{-1}

$$k = \frac{R}{N_A} = m_M R_i$$

$$k = 1{,}3807 \cdot 10^{-23}\,\text{J K}^{-1}$$

N_A Avogadrokonstante
m_M Masse eines Moleküles des Stoffes
R bzw. R_i molare bzw. spezifische Gaskonstante

4.2.2 Ideales Gas

Thermische Zustandsgleichung

$$pV = \nu RT = mR_iT$$

$$pv = R_iT$$

$$p = \varrho R_i T = nkT$$

$$p = p_n \frac{T}{T_n} \frac{\varrho}{\varrho_n}; \quad \varrho = \varrho_n \frac{p}{p_n} \frac{T_n}{T}$$

R bzw. R_i allgemeine bzw. spezifische Gaskonstante
p bzw. V bzw. T Druck bzw. Volumen bzw. Temperatur
ϱ bzw. ν bzw. m Dichte bzw. Stoffmenge bzw. Masse
v bzw. n spezifisches Volumen bzw. Teilchenzahldichte
k Boltzmannkonstante
p_n bzw. T_n Normdruck bzw. -temperatur
ϱ_n Normdichte des Stoffes (Tab. 6c)

Mischung idealer Gase

$$\nu = \sum_{i=1}^{l} \nu_i; \qquad m = \sum_{i=1}^{l} m_i$$

$$\varrho_i = \frac{m_i}{V}; \qquad p_i = \frac{p\,\nu_i}{\nu}$$

$$p = \sum_{i=1}^{l} p_i \quad \text{(Gesetz von Dalton)}$$

ν_i bzw. m_i Stoffmenge bzw. Masse der Komponente i
ν bzw. m Stoffmenge bzw. Masse des Gemisches
ϱ_i bzw. p_i Partialdichte bzw. –druck der Komponente i
V bzw. p Gesamtvolumen bzw. -druck des Gemisches
l Anzahl der Stoffkomponenten des Gemisches

$$R_j = \frac{R\,\nu}{m} = \frac{1}{m} \sum_{i=1}^{l} m_i R_i = \frac{1}{\varrho} \sum_{i=1}^{l} \varrho_i R_i$$

R_i bzw. R_j spezifische Gaskonstante der Komponente i bzw. des Gemisches

Zustandsgleichung
der Komponente i: $p_i V = \nu_i RT = m_i R_i T$
des Gemisches: $p\,V = \nu\,RT = m\,R_j T$

T Kelvintemperatur des Gemisches
R allgemeine Gaskonstante

4.2.3 Reales Gas

Van der Waalssche Zustandsgleichung

$$\left(p + \frac{a}{v^2}\right)(v - b) = R_i T; \qquad v = \frac{1}{\varrho}$$

$$a \approx 3\frac{p_K}{\varrho_K^2}$$

$$b \approx \frac{1}{3\varrho_K}$$

a, b van der Waalssche Konstanten
p bzw. v bzw. T Druck bzw. spezifisches Volumen bzw. Temperatur des Stoffes

ϱ_F bzw. ϱ_D Dichte der flüssigen bzw. dampfförmigen Phase
$p_s(T)$ Sättigungsdruck (Tab. 14; 23; 31)

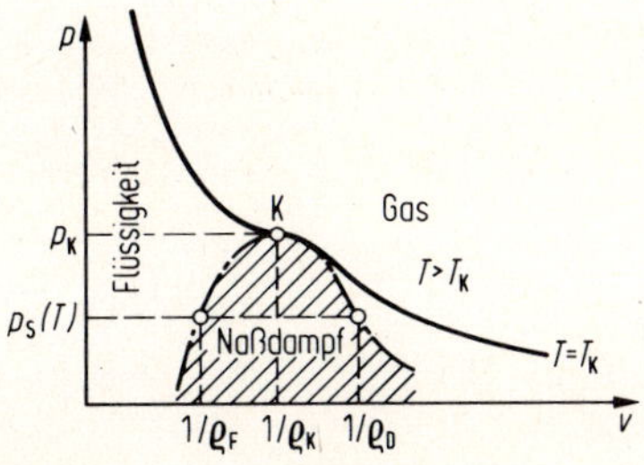

Kritischer Zustand
(Tab. 24)

$$p = p_K; \qquad \varrho = \varrho_K$$

$$T = T_K; \qquad p_K \approx \tfrac{3}{8}\varrho_K R_i T_K$$

p_K bzw. ϱ_K bzw. T_K Druck bzw. Dichte bzw. Temperatur am kritischen Punkt K
R_i spezifische Gaskonstante des Stoffes

4.3 Hauptsätze der Thermodynamik

Vorzeichenfestlegung: Dem System zugeführte Arbeiten werden negativ gezählt, Wärmemengen positiv.

(Reversible) Volumenänderungsarbeit ΔW

Einheit: 1 J

$$\Delta W = \int_{V_1}^{V_2} p\,dV; \qquad dW = p\,dV$$

dV Volumenänderung beim Druck p des Systems
V_1 Anfangsvolumen, V_2 Endvolumen

(Reversible) technische Arbeit ΔW_t

Einheit: 1 J

$$\Delta W_t = -\int_{p_1}^{p_2} V\,dp; \qquad dW_t = -V\,dp$$

dp Druckänderung des Systems beim Volumen V
p_1 Anfangsdruck, p_2 Enddruck

Wärmeenergie (Wärmemenge, Wärme) ΔQ

Einheit: 1 J

1 kcal = 4,1868 kJ

Innere Energie U

Änderung: $\Delta U = U_2 - U_1$

Einheit: 1 J

U_1 bzw. U_2 innere Energie des Systems am Anfang bzw. am Ende

Enthalpie H

$$H = U + pV; \qquad dH = dU + p\,dV + V\,dp$$

Speziell reversible Zustandsänderung:

$$\Delta H = \Delta U + \Delta W - \Delta W_t$$

Einheit: 1 J

p bzw. V Druck bzw. Volumen des Systems
ΔW Volumenänderungsarbeit
ΔW_t technische Arbeit

Entropie S

Änderung:

$$\Delta S = S_2 - S_1 = \int_1^2 \frac{dQ_{rev}}{T}; \qquad dS = \frac{dQ_{rev}}{T}$$

Einheit: $1\,J\,K^{-1}$

dQ_{rev} bei der Temperatur T reversibel übertragene Wärmeenergie
S_1 bzw. S_2 Entropie des Systems am Anfang bzw. am Ende

Speziell Temperaturänderung eines Stoffes ohne Phasenübergang:

$$\Delta S = m \int_{T_1}^{T_2} \frac{c\,dT}{T}$$

c bzw. m spezifische Wärmekapazität bzw. Masse des Stoffes

$$\Delta S = k \ln \frac{w_2}{w_1} \quad \text{(Boltzmannsche Beziehung)}$$

k Boltzmannkonstante
w_1 bzw. w_2 Wahrscheinlichkeit des Anfangs- bzw. Endzustandes

Erster Hauptsatz

$$\Delta U = \Delta Q - \Delta W; \qquad dU = dQ - dW$$
$$\Delta H = \Delta Q - \Delta W_t; \qquad dH = dQ - dW_t$$

Nur dU, dH, dV, dp sind vollständige Differentiale der Zustandsgrößen U, H, V und p, nicht dQ, dW und dW_t.

Speziell reversible Prozesse:

$$dW = p\,dV; \qquad dW_t = -V\,dp$$

p bzw. V Druck bzw. Volumen des Systems

Zweiter Hauptsatz

Es ist keine periodisch arbeitende Maschine möglich, die nichts weiter bewirkt, als einem Wärmebehälter Wärme zu entziehen und in Arbeit umzuwandeln.

Speziell abgeschlossenes System:

Irreversibler Prozeß: $S_2 > S_1$
Reversibler Prozeß: $S_2 = S_1$

S_1 bzw. S_2 Entropie des Systems vor bzw. nach dem Prozeß

Wirkungsgrad η und Leistungszahl ε thermischer Maschinen

Einheit: 1

Wärmekraftmaschine (WK)

$$\eta = \left|\frac{\Delta W}{\Delta Q_1}\right| \leqslant \frac{T_1 - T_2}{T_1}$$

Wärmepumpe (WP)

$$\varepsilon_W = \left|\frac{\Delta Q_1}{\Delta W}\right| \leqslant \frac{T_1}{T_1 - T_2}$$

Kältemaschine (KM)

$$\varepsilon_K = \left|\frac{\Delta Q_2}{\Delta W}\right| \leqslant \frac{T_2}{T_1 - T_2}$$

ΔW insgesamt von WK abgegebene bzw. von KM oder WP aufgenommene Arbeit
ΔQ_1 bei der höheren Temperatur T_1 von WK aufgenommene bzw. von WP abgegebene Wärme
ΔQ_2 bei der tieferen Temperatur T_2 von KM aufgenommene Wärme

Die Gleichheitszeichen in den Formeln gelten für reversible Kreisprozesse.

4.4 Kalorimetrie

Spezifische Wärmekapazität $c(T)$ eines Stoffes — *Einheit*: $1 \frac{\mathrm{J}}{\mathrm{kg\,K}}$

$$c(T) = \frac{1}{m} \frac{\mathrm{d}Q}{\mathrm{d}T}$$

m Stoffmasse, ΔQ (bzw. $\mathrm{d}Q$) Wärmeenergie, die bei der Temperaturänderung ΔT (bzw. $\mathrm{d}T$) benötigt oder frei wird (ohne Änderung des Aggregatzustandes und ohne chemische Umwandlung)

Speziell $c = \text{const}$:

$$\Delta Q = m c \Delta T \quad \text{(Tab. 25)}$$

Wärmekapazität $C(T)$ eines Systems — *Einheit*: 1 J/K

$$C(T) = \frac{\mathrm{d}Q}{\mathrm{d}T}$$

$\mathrm{d}Q$ zu- bzw. abgeführte Wärmeenergie bei der Temperatur T

Speziell homogener Körper:

$$C = m c$$

m Masse, c spezifische Wärmekapazität

Mischungsregel

In einem abgeschlossenen System ist die von den Körpern höherer Temperatur abgegebene Wärmeenergie so groß wie die von den Körpern niedriger Temperatur aufgenommene Wärmeenergie.

Speziell: Ein Stoff (m_1, c_1, T_1) wird mit einem anderen Stoff (m_2, c_2, T_2) in einem Kalorimeter der Wärmekapazität C und der Temperatur T_2 gemischt (ohne Änderung des Aggregatzustandes und ohne Wärmetönung, etwa durch chemische Reaktionen).

Mischungsgleichung

$$m_1 c_1 (T_1 - T_\mathrm{m}) = (m_2 c_2 + C)(T_\mathrm{m} - T_2)$$

T_m Mischungstemperatur

Molare Wärmekapazität (Molwärme) c_A — *Einheit*: $1 \frac{\mathrm{J}}{\mathrm{kmol\,K}}$

$$c_\mathrm{A} = c \frac{m}{\nu} = c\, m_\mathrm{A}$$

m Masse, ν Stoffmenge, m_A molare Masse

Speziell fester oder flüssiger Stoff aus einem chemischen Element bei hinreichend hoher Temperatur

$$c_\mathrm{A} \approx 3R \approx 2{,}5 \cdot 10^4 \frac{\mathrm{J}}{\mathrm{kmol\,K}} \quad \textit{(Regel von Dulong-Petit)}$$

R allgemeine Gaskonstante

Adiabatenexponent $\varkappa$ eines Gases — *Einheit*: 1

$$\varkappa = \frac{c_p}{c_V} = \frac{c_{\mathrm{A},p}}{c_{\mathrm{A},V}} \quad \text{(Tab. 25)}$$

$$c_p > c_V; \quad c_{\mathrm{A},p} > c_{\mathrm{A},V}$$

c_p bzw. $c_{\mathrm{A},p}$ spezifische bzw. molare Wärmekapazität des Gases bei konstantem Druck
c_V bzw. $c_{\mathrm{A},V}$ spezifische bzw. molare Wärmekapazität des Gases bei konstantem Volumen

Speziell ideales Gas:

$$c_p - c_V = R_i; \quad c_{\mathrm{A},p} - c_{\mathrm{A},V} = R$$

$$c_V = f R_i/2; \quad c_{\mathrm{A},V} = f R/2$$

$$\varkappa = 1 + 2/f$$

R_i bzw. R spezifische bzw. allgemeine Gaskonstante
f Anzahl der Freiheitsgrade der Energiespeicherung pro Molekül (s. 4.6)

Spezifische Schmelzwärme (Erstarrungswärme) q_S

Einheit: 1 J/kg

$$q_S = \frac{\Delta Q_S}{m} \quad \text{(Tab. 25)}$$

ΔQ_S ist die zum Schmelzen der Masse m bei konstantem Druck und der Schmelztemperatur benötigte (bzw. beim Erstarren freiwerdende) Wärmeenergie

Spezifische Verdampfungswärme (Kondensationswärme) q_D

Einheit: 1 J/kg

$$q_D = \frac{\Delta Q_D}{m} \quad \text{(Tab. 25)}$$

$$q_D = T_D \left(\frac{dp_S}{dT}\right)_{T_D} \left(\frac{1}{\varrho_D} - \frac{1}{\varrho_f}\right)$$

(*Gesetz von Clausius-Clapeyron*)

ΔQ_D ist die zum Verdampfen einer Flüssigkeit der Masse m bei konstantem Druck und bei der Siedetemperatur T_D benötigte (bzw. beim Kondensieren des Dampfes freiwerdende) Wärmeenergie

ϱ_f bzw. ϱ_D Dichte der Flüssigkeit bzw. des Dampfes eines Stoffes der Masse m; dp_S Änderung des Sättigungsdampfdruckes bei der Temperaturänderung dT und der Siedetemperatur T_D

4.5 Zustandsgrößen und Zustandsänderungen idealer Gase

Die spezifischen Wärmekapazitäten c_p bzw. c_v bei konstantem Druck bzw. konstantem Volumen werden als temperaturunabhängig behandelt.

Innere Energie U

Einheit: 1 J

$$U(T) = m\,c_V(T - T_0) + U_0$$

U_0 innere Energie bei der Temperatur T_0
m Masse des Gases

Enthalpie H

Einheit: 1 J

$$H(T) = m\,c_p(T - T_0) + H_0$$

H_0 Enthalpie bei der Temperatur T_0

Entropie S

Einheit: 1 J K^{-1}

$$S(T,p) = m\left(c_p \ln\frac{T}{T_0} - R_i \ln\frac{p}{p_0}\right) + S_0$$

$$S(T,V) = m\left(c_V \ln\frac{T}{T_0} + R_i \ln\frac{V}{V_0}\right) + S_0$$

$$S(p,V) = m\left(c_V \ln\frac{p}{p_0} + c_p \ln\frac{V}{V_0}\right) + S_0$$

S_0 Entropie bei der Temperatur T_0, dem Druck p_0 und dem Volumen V_0
R_i spezifische Gaskonstante
c_p bzw. c_V spezifische Wärmekapazität des Gases bei konstantem Druck bzw. Volumen

Weitere Bezeichnungen: Anfangszustand 1; Endzustand 2; umgesetzte Wärmeenergie ΔQ; (reversible) Volumenänderungsarbeit ΔW; Adiabatenexponent $\varkappa = c_p/c_v$; Polytropenexponent n: $1 < n < \varkappa$

Isochore Zustandsänderung: $V_1 = V_2 = V$

Gesetz von Gay-Lussac — Energie-Austausch

$$\frac{p_1}{T_1} = \frac{p_2}{T_2} \qquad \Delta Q = m\,c_v(T_2 - T_1); \qquad \Delta W = 0; \qquad \Delta U = \Delta Q$$

Isobare Zustandsänderung: $p_1 = p_2 = p$

Gesetz von Gay-Lussac — Energie-Austausch

$$\frac{V_1}{T_1} = \frac{V_2}{T_2} \qquad \Delta Q = m\,c_p(T_2 - T_1); \qquad \Delta H = \Delta Q$$

$$\Delta W = p(V_2 - V_1) = m\,R_i(T_2 - T_1)$$

Isotherme Zustandsänderung: $T_1 = T_2 = T$

Gesetz von Boyle-Mariotte — Energie-Austausch

$p_1 V_1 = p_2 V_2$

$$\Delta Q = m R_i T \ln \frac{V_2}{V_1}; \qquad \Delta W = \Delta Q; \qquad \Delta U = \Delta H = 0$$

Adiabatische Zustandsänderung: $\Delta Q = 0$

Gleichungen von Poisson — Energie-Austausch

$$p_1 V_1^{\varkappa} = p_2 V_2^{\varkappa}$$

$$T_1 V_1^{\varkappa-1} = T_2 V_2^{\varkappa-1}$$

$$T_1 p_1^{1-\varkappa} = T_2 p_2^{1-\varkappa}$$

$$\Delta W = m c_v (T_1 - T_2); \qquad \Delta U = -\Delta W$$

$$\Delta W = \frac{1}{\varkappa - 1} (p_1 V_1 - p_2 V_2); \qquad \Delta S = 0, \text{ falls reversibel}$$

Polytrope Zustandsänderung: $0 < |\Delta Q| < \Delta W$

Zustandsgleichungen — Energie-Austausch

$$p_1 V_1^n = p_2 V_2^n$$

$$T_1 V_1^{n-1} = T_2 V_2^{n-1}$$

$$T_1 p_1^{1-n} = T_2 p_2^{1-n}$$

$$\Delta Q = \frac{\varkappa - n}{n - 1} m c_v (T_1 - T_2)$$

$$\Delta W = \frac{m R_i}{n - 1} (T_1 - T_2) = \frac{1}{n - 1} (p_1 V_1 - p_2 V_2)$$

$$\Delta S = \frac{\varkappa - n}{n - 1} m c_v \ln \frac{T_1}{T_2}$$

4.6 Ungeordnete (thermische) Bewegung von Molekülen

Masse m_M eines Moleküles — *Einheit*: 1 kg

$$m_M = M_r u = \frac{m}{N}$$

$$m_M = \frac{m_A}{N_A} = \frac{m}{\nu N_A}$$

M_r relative Molekülmasse
N Anzahl der Moleküle
m bzw. ν Masse bzw. Stoffmenge
m_A molare Masse des Stoffes
u, N_A: Tab. 1

Relative Molekülmasse M_r — *Einheit*: 1

$$M_r = z_1 A_{r1} + z_2 A_{r2} + \ldots$$

z_i Anzahl der Atome mit der relativen Atommasse A_{ri} im Molekül

Mittlere thermische Energie $\overline{W_F}$ pro Freiheitsgrad der Energiespeicherung — *Einheit*: 1 J

$$\overline{W_F} = \tfrac{1}{2} kT$$

1 eV = 1,60219 · 10^{-19} J
Boltzmannkonstante $k = 1{,}3807 \cdot 10^{-23}\,\mathrm{J\,K^{-1}}$
T absolute Temperatur

Gesamte mittlere thermische Energie $\overline{W_M}$ eines Moleküles — *Einheit*: 1 J

$$\overline{W_M} = f\,\overline{W_F} = f\,\frac{kT}{2}$$

f Anzahl der Freiheitsgrade der Energiespeicherung pro Molekül

Mittlere Translationsenergie $\overline{W_{kin,\,M}}$ eines Moleküles — *Einheit*: 1 J

$$\overline{W_{kin,\,M}} = \tfrac{1}{2} m_M \overline{v^2} = \tfrac{3}{2} kT = 3\,\overline{W_F}$$

m_M bzw. $\overline{v^2}$ Masse bzw. mittleres Geschwindigkeitsquadrat des Moleküles
T absolute Temperatur

Gesamte Translationsenergie W_{kin} eines idealen Gases

Einheit: 1 J

$$W_{kin} = N\overline{W_{kin,\,M}} = N\,\tfrac{3}{2}kT$$

$$W_{kin} = \tfrac{3}{2}pV = \tfrac{3}{2}\nu RT$$

N Anzahl der Moleküle, ν Stoffmenge
allgemeine Gaskonstante $R = 8{,}314 \cdot 10^3\,\mathrm{J\,kmol^{-1}}$
p bzw. V Druck bzw. Volumen des Gases

Anzahl f der Freiheitsgrade der Energiespeicherung eines freien Moleküles

starr, einatomig: $f = 3$
starr, linear mehratomig $f = 5$
starr, nicht linear mehratomig: $f = 6$

nicht starr: $f = 3z$

z Anzahl der Atome im Molekül

Boltzmannfaktor

$$\Delta N/N \approx \mathrm{e}^{-W_s/kT}$$

W_s Schwellenenergie
N Gesamtzahl der Moleküle
ΔN Anzahl der Moleküle mit einer Energie $W \geqslant W_s$ auf grund der Wärmebewegung

Maxwellsche Geschwindigkeitsverteilung $g(v)$ eines idealen Gases

Einheit: $1\,\mathrm{s\,m^{-1}}$

$$g(v) = \frac{\mathrm{d}N}{N\,\mathrm{d}v} = \frac{4}{\sqrt{\pi}}\,\frac{v^2}{v_w^3}\,\mathrm{e}^{-(v/v_w)^2}$$

$\mathrm{d}N/N$ Bruchteil der Moleküle mit Geschwindigkeiten im Intervall von v bis $v + \mathrm{d}v$

Wahrscheinlichste (häufigste) Geschwindigkeit v_w

Einheit: $1\,\mathrm{m\,s^{-1}}$

$$v_w = \sqrt{\frac{2kT}{m_M}} = \sqrt{2R_iT}$$

m_M Masse eines Moleküles
R_i spezifische Gaskonstante

Mittlere Geschwindigkeit $\bar{v}$

Einheit: $1\,\mathrm{m\,s^{-1}}$

$$\bar{v} = \int_0^\infty g(v)\,v\,\mathrm{d}v = \frac{2}{\sqrt{\pi}}\,v_w \approx 1{,}128\,v_w$$

Mittleres Geschwindigkeitsquadrat $\overline{v^2}$

$$\overline{v^2} = \int_0^\infty g(v)\,v^2\,\mathrm{d}v = 3R_iT = \frac{3kT}{m_M}$$

$$\sqrt{\overline{v^2}} = \sqrt{\tfrac{3}{2}}\,v_w \approx 1{,}225\,v_w$$

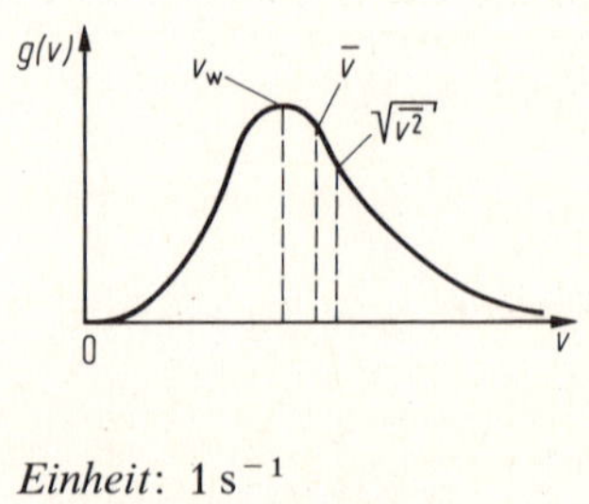

Mittlere Stoßhäufigkeit $\bar{z}$ eines Gasmoleküles

Einheit: $1\,\mathrm{s^{-1}}$

$$\bar{z} = Z/t$$

$$\bar{z} = \pi\sqrt{2}\,d^2 n\bar{v}$$

Z Anzahl der Stöße während der Zeit t
d bzw. $\bar{v}$ mittlerer Durchmesser bzw. mittlere Geschwindigkeit
n Molekülzahldichte

Mittlere freie Weglänge $\bar{l}$ eines Gasmoleküles

Einheit: 1 m

$$\bar{l} = \frac{\bar{v}}{\bar{z}} = \frac{1}{\pi\sqrt{2}\,d^2 n}$$

Viskosität $\eta(T)$ eines idealen Gases *Einheit*: 1 Pa s

$$\eta = \frac{1}{3}\,\bar{v}\,\varrho\,\bar{l} = \frac{\bar{v}\,m_M}{3\pi\sqrt{2}\,d^2}$$

$$\eta = \eta_0\sqrt{T/T_0}$$

ϱ Dichte des Gases
m_M Masse eines Moleküles
η_0 Viskosität bei der Temperatur T_0

Wärmeleitfähigkeit $\lambda(T)$ eines idealen Gases *Einheit*: $1\ \mathrm{W\,m^{-1}\,K^{-1}}$

$$\lambda = \frac{1}{4}\,n\,\bar{v}\,\bar{l}\,f\,k = \frac{\bar{v}\,f\,k}{4\pi\sqrt{2}\,d^2}$$

$$\lambda = \lambda_0\sqrt{T/T_0}$$

n Molekülzahldichte, k Boltzmannkonstante
f Anzahl der Freiheitsgrade der Energiespeicherung pro Molekül
d mittlerer Durchmesser der Moleküle
λ_0 Wärmeleitfähigkeit bei der Temperatur T_0

Stationäre Diffusion (1. *Gesetz von Fick*)

$$N = D\,A\left|\frac{\mathrm{d}n}{\mathrm{d}x}\right|t$$

N Anzahl der in der Zeit t durch die Fläche A transportierten Teilchen
$|\mathrm{d}n/\mathrm{d}x|$ Gefälle der Teilchenzahldichte bei konstanter Temperatur

Diffusionskoeffizient D *Einheit*: $1\ \mathrm{m^2\,s^{-1}}$

$$D = b_D\,k\,T; \qquad b_D = \frac{v_D}{F_R}$$

Speziell ideales Gas:

$$D = \eta/\varrho = \frac{1}{3}\,\bar{v}\,\bar{l} = \frac{2\sqrt{R_i\,T}}{3\pi^{3/2}\,d^2\,p}\,kT$$

b_D Beweglichkeit der Diffusion
k bzw. T Boltzmannkonstante bzw. absolute Temperatur
v_D Driftgeschwindigkeit der Moleküle
F_R Reibungskraft auf ein Molekül
ϱ bzw. p Gasdichte bzw. -druck
R_i spezifische Gaskonstante
d mittlerer Durchmesser der Moleküle

Osmotischer Druck p_{osm} *Einheit*: 1 Pa

$$p_{osm} = \frac{\nu RT}{V_L}$$

ν Stoffmenge des gelösten Stoffes im Volumen V_L des Lösungsmittels
T absolute Temperatur
R allgemeine Gaskonstante

4.7 Stationärer Wärmetransport

Wärmestrom $\dot{Q}$ *Einheit*: 1 J/s = 1 W

$$\dot{Q} = \frac{Q}{t}$$

Q ist die in der Zeit t transportierte Wärmeenergie

Wärmestromdichte q *Einheit*: $1\ \mathrm{W/m^2}$

$$q = \frac{\dot{Q}}{A} = \frac{Q}{A\,t}$$

A ist die senkrecht vom Wärmestrom $\dot{Q}$ durchsetzte Fläche

Speziell Wärmeleitung: $q = \lambda\,|\Delta T/\Delta x|$

ΔT Temperaturgefälle auf der Strecke Δx

λ Wärmeleitfähigkeit (Tab. 25; 26) *Einheit*: 1 W/(m K)

Speziell Wärmeübergang zwischen einem Fluid und einem festen Körper:

$$q = \alpha\,|T_F - T_O|$$

T_F Fluidtemperatur, T_O Temperatur an der Grenzfläche

α Wärmeübergangskoeffizient *Einheit*: $1\ \mathrm{W/(m^2\,K)}$

Ebene Wände

Wärmestromdichte q:

$$q = k \cdot \Delta T$$

$$\Delta T = T_i - T_a = \vartheta_i - \vartheta_a$$

k Wärmedurchgangskoeffizient (k-Wert)
Einheit: 1 W/(m² K)

T_i, T_a bzw. ϑ_i, ϑ_a Fluidtemperaturen an den beiden Seiten der Wand

Wärmedurchgangswiderstand $1/k$:

Einheit: 1 m² K/W

$$\frac{1}{k} = \frac{1}{\alpha_i} + \frac{1}{\Lambda} + \frac{1}{\alpha_a}$$

$\frac{1}{\alpha_i}$, $\frac{1}{\alpha_a}$ Wärmeübergangswiderstände an den beiden Seiten der Wand (Tab. 27)

Wärmedurchlaßwiderstand $1/\Lambda$:
(Wärmedämmwert)

Einheit: 1 m² K/W

$$\frac{1}{\Lambda} = \frac{s_1}{\lambda_1} + \frac{s_2}{\lambda_2} + \ldots + \frac{s_n}{\lambda_n}$$

s_i Dicke der i-ten Schicht mit der Wärmeleitfähigkeit λ_i ($i = 1, 2, \ldots, n$)

Temperaturen an oder in einer mehrschichtigen ebenen Wand:

$$\vartheta_{0,i} = \vartheta_i - q\,\frac{1}{\alpha_i}$$

q Wärmestromdichte

$$\vartheta_{1,2} = \vartheta_{0,i} - q\,\frac{s_1}{\lambda_1}$$

$$\vartheta_{2,3} = \vartheta_{1,2} - q\,\frac{s_2}{\lambda_2}$$

....

$$\vartheta_{0,a} = \vartheta_{n-1,n} - q\,\frac{s_n}{\lambda_n}$$

$$\vartheta_a = \vartheta_{0,a} - q\,\frac{1}{\alpha_a} \quad \text{(Probe)}$$

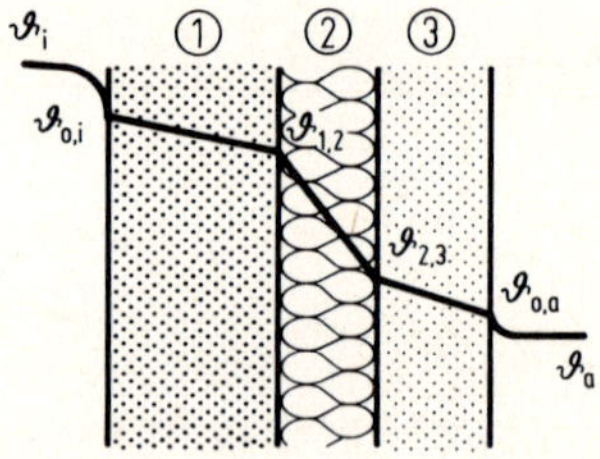

Mittlerer k-Wert k_m eines Bauteils, das sich aus Teilen mit verschiedenen k-Werten k_I, k_{II}, ... zusammensetzt:

$$k_m = p_I\, k_I + p_{II}\, k_{II} + \ldots$$

$$p_I = \frac{A_I}{A_I + A_{II} + \ldots}, \quad p_{II} = \frac{A_{II}}{A_I + A_{II} + \ldots}, \quad \ldots$$

A_I, A_{II}, ... Flächenanteile an der Gesamtfläche $A_I + A_{II} + \ldots$ des Bauteils
p_I, p_{II}, ... prozentuale Flächenanteile

Zylindrische Wände

$$Q = k\, A_a\, t\, (\vartheta_i - \vartheta_a); \qquad A_a = 2\pi\, l\, r_a$$

Q ist die in der Zeit t durch die Außenfläche A_a strömende Wärmeenergie
l Länge bzw. Höhe des Hohlzylinders
r_i innerer Radius, r_a äußerer Radius

a) einschichtig:

$$\frac{1}{k} = r_a \left(\frac{1}{r_i\, \alpha_i} + \frac{1}{\lambda} \ln \frac{r_a}{r_i} + \frac{1}{r_a\, \alpha_a} \right)$$

ϑ_i Temperatur des Mediums innen
ϑ_a Temperatur des Mediums außen

b) zweischichtig:

$$\frac{1}{k} = r_a \left(\frac{1}{r_i\, \alpha_i} + \frac{1}{\lambda_1} \ln \frac{r_{1,2}}{r_i} + \frac{1}{\lambda_2} \ln \frac{r_a}{r_{1,2}} + \frac{1}{r_a\, \alpha_a} \right)$$

λ bzw. λ_1, λ_2 Wärmeleitfähigkeiten der Schichtmaterialien
$r_{1,2}$ Radius der Zwischengrenzfläche
$1/k$ Wärmedurchgangswiderstand der Wand

4.8 Temperaturstrahlung
(siehe auch Abschnitt 6.5)

Strahlungsgesetz von Planck für schwarze Körper

$$M_{fs} = \frac{4\pi h f^3}{c_0^2} \cdot \frac{1}{e^{hf/kT} - 1}$$

$$M_{fs} = \frac{c_1 f^3}{c_0^4} \cdot \frac{1}{e^{c_2 f/c_0 T} - 1}$$

$$M_{\lambda s} = \frac{c_1}{\lambda^5} \frac{1}{e^{c_2/\lambda T} - 1}$$

Erste Strahlungskonstante: $c_1 = 4\pi c_0^2 h = 7{,}4835 \cdot 10^{-16}\,\mathrm{W\,m^2}$

Zweite Strahlungskonstante: $c_2 = c_0 h/k = 1{,}4388 \cdot 10^{-2}\,\mathrm{K\,m}$

M_{fs} bzw. $M_{\lambda s}$ spektrale spezifische Ausstrahlung einer schwarzen Fläche in den Halbraum im Frequenzbereich von f bis $f + \Delta f$ bzw. im Wellenlängenbereich von λ bis $\lambda + \Delta\lambda$ bei der Temperatur T

Einheit: $1\,\frac{\mathrm{W/m^2}}{1/\mathrm{s}}$ bzw. $1\,\frac{\mathrm{W/m^2}}{\mathrm{m}}$

c_0 Ausbreitungsgeschwindigkeit von elektromagnetischen Wellen im Vakuum
h Plancksche Konstante (S. 112)
k Boltzmannkonstante (S. 54)

Gesetz von Lambert für schwarze Körper
(L_s konstant für alle Richtungen des Halbraums)

$$L_s = \frac{M_s}{\Omega_0 \pi}$$

L_s Strahldichte einer schwarzen Fläche; $\Omega_0 = 1\,\mathrm{sr}$
M_s spez. Ausstrahlung der schwarzen Fläche in den Halbraum

Gesetz von Stefan-Boltzmann

$$M_s = \sigma T^4 = C_s \left(\frac{T}{100}\right)^4$$

$$\sigma = \frac{2\pi^5 k^4}{15 h^3 c_0^2} = 5{,}67 \cdot 10^{-8}\,\mathrm{W\,m^{-2}\,K^{-4}}$$

$$C_s = 10^8 \sigma = 5{,}67\,\mathrm{W\,m^{-2}\,K^{-4}}$$

$$M = \varepsilon M_s$$

Speziell schwarzer Körper: $\varepsilon = 1$

M_s spezifische Ausstrahlung einer schwarzen Fläche in den Halbraum bei der Temperatur T, σ Stefan-Boltzmann-Konstante, k Boltzmannkonstante, c_0 Vakuumlichtgeschwindigkeit, h Plancksche Konstante, C_s Strahlungskonstante des schwarzen Körpers

ε halbräumlicher Emissionsgrad (Tab. 29)
M spez. Ausstrahlung eines grauen Körpers

Verschiebungsgesetz von Wien

$$\lambda_{max} = \frac{2{,}898 \cdot 10^{-3}\,\mathrm{m\,K}}{T}$$

λ_{max} Wellenlänge des Strahlungsmaximums einer schwarzen Fläche bei der Temperatur T

Spektraler gerichteter Emissionsgrad $\varepsilon_\lambda(\vartheta, \varphi)$

$$\varepsilon_\lambda(\vartheta, \varphi) = \frac{L_\lambda(\vartheta, \varphi)}{L_{\lambda s}}$$

Speziell schwarzer Körper:

$$\varepsilon_\lambda(\vartheta, \varphi) = 1$$

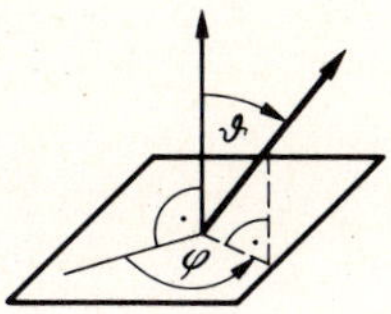

$L_\lambda(\vartheta, \varphi)$ spektrale Strahldichte eines Temperaturstrahlers in der durch den Zenitwinkel ϑ und Azimutwinkel φ gekennzeichneten Richtung
$L_{\lambda s}$ spektrale Strahldichte eines schwarzen Strahlers bei gleicher Temperatur

Speziell $\vartheta = 0$:

$$\varepsilon_{\lambda n} = \frac{L_{\lambda n}}{L_{\lambda s}}$$

$L_{\lambda n}$ spektrale Strahldichte in Richtung der Flächennormalen

Gesetz von Kirchhoff

$$\varepsilon_\lambda(\vartheta, \varphi) = \alpha_\lambda(\vartheta, \varphi)$$

$\varepsilon_\lambda(\vartheta, \varphi)$ bzw. $\alpha_\lambda(\vartheta, \varphi)$ spektraler Emissionsgrad bzw. Absorptionsgrad eines Temperaturstrahlers für die durch ϑ und φ gekennzeichnete Aus- bzw. Einstrahlungsrichtung bei gleicher Temperatur

Temperaturstrahlung zwischen zwei parallelen ebenen Platten

$$q_{1,2} = \alpha_{St}(\vartheta_1 - \vartheta_2)$$

$q_{1,2}$ ist die durch die Strahlung bewirkte Wärmestromdichte

$$\alpha_{St} = C_{1,2}\, a$$

α_{St} Wärmeübergangskoeffizient der Strahlung

α Temperaturfaktor

Einheit: $1\ \mathrm{K}^3$

$$a = \frac{\left(\frac{T_1}{100}\right)^4 - \left(\frac{T_2}{100}\right)^4}{T_1 - T_2}$$

T_1, T_2 bzw. ϑ_1, ϑ_2 (konstante) Temperaturen der Flächen 1 und 2

$$C_{1,2} = \frac{1}{\frac{1}{C_1} + \frac{1}{C_2} - \frac{1}{C_s}} = \frac{C_s}{\frac{1}{\varepsilon_1} + \frac{1}{\varepsilon_2} - 1}$$

$$\varepsilon_1 = \frac{C_1}{C_s}; \qquad \varepsilon_2 = \frac{C_2}{C_s}$$

$C_{1,2}$ Strahlungsaustauschkonstante
C_1 bzw. C_2 Strahlungskonstante der Fläche 1 bzw. 2
C_s Strahlungskonstante des schwarzen Körpers
ε_1 bzw. ε_2 halbräumlicher Emissionsgrad der Fläche 1 bzw. 2

4.9 Nichtstationäre Wärmetransportvorgänge

Wärmestromdichte q_x in der x-Richtung

Einheit: $1\ \mathrm{W/m^2}$

$$q_x = -\lambda \frac{\partial \vartheta}{\partial x}$$

$\partial\vartheta/\partial x$ Temperaturgradient in der x-Richtung
λ Wärmeleitfähigkeit des Mediums

Temperaturleitfähigkeit a eines Stoffes

Einheit: $1\ \mathrm{m^2/s}$

$$a = \frac{\lambda}{c_p\, \varrho}$$

λ Wärmeleitfähigkeit, ϱ Dichte, c_p spez. isobare Wärmekapazität

Gleichung von Fourier (für reine Wärmeleitung)

Zusammenhang zwischen der zeitlichen Temperaturänderung einer Stelle (x, y, z) mit der momentanen räumlichen Temperaturverteilung $\vartheta(x, y, z, t)$ ohne Wärmequellen und Wärmesenken:

$$\frac{\partial \vartheta}{\partial t} = a\left[\frac{\partial^2 \vartheta}{\partial x^2} + \frac{\partial^2 \vartheta}{\partial y^2} + \frac{\partial^2 \vartheta}{\partial z^2}\right]$$

Temperaturänderung $\Delta\vartheta$ eines Stoffes in einem abgeschlossenen Behälter

$$\Delta\vartheta \approx \Delta\vartheta_0 \cdot \mathrm{e}^{-\frac{kA}{mc}t}$$

$\Delta\vartheta$ bzw. $\Delta\vartheta_0$ Temperaturdifferenz zwischen innen und außen zur Zeit t bzw. 0
m Masse des Stoffes
c spez. Wärmekapazität des Stoffes
A Wandmittelfläche, k Wärmedurchgangskoeffizient der Wand

Wärmeeindringkoeffizient b eines Stoffes

Einheit: $1\ \dfrac{\mathrm{J}}{\mathrm{m^2\, s^{0,5}\, K}}$

$$b = \sqrt{c\, \varrho\, \lambda}$$

c spez. Wärmekapazität, λ Wärmeleitfähigkeit

Kontakttemperatur ϑ_0

$$\vartheta_0 = \frac{b_1 \vartheta_1 + b_2 \vartheta_2}{b_1 + b_2}$$

b_1 bzw. b_2 Wärmeeindringkoeffizienten von zwei sich berührenden halbunendlichen Körpern der Temperaturen ϑ_1 bzw. ϑ_2

4.10 Feuchtigkeit

Absolute Luftfeuchte (Wasserdampfteildichte) ϱ — *Einheit*: $1\ \mathrm{g/m^3}$

$$\varrho = \frac{m}{V}$$

m Wasserdampfmasse im Volumen V

$$\varrho = \frac{p}{R_{\mathrm{H_2O}}\,T}$$

p Wasserdampfteildruck
T Temperatur
$R_{\mathrm{H_2O}}$ spez. Gaskonstante für Wasserdampf (Tab. 25)

Relative Luftfeuchte φ

$$\varphi = \frac{\varrho}{\varrho_s}$$

ϱ Wasserdampfteildichte
ϱ_s Sättigungsdichte bei der gleichen Temperatur T

$$\varrho_s = \frac{p_s}{R_{\mathrm{H_2O}}\,T}$$

p_s Wasserdampfsättigungsdruck

Wasserdampfteildruck p — *Einheit*: $1\ \mathrm{N/m^2} = 1\ \mathrm{Pa}$

$$p = \varphi\, p_s$$

p_s Sättigungsdruck bei der gleichen Temperatur (Tab. 31)

Bestimmung der Taupunkttemperatur ϑ_s

$$p(\vartheta_L) = p_s(\vartheta_s) = \varphi\, p_s(\vartheta_L)$$

$$\{\vartheta_s\} = (109{,}8 + \{\vartheta_L\}) \cdot \varphi^{0{,}1247} - 109{,}8$$

$p(\vartheta_L)$ Wasserdampfteildruck bei der Lufttemperatur ϑ_L
$p_s(\vartheta_s)$ Sättigungsdruck bei der Temperatur ϑ_s
φ relative Luftfeuchte

Feuchtegrad x

$$x = \frac{m}{m_L}$$

$$x = \frac{R_{\mathrm{Luft}}}{R_{\mathrm{H_2O}}}\;\frac{\varphi\, p_s}{p_{\mathrm{ges}} - \varphi\, p_s}$$

m Wasserdampfmasse
m_L Masse der trockenen Luft
φ relat. Feuchte der feuchten Luft
p_{ges} Druck der feuchten Luft
R_{Luft} spez. Gaskonstante der trockenen Luft (Tab. 25)

Mindestwert $(1/k)_{\mathrm{Mind}}$ des Wärmedurchgangswiderstandes
eines Außenbauteiles zur Vermeidung von Oberflächenkondensation

$$\left(\frac{1}{k}\right)_{\mathrm{Mind}} = \frac{1}{\alpha_i}\;\frac{\vartheta_{L,i} - \vartheta_{L,a}}{\vartheta_{L,i} - \vartheta_{s,i}}$$

$1/\alpha_i$ Wärmeübergangswiderstand innen
$\vartheta_{L,i}$ ($\vartheta_{L,a}$) Lufttemperatur innen (außen)
$\vartheta_{s,i}$ Taupunkt innen

Mindestwert $(1/\Lambda)_{\mathrm{Mind}}$ des Wärmedurchlaßwiderstandes

$$\frac{1}{\Lambda_{\mathrm{Mind}}} = \left(\frac{1}{k}\right)_{\mathrm{Mind}} - \frac{1}{\alpha_i} - \frac{1}{\alpha_a}$$

$1/\alpha_a$ Wärmeübergangswiderstand außen

Wasserdampfdiffusionsdurchlaßwiderstand $1/\Delta$
einer Schicht — *Einheit*: $1\ \dfrac{\mathrm{m^2\,h\,Pa}}{\mathrm{kg}}$

$$\frac{1}{\Delta} = \frac{R_{\mathrm{H_2O}}\,T}{D}\,\mu s = N \mu s$$

$$N = \frac{R_{\mathrm{H_2O}}\,T}{D} = 1{,}5 \cdot 10^6\ \frac{\mathrm{m\,h\,Pa}}{\mathrm{kg}}$$

μ Wasserdampfdiffusionswiderstandszahl des Schichtmaterials (Tab. 26)
s Schichtdicke, T Schichtmittentemperatur
D Diffusionskoeffizient, N Abkürzung

Diffusionsäquivalente Luftschichtdicke s_d einer Schicht

Einheit: 1 m

$$s_d = \mu s$$

μ Diffusionswiderstandszahl (Tab. 26)
s Schichtdicke

Wasserdampfdiffusionsdurchlaßwiderstand $1/\Delta$ eines Bauteils

$$\frac{1}{\Delta} = N(s_{d,1} + s_{d,2} + \cdots s_{d,n})$$

$s_{d,i}$ diffusionsäquivalente Luftschichtdicke der i-ten Schicht ($i = 1, 2, \ldots, n$)

Stationäre Wasserdampfdiffusionsstromdichte i

Einheit: $1 \dfrac{\text{kg}}{\text{m}^2\,\text{h}}$

$$i = \frac{m}{A\,t}$$

m Dampfmasse, die in der Zeit t durch die ebene Fläche A diffundiert

Kondensationsperiode:

$$i_i = \frac{p_i - p_{sw1}}{1/\Delta_i}$$

$$i_a = \frac{p_{sw2} - p_a}{1/\Delta_a}$$

$$W_T = 1440\,\text{h}\,(i_i - i_a)$$

$p_i = 1170$ Pa, $p_a = 208$ Pa
$1/\Delta_i$ bzw. $1/\Delta_a$ Diffusionswiderstand von der Innenoberfläche bis zum Beginn der Kondenszone (1) bzw. von ihrem Ende (2) bis zur Außenoberfläche

Verdunstungsperiode:

$$i'_i = \frac{p'_{sw} - p'_i}{1/\Delta'_i}$$

$$i'_a = \frac{p'_{sw} - p'_a}{1/\Delta'_a}$$

$$W_V = 2160\,\text{h}\,(i'_i + i'_a)$$

$p'_i = 982$ Pa, $p'_a = 982$ Pa, $p'_{sw} = 1403$ Pa
$1/\Delta'_i$ bzw. $1/\Delta'_a$ Diffusionswiderstand von der Mitte der Kondenszone bis zur Innenoberfläche bzw. zur Außenoberfläche

W_T bzw. W_V ist die flächenbezogene Masse des kondensierten bzw. verdunsteten Wassers

Einheit: 1 kg/m^2

5 Elektrik und Magnetik

5.1 Elektrische Potentialfelder in homogenen, isotropen Medien

5.1.1 Grundgrößen

Ladung $\pm Q;\ Q > 0$

Einheit: 1 A s = 1 Coulomb C

Raumladungsdichte ϱ

Einheit: $1\ \mathrm{C/m^3} = 1\ \mathrm{A\,s/m^3}$

$$\varrho = \pm \frac{\Delta Q}{\Delta V} \qquad (\Delta V \gg \text{atomare Dimensionen})$$

$\pm \Delta Q$ Teilladung im Teilvolumen ΔV

Flächenladungsdichte σ

Einheit: $1\ \mathrm{C/m^2} = 1\ \mathrm{A\,s/m^2}$

$$\sigma = \pm \frac{\Delta Q}{\Delta A} \qquad (\Delta A \gg \text{atomare Dimensionen})$$

$\pm \Delta Q$ Teilladung auf der Teilfläche ΔA

Elektrische Feldstärke $\vec{E}$

Betragseinheit: 1 N/C = 1 V/m

$$\vec{E} = \frac{\vec{F}}{\pm Q}$$

$\vec{F}$ Kraft auf die punktförmige Probeladung $\pm Q$

Potential φ

Einheit: 1 J/C = 1 Volt V

$$\varphi(\mathrm{P}) = -\int_{\mathrm{P}_0}^{\mathrm{P}} \vec{E}(\vec{r}) \cdot \mathrm{d}\vec{r} \qquad \text{mit} \qquad \varphi(\mathrm{P}_0) = 0$$

$\varphi(\mathrm{P})$ Potential im Punkt P
P_0 Potentialnullpunkt

Spannung U
zwischen zwei Feldpunkten:

Einheit: 1 Volt V

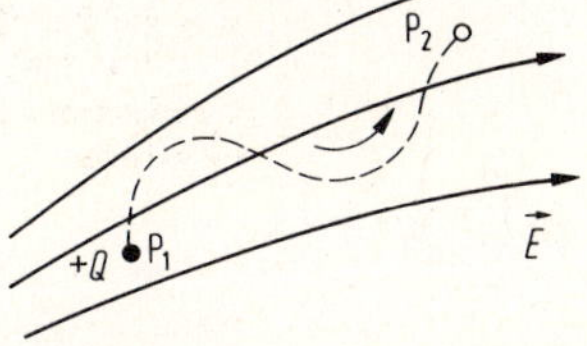

$$U = \left| \frac{\Delta W}{Q} \right| = |\Delta\varphi|$$

ΔW Überführungsarbeit der Probeladung Q vom Feldpunkt P_1 zum Feldpunkt P_2 längs eines beliebigen Weges
$\Delta\varphi$ Potentialdifferenz

Potentielle Energie W_{pot} **einer Punktladung**

Einheit: 1 J

$$W_{\text{pot}}(\mathrm{P}) = \pm Q\ \varphi(\mathrm{P})$$

$1\ \mathrm{eV} = 1{,}60219 \cdot 10^{-19}\ \mathrm{J}$
$\pm Q$ Ladung, $\varphi(\mathrm{P})$ Potential im Punkt P

Zusammenhang zwischen φ, $\vec{E}$ **und** U

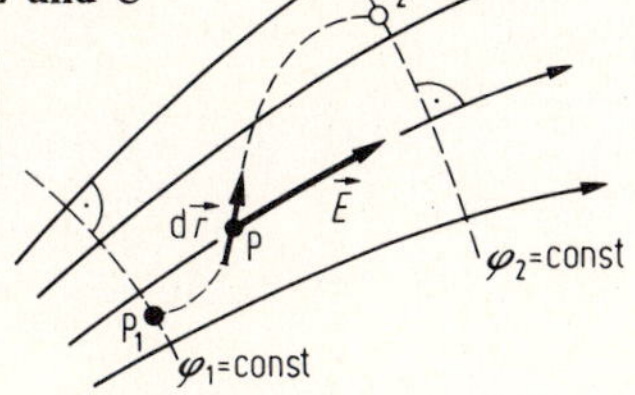

$$\vec{E} = -\operatorname{grad}\varphi; \quad E = \left|\frac{\mathrm{d}\varphi}{\mathrm{d}s}\right|$$

$$U = \left| \int_{\mathrm{P}_1}^{\mathrm{P}_2} \vec{E}(\vec{r}) \cdot \mathrm{d}\vec{r} \right| = |\varphi_2 - \varphi_1|$$

φ Potential
$\vec{E}$ Feldstärke
$\mathrm{d}\vec{r}$ Differential des Ortsvektors $\vec{r}$
$\mathrm{d}\varphi$ Potentialänderung längs des Feldlinienelementes
$\mathrm{d}s = |\mathrm{d}\vec{r}|$
U Spannung zwischen P_1 und P_2, zwei Punkten mit den Potentialen φ_1 und φ_2

Flächen, auf denen $\varphi = \text{const}$: *Äquipotentialflächen*

Gesamtpotential $\varphi(\mathrm{P})$ im Vakuum
Kontinuierliche Ladungsverteilung:

$$\varphi(\mathrm{P}) = \frac{1}{4\pi\varepsilon_0}\left\{\int_V \frac{\varrho}{r}\,\mathrm{d}V + \int_A \frac{\sigma}{r}\,\mathrm{d}A\right\}$$

r Abstand des Volumelements $\mathrm{d}V$ mit der Raumladungsdichte ϱ bzw. des Flächenelementes $\mathrm{d}A$ mit der Flächenladungsdichte σ vom Punkt P
ε_0 elektrische Feldkonstante

Diskrete Ladungsverteilung:

$$\varphi(\mathrm{P}) = \sum_i \varphi_i(\mathrm{P})$$

$\varphi_i(\mathrm{P})$ Potential der i-ten Einzelladung $\pm Q_i$

Spexiell Punktladungen: $\varphi(\mathrm{P}) = \frac{1}{4\pi\varepsilon_0} \sum_i \left(\frac{\pm Q_i}{r_i}\right)$

r_i Abstand der i-ten Punktladung $\pm Q_i$ vom Punkt P

Flächenladungs-(Fluß-)dichte $\vec{D}$

Betragseinheit: $1\,\mathrm{C/m^2}$

$$\vec{D} = \varepsilon \vec{E}; \qquad \varepsilon = \varepsilon_r \varepsilon_0$$

$$\varepsilon_0 = 8{,}8541878 \cdot 10^{-12}\,\mathrm{C V^{-1} m^{-1}}$$

Speziell Luft: $\varepsilon_{\mathrm{Luft}} = 8{,}86 \cdot 10^{-12}\,\mathrm{C V^{-1} m^{-1}}$

E Feldstärke
ε_r Permittivitätszahl (Dielektrizitätszahl), Tab. 32
ε_0 elektrische Feldkonstante
ε Permittivität (Dielektrizitätskonstante)

Elektrische Polarisation $\vec{P}$ eines Dielektrikums

Betragseinheit: $1\,\mathrm{C/m^2}$

$$\vec{P} = \vec{D} - \vec{D}_0; \qquad \varepsilon_r = D/D_0$$

$$\vec{P} = \chi \varepsilon_0 \vec{E}; \qquad \chi = \varepsilon_r - 1$$

$\vec{D}$ bzw. $\vec{D}_0$ Flußdichte mit bzw. ohne Dielektrikum bei konstanter Feldstärke $\vec{E}$
ε_r Dielektrizitätszahl (Tab. 32)
χ elektrische Suszeptibilität

$\varepsilon_r \gg 1$: ferroelektrische Stoffe; $\varepsilon_r > 1$: parelektrische Stoffe

Elektrischer Fluß ψ

Einheit: $1\,\mathrm{A\,s} = 1\,\mathrm{C}$

$$\psi_A = \int_A \vec{D}\,\mathrm{d}\vec{A}$$

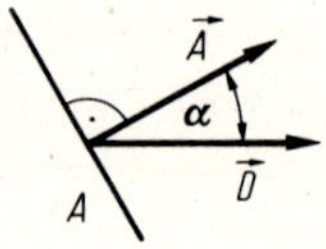

ψ_A Fluß durch die Fläche A (das Vorzeichen hängt von der Wahl der Richtung von $\mathrm{d}\vec{A}$ ab)
$\mathrm{d}\vec{A}$ gerichtetes Flächenelement
$\vec{D}$ Flußdichte

Speziell ebene Fläche und $\vec{D} = \mathrm{const}$:

$$\psi_A = \vec{D}\vec{A} = D A \cos\alpha$$

Fluß durch eine geschlossene Fläche:

$$\psi_{\mathrm{ges}} = \oint_A \vec{D}\,\mathrm{d}\vec{A} = \pm Q$$

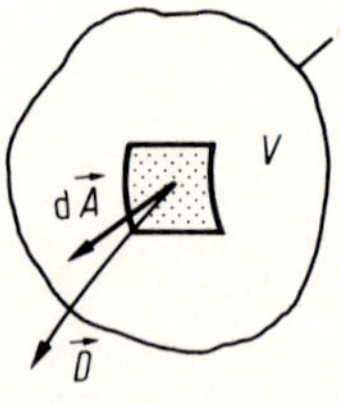

ψ_{ges} gesamter Fluß, der von der Ladung $\pm Q$ in dem Volumen V ausgeht und dessen Oberfläche, die geschlossene Fläche A, durchsetzt

Speziell konstanter Fluß in einer ladungsfreien Röhre:

$$\oint_A \vec{D}\,\mathrm{d}\vec{A} = \int_{A_1} \vec{D}\,\mathrm{d}\vec{A} - \int_{A_2} \vec{D}\,\mathrm{d}\vec{A} = \psi_1 - \psi_2 = 0$$

A_1, A_2 (beliebig geformte) Abschlußflächen einer von Feldlinien gebildeten Röhre

Influenzierte Ladung Q_{infl} eines Vorzeichen auf einer Leiteroberfläche

Einheit: $1\,\mathrm{A\,s} = 1\,\mathrm{C}$

$$Q_{\mathrm{infl}} = \left| \int_A \vec{D}\,\mathrm{d}\vec{A} \right| = |\psi_A|$$

$\vec{D}$ Flußdichte in $\mathrm{d}\vec{A}$
$\mathrm{d}\vec{A}$ gerichtetes Flächenelement
ψ_A Fluß an der Leiteroberfläche
σ_{infl} Betrag der influenzierten Flächenladungsdichte
α Winkel zwischen $\vec{D}$ und $\vec{A}$

Speziell ebene Fläche A und $\vec{D} = \mathrm{const}$:

$$Q_{\mathrm{infl}} = D A\, |\cos\alpha| = \sigma_{\mathrm{infl}} A$$

Speziell $\vec{D} \parallel \mathrm{d}\vec{A}$: $D = \sigma_{\mathrm{infl}}$

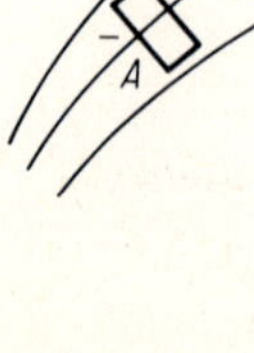

Kapazität C eines Kondensators

Einheit: $1\,\mathrm{A\,s/V} = 1\,\mathrm{Farad\,F}$ (μF, nF, pF)

$$C = \frac{Q}{U}$$

U Spannung zwischen den Grenzflächen des Feldes
Q Ladung auf einer Grenzfläche

5.1.2 Energie des elektrischen Feldes

Energie W_{el}

Einheit: 1 W s = 1 J

$$W_{el} = \int_V w_{el} \, dV > 0$$

w_{el} Energiedichte des elektrischen Feldes im Volumenelement dV

Speziell homogenes Feld: $W_{el} = w_{el} V$

w_{el} Energiedichte im Volumen V

Speziell elektrische Energie eines Kondensators:

$$W_{el} = \frac{1}{2} Q U = \frac{1}{2} C U^2 = \frac{1}{2} \frac{Q^2}{C}$$

C Kapazität, U Spannung
Q Ladung

Energiedichte w_{el}

Einheit: 1 J/m³

$$w_{el} = \frac{dW_{el}}{dV} > 0; \qquad w_{el} = \frac{1}{2} D E = \frac{1}{2} \varepsilon E^2$$

dW_{el} Teilenergie im Teilvolumen dV
E Feldstärke, D Flußdichte
ε Dielektrizitätskonstante des Feldmediums

5.1.3 Spezielle elektrische Felder

$\vec{E}$ Feldstärke, $\vec{D}$ Flußdichte, U Spannung zwischen den Feldgrenzen, φ Potential, Q Ladung, ε Permittivität (Dielektrizitätskonstante) des Feldmediums

Homogenes Feld eines Plattenkondensators

$$E = \frac{U}{d}; \qquad \varphi(x) = -E x; \qquad D = \frac{Q}{A}$$

d Abstand, A Fläche einer Platte ($d \ll$ Ausdehnung der Platten)

Anziehungskraft der Platten aufeinander:

$$F = \frac{1}{2} Q E; \qquad \vec{F} \parallel \vec{E}$$

$$F = \frac{1}{2} E D A = \frac{1}{2} \varepsilon \frac{U^2}{d^2} A$$

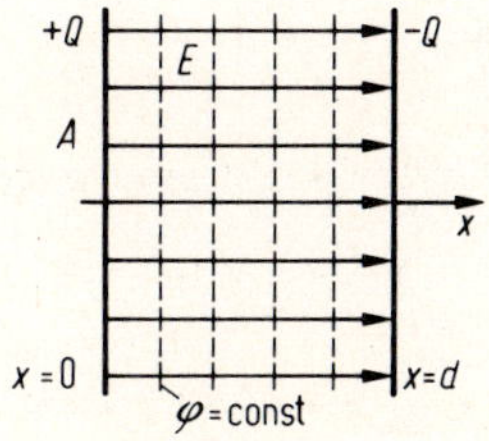

Coulombfeld einer Punktladung (Radialfeld)

$$E(r) = \frac{Q}{4\pi\varepsilon} \frac{1}{r^2}; \qquad D(r) = \frac{Q}{4\pi} \frac{1}{r^2}$$

$$\varphi(r) = \frac{\pm Q}{4\pi\varepsilon} \frac{1}{r} \qquad \text{mit } \varphi(\infty) = 0$$

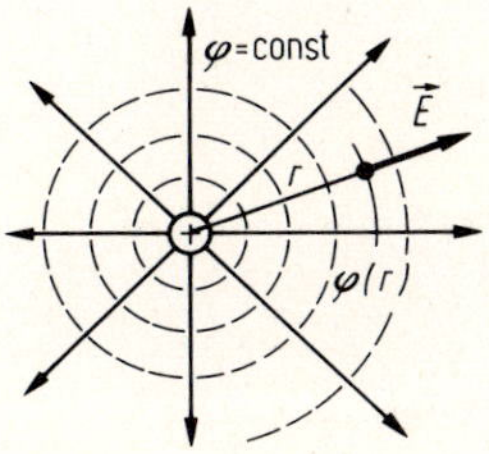

Gesetz von Coulomb (Kraft zwischen zwei Punktladungen)

$$|\vec{F}_1| = |\vec{F}_2| = F = \frac{1}{4\pi\varepsilon} \frac{Q_1 Q_2}{r^2}$$

$\vec{F}_1$ bzw. $\vec{F}_2$ Kraft auf die Ladung Q_1 bzw. Q_2
r Abstand der Punktladungen

Zylinderfeld ($l \gg r$)

$$E(r) = \frac{Q}{2\pi\varepsilon l}\frac{1}{r}; \qquad D(r) = \frac{Q}{2\pi l}\frac{1}{r}$$

$$\varphi(r) = \frac{\pm Q}{2\pi\varepsilon l}\ln\frac{r_0}{r} \qquad \text{mit } \varphi(r_0) = 0$$

l Länge des Zylinders
r_0 Zylinderradius
r Abstand von der Zylinderachse

Dipolfeld ($r \gg l$)

$$\vec{p} = Q\,\vec{l}$$

$\vec{p}$ elektrisches Dipolmoment

$$E(\mathrm{P}) = \frac{p}{4\pi\varepsilon}\frac{1}{r^3}\sqrt{3\cos^2\alpha + 1}$$

$$E_r = \frac{2p\cos\alpha}{4\pi\varepsilon}\frac{1}{r^3}; \qquad E_\perp = \frac{p\sin\alpha}{4\pi\varepsilon}\frac{1}{r^3}$$

$$\varphi(\mathrm{P}) = \frac{p\cos\alpha}{4\pi\varepsilon}\frac{1}{r^2} \qquad \text{mit } \varphi(\alpha = 90°) = 0$$

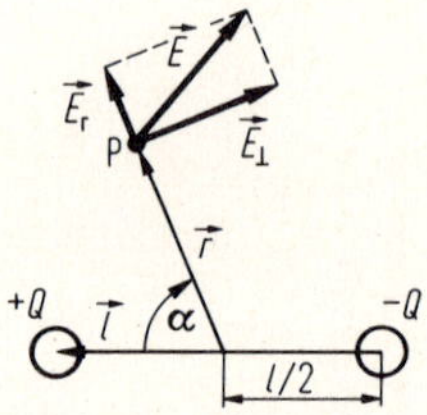

5.1.4 Spezielle Kapazitäten

Plattenkondensator

$$C = \varepsilon\frac{A}{d}$$

A Plattenfläche, d Plattenabstand (klein gegenüber der Ausdehnung der Platten)
ε Dielektrizitätskonstante des Feldmediums

Kugelkondensator

$$C = 4\pi\varepsilon\frac{r_i r_a}{r_a - r_i}$$

r_i Radius der Innenkugel
r_a Radius der Außenkugel (konzentrisch)

Speziell **Kugelkonduktor** ($r_a \to \infty$, $r_i = R$):

$$C = 4\pi\varepsilon R$$

R Kugelradius

Zylinderkondensator (r_i, $r_a \ll l$)

$$C = 2\pi\varepsilon\frac{l}{\ln(r_a/r_i)}$$

l Länge des Zylinders
r_i Radius des Innenzylinders
r_a Radius des Außenzylinders (konzentrisch)

Parallelleitung (R, $s \ll l$)

$$C = \pi\varepsilon\frac{l}{\ln\left[\frac{s}{2R} + \sqrt{\left(\frac{s}{2R}\right)^2 - 1}\right]}$$

l Leiterlänge, R Leiterradius
s Leiterabstand

Speziell $R \ll s$: $C = \pi\varepsilon\frac{l}{\ln(s/R)}$

Leiter-Ebene-System (R, $a \ll l$)

$$C = \frac{2\pi\varepsilon l}{\ln(2a/R)}$$

l Leiterlänge, R Leiterradius
a Abstand Leiter-Ebene (Leiter ∥ Ebene)

5.1.5 Kondensatorschaltungen

Hintereinanderschaltung (Serienschaltung)
Alle Kondensatoren haben die gleiche Ladung Q.

Gesamtkapazität C:

$$\frac{1}{C} = \frac{1}{C_1} + \frac{1}{C_2} + \frac{1}{C_3} + \cdots$$

C_i Kapazität des i-ten Kondensators

Gesamtspannung U:

$$U = U_1 + U_2 + U_3 + \cdots$$

U_i Spannung am i-ten Kondensator ($i = 1, 2, 3, \ldots$)

Verhältnis der Teilspannungen:

$$U_1 : U_2 : U_3 : \cdots = \frac{1}{C_1} : \frac{1}{C_2} : \frac{1}{C_3} : \cdots$$

Parallelschaltung
Alle Kondensatoren haben die gleiche Spannung U.

Gesamtkapazität C:

$$C = C_1 + C_2 + C_3 + \cdots$$

Gesamtladung Q:

$$Q = Q_1 + Q_2 + Q_3 + \cdots$$

Q_i Ladung des i-ten Kondensators ($i = 1, 2, 3, \ldots$)

Verhältnis der Teilladungen:

$$Q_1 : Q_2 : Q_3 : \cdots = C_1 : C_2 : C_3 : \cdots$$

5.1.6 Auf- und Entladung eines Kondensators

Zeitkonstante τ

$$\tau = R\,C$$

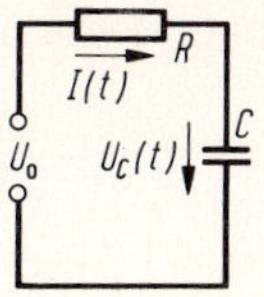

Einheit: 1 s

R Ladewiderstand, C Kapazität

Aufladevorgang
Ladestrom $I(t)$ bei $U_0 = \text{const}$:

$$I(t) = I_0\,\mathrm{e}^{-t/\tau} \quad \text{mit} \quad I_0 = U_0/R$$

$$U_C(t) = U_0\,(1 - \mathrm{e}^{-t/\tau}); \qquad Q_C(t) = C\,U_C(t)$$

U_0 angelegte Spannung
t Zeit nach Beginn des Ladevorganges
$U_C(t)$ bzw. $Q_C(t)$ Kondensatorspannung bzw. -ladung zur Zeit t

Entladevorgang
Entladestrom $I(t)$:

$$I(t) = I_0\,\mathrm{e}^{-t/\tau} \quad \text{mit} \quad I_0 = U_{C,0}/R$$

$$U_C(t) = U_{C,0}\,\mathrm{e}^{-t/\tau}; \qquad Q_C(t) = C\,U_C(t)$$

$U_{C,0}$ Kondensatorspannung vor der Entladung
t Zeit nach dem Beginn der Entladung
τ Zeitkonstante
$U_C(t)$ bzw. $Q_C(t)$ Spannung bzw. Ladung des Kondensators zur Zeit t

5.2 Gleichstrom

5.2.1 Grundgrößen

Stromstärke[1]) **(Strom)** I
durch eine Fläche A

$$I = \int_A \vec{S}\,\mathrm{d}\vec{A}; \qquad I = \frac{\mathrm{d}Q}{\mathrm{d}t} = \dot{Q}$$

Einheit: **1 Ampere A** (kA, mA, μA, pA)

$\vec{S}$ Stromdichte durch das gerichtete Flächenelement $\mathrm{d}\vec{A}$
$\mathrm{d}Q$ Ladung, die in der Zeit $\mathrm{d}t$ durch die Fläche A transportiert wird

Stromrichtung (technische Definition):
Bewegungsrichtung der positiven Ladungsträger

Speziell $I = \text{const}$:

$$I = \frac{Q}{t}$$

Q Ladung, die in der Zeit t durch eine Fläche transportiert wird

Stromstoß

$$Q = \int_{t_1}^{t_2} I(t)\,\mathrm{d}t = \bar{I}\,\Delta t$$

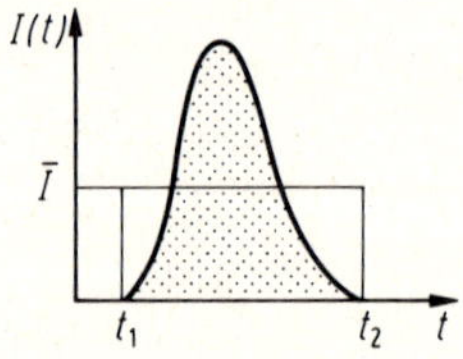

Einheit: 1 A s

Q transportierte Ladung in der Zeit $\Delta t = t_2 - t_1$
$\bar{I}$ mittlere Stromstärke in der Zeit Δt

Stromdichte $\vec{S}$

$$|\vec{S}| = S = \frac{\mathrm{d}I}{\mathrm{d}A_\perp}$$

Betragseinheit: $1\ \mathrm{A/m^2}$

$\mathrm{d}A_\perp$ Querschnitts-Flächenelement senkrecht zu der zum Strom $\mathrm{d}I$ an dieser Stelle gehörenden Stromdichte $\vec{S}$

Die Richtung von $\vec{S}$ stimmt mit der Bewegungsrichtung der positiven Ladungen überein.

Speziell $S = \text{const}$:

$$S = \frac{I}{A_\perp}$$

$A_\perp$ Querschnittsfläche senkrecht zu der zum Strom I an dieser Stelle gehörenden Stromdichte $\vec{S}$

Spannung U
siehe S. 67.

Einheit: 1 Volt V

Quellenspannung (Urspannung) U_q einer Zweipolquelle

$$U_q = U_l$$

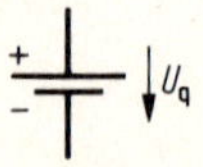

Einheit: 1 V

U_l Leerlaufspannung der Stromquelle

Richtungssinn von Strom und Spannung (allgemein auch für Wechselstrom)
Ein elektrischer Strom transportiert Energie zwischen zwei Systemen:
Energieabgebendes System: Richtung von I und U_q entgegengesetzt und Leistung $P < 0$,
Energieaufnehmendes System: Richtung von I und U bzw. U_q gleich und Leistung $P > 0$.

(Verbraucher-)Widerstand R
eines stromdurchflossenen Leiters:

$$R = \frac{U}{I}$$

Einheit: $1\ \mathrm{V/A} = 1\ \mathrm{Ohm}\ \Omega$ (kΩ, MΩ)

U Spannung am Leiter
I Strom durch den Leiter

[1]) Basisgröße

Leitwert G *Einheit*: $1\,\Omega^{-1} = 1$ Siemens S (mS, µS)

$$G = \frac{1}{R} = \frac{I}{U}$$

R Widerstand

Spezifischer Widerstand ϱ eines Materials *Einheit*: $1\,\Omega\,\mathrm{m} = 10^6\,\Omega\,\mathrm{mm}^2\,\mathrm{m}^{-1}$

$$\varrho = \frac{E}{S} \quad \text{(Tab. 33)}$$

E elektrische Feldstärke im Material (siehe S. 67)
S Stromdichte im Material

Speziell homogener zylindrischer Leiter (Strom in Richtung der Zylinderachse):

$$\varrho = \frac{R\,A}{l}; \qquad R = \varrho\,\frac{l}{A}$$

R Widerstand des Leiters
l bzw. A Länge bzw. Querschnittsfläche

Temperaturabhängigkeit:

$$\varrho_\vartheta = \varrho_{20} + \Delta\varrho$$

$$\Delta\varrho = \varrho_{20}\,\alpha\,\Delta T; \qquad \Delta T = \vartheta - 20\,^\circ\mathrm{C}$$

ϱ_ϑ bzw. ϱ_{20} spezifischer Widerstand bei der Temperatur ϑ bzw. 20 °C

α Temperaturkoeffizient bei 20 °C *Einheit*: $1\,\mathrm{K}^{-1}$ (Tab. 33)

Elektrische Leitfähigkeit $\varkappa$ eines Materials *Einheit*: $1\,\Omega^{-1}\,\mathrm{m}^{-1}$

$$\varkappa = \frac{1}{\varrho}$$

ϱ spezifischer Widerstand

5.2.2 Regeln von Kirchhoff für verzweigte Stromkreise

Knotenpunktregel

$$\sum_k I_k = 0$$

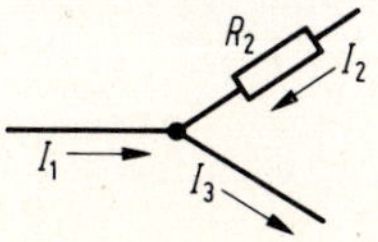

I_k gerichteter Teilstrom durch den k-ten Leiter

Maschenregel

$$\sum_j U_j + U_q = 0; \qquad U_j = R_j\,I_j$$

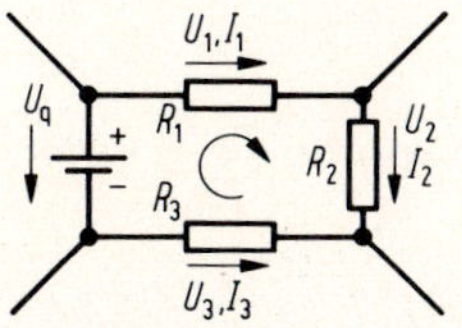

U_j gerichtete Teilspannung am j-ten Leiter mit dem Widerstand R_j
U_q von allen Stromquellen der betrachteten Masche zusammen erzeugte Quellenspannung

5.2.3 Schaltung von Widerständen

Hintereinanderschaltung (Serienschaltung)
Durch alle Verbraucher fließt der gleiche Strom I.

Gesamtwiderstand R: $R = R_1 + R_2 + R_3 + \cdots$

Gesamtspannung U: $U = U_1 + U_2 + U_3 + \cdots$

Verhältnis der Teilspannungen: $U_1 : U_2 : U_3 : \ldots = R_1 : R_2 : R_3 : \ldots$

R_i Widerstand des i-ten Verbrauchers
U_i Spannungsabfall am i-ten Verbraucher ($i = 1, 2, 3, \ldots$)

Parallelschaltung

An allen Verbrauchern besteht der gleiche Spannungsabfall U.

Gesamtleitwert G: $G = G_1 + G_2 + G_3 + \cdots$

$$\frac{1}{R} = \frac{1}{R_1} + \frac{1}{R_2} + \frac{1}{R_3} + \cdots$$

Gesamtstromstärke I: $I = I_1 + I_2 + I_3 + \cdots$

Verhältnis der Teilströme: $I_1 : I_2 : I_3 : \ldots = G_1 : G_2 : G_3 : \ldots$

G_i Leitwert des i-ten Verbrauchers
R_i Widerstand des i-ten Verbrauchers
I_i Strom durch den i-ten Verbraucher ($i = 1, 2, 3, \ldots$)

Spannungsteilerschaltung

$$U_1 = \frac{R_1}{R_1 + R_2 + R_1 (R_2/R_a)} \cdot U$$

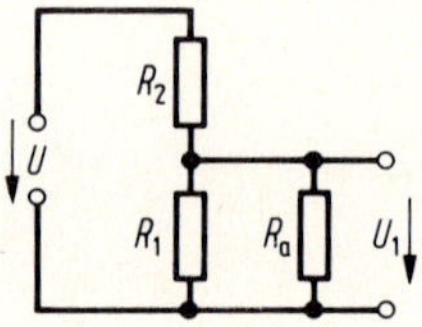

Speziell $R_a \gg R_1$: $U_1 = \frac{R_1}{R_1 + R_2} \cdot U$

Potentiometer

$R_a \gg \alpha R$: $U_1 = \alpha U$; $0 \leqslant \alpha \leqslant 1$

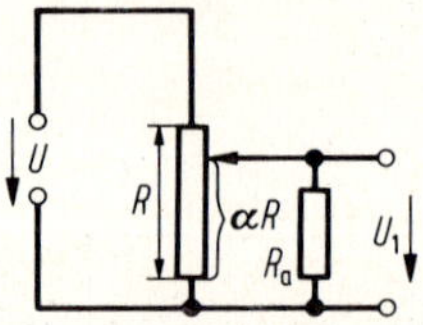

Meßbereichserweiterung

Strommessung:

$I = n\, I_0$; $R_N = \frac{R_i}{n-1}$

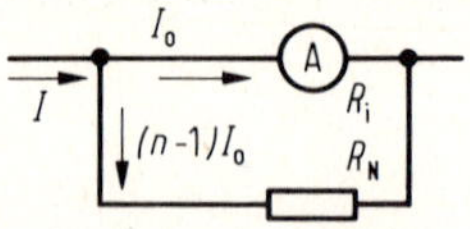

Spannungsmessung:

$U = n U_0$; $R_V = (n-1)\, R_i$

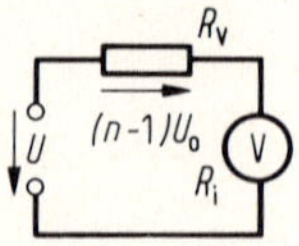

R_i Instrumenteninnenwiderstand
I_0 Instrumentenstrom
I zu messender Strom
R_N Nebenwiderstand
n Faktor der Bereichserweiterung ($n > 1$)
U_0 Instrumentenspannung
U zu messende Spannung
R_V Vorwiderstand

Wheatstonesche Brücke

Bei Stromlosigkeit des Strommessers:

$$R_x = R\,\frac{R_2}{R_1}$$

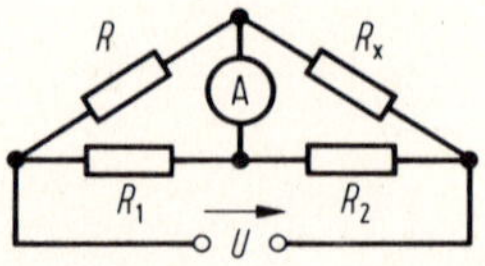

R Vergleichswiderstand
R_x zu messender Widerstand

5.2.4 Schaltung von Stromquellen (gleicher Richtungssinn)

Hintereinanderschaltung (Serienschaltung)

Gesamte Quellenspannung U_q: $U_q = U_{q,1} + U_{q,2} + U_{q,3} + \cdots$

Gesamter Innenwiderstand R_i: $R_i = R_{i,1} + R_{i,2} + R_{i,3} + \cdots$

$U_{q,1}$, $U_{q,2}$, $U_{q,3}$, ... bzw. $R_{i,1}$, $R_{i,2}$, $R_{i,3}$, ... Quellenspannung bzw. Innenwiderstand der Elemente 1, 2, 3, ...

Parallelschaltung von m gleichen Elementen ($R_{i,1} = R_{i,2} = \ldots$)

Gesamte Quellenspannung U_q: $U_q = U_{q,1} = U_{q,2} = U_{q,3} = \ldots$

Gesamter Innenwiderstand R_i: $R_i = R_{i,1}/m$

5.2.5 Belastete Stromquelle

Klemmenspannung U_a

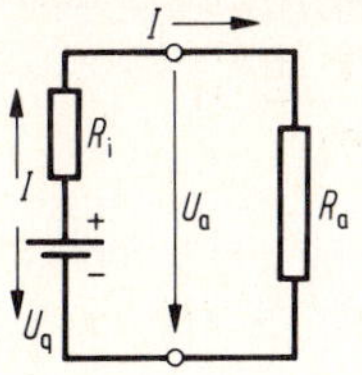

$$U_a = U_q - R_i\, I$$

Speziell $I = 0,\ R_a \to \infty$:

$$U_a = U_q = U_l$$

U_q Gesamtquellenspannung
R_i Gesamtinnenwiderstand
I Strom
U_l Leerlaufspannung

Strom I

$$I = \frac{U_q}{R_i + R_a}$$

U_q Gesamtquellenspannung
R_i Gesamtinnenwiderstand
R_a Außenwiderstand

Speziell $R_a = 0$: $\quad I_K = \dfrac{U_q}{R_i}$

I_K Kurzschlußstrom

5.2.6 Stromleistung und Stromarbeit

Stromleistung P
Momentane Stromleistung $P(t)$:

Einheit: 1 V A = 1 Watt W

$$P(t) = U(t)\, I(t)$$

$P(t) > 0$: Energieaufnahme (Verbraucher)

$P(t) < 0$: Energieabgabe (Erzeuger)

$I(t)$ bzw. $U(t)$ gerichtete Stromstärke bzw. Spannung des Verbrauchers oder Erzeugers der Energie zur Zeit t (S. 72)

Stromarbeit ΔW eines Verbrauchers oder Erzeugers

Einheit: 1 W s = 1 Joule J

$$\Delta W = \int_{t_1}^{t_2} P(t)\, \mathrm{d}t;$$

$P(t)$ momentane Stromleistung

$\Delta W > 0$: Energieaufnahme (Verbraucher)

$\Delta W < 0$: Energieabgabe (Erzeuger)

Speziell $I(t)$ und $U(t)$ konstant:

$$|\Delta W| = U\, I\, \Delta t$$

$\Delta t = t_2 - t_1$ Zeit, in der die Arbeit verrichtet wird

Speziell $I(t)$ und $U(t)$ rein harmonisch: s. 5.5.4, S. 84.

Stromwärme ΔQ in einem Verbraucher

Einheit: 1 W s = 1 Joule J

$$\Delta Q = \Delta W = I^2 R\, \Delta t = \frac{U^2}{R}\, \Delta t$$

I bzw. U konstanter Strom bzw. konstante Spannung in der Zeit Δt
R Verbraucherwiderstand

5.3 Magnetische Felder in homogenen, isotropen Medien

5.3.1 Grundgrößen

Magnetische Feldstärke (magnetische Erregung) $\vec{H}$

Betragseinheit: $1\,\mathrm{A\,m^{-1}}$

1 Oersted Oe $= (10^3/4\pi)\,\mathrm{A\,m^{-1}}$
$= 79{,}577\,\mathrm{A\,m^{-1}}$

Die *Richtung von* $\vec{H}$ ist die Einstellrichtung eines Magnetnadelnordpols.

Magnetische Spannung U_m
zwischen zwei Punkten P_1 und P_2

Einheit: 1 A

1 Gilbert Gb $= (10/4\pi)\,\mathrm{A} = 0{,}79577\,\mathrm{A}$

$$U_\mathrm{m} = \left| \int_{P_1}^{P_2} \vec{H}\,\mathrm{d}\vec{r} \right|$$

$\vec{H}$ Feldstärke am Ort des Linienelementes $\mathrm{d}\vec{r}$

Speziell Durchflutungsgesetz:

$$\left| \oint_l \vec{H}\,\mathrm{d}\vec{r} \right| = N\,I$$

I Stromstärke, die das Magnetfeld der Stärke $\vec{H}$ erzeugt
N Anzahl der vom geschlossenen Integrationsweg l umschlungenen Stromfäden (z. B. Spulenwindungen)

Gesetz von Biot-Savart-Laplace

$$\vec{H}(\mathrm{P}) = \frac{I}{4\pi} \int_l \frac{1}{r^3}\,\vec{r} \times \mathrm{d}\vec{r}$$

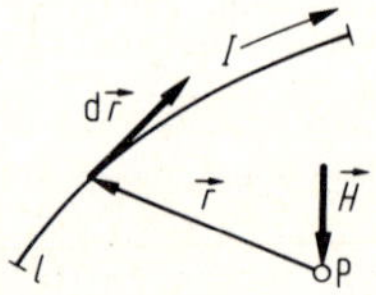

$\vec{H}$ Feldstärke, die der Stromfaden mit der Länge l und der Stromstärke I in einem Punkt P erzeugt
$\mathrm{d}\vec{r}$ Linienelement des Stromfadens

Richtungssinn von Strom und magnetischen Feldlinien

Schraubenregel:

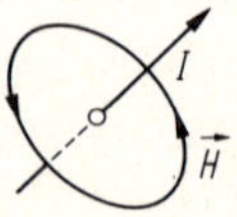

(*Rechtsschraube*)

(Stromrichtung S. 72)

Magnetische Induktion (Flußdichte) $\vec{B}$

Betragseinheit: $1\,\mathrm{V\,s/m^2} = 1$ Tesla T

1 Gauß G $= 10^{-4}$ T

$$\vec{B} = \mu\,\vec{H}; \qquad \mu = \mu_0\,\mu_\mathrm{r}$$

$$\mu_0 = 4\pi \cdot 10^{-7}\,\frac{\mathrm{V\,s}}{\mathrm{A\,m}} = 1{,}2566 \cdot 10^{-6}\,\frac{\mathrm{V\,s}}{\mathrm{A\,m}}$$

$\vec{H}$ Feldstärke
μ Permeabilität des Feldmediums
μ_r Permeabilitätszahl
μ_0 magnetische Feldkonstante (Induktionskonstante)

Magnetische Polarisation $\vec{J}$ eines Stoffes

Betragseinheit: 1 T

$$\vec{J} = \vec{B} - \vec{B}_0; \qquad \mu_\mathrm{r} = \frac{B}{B_0}$$

$\vec{B}$ bzw. $\vec{B}_0$ Flußdichte mit bzw. ohne Feldmedium bei konstanter Feldstärke $\vec{H}$

$$\vec{J} = \chi_\mathrm{m}\,\mu_0\,\vec{H}; \qquad \chi_\mathrm{m} = \mu_\mathrm{r} - 1$$

$$\varkappa_\mathrm{m} = \frac{\chi_\mathrm{m}}{\varrho} \quad \text{(Tab. 34)}$$

χ_m magnetische Suszeptibilität
$\varkappa_\mathrm{m}$ dichtebezogene magnetische Suszeptibilität (*Einheit*: $1\,\mathrm{m^3/kg}$)
ϱ Dichte
μ_r Permeabilitätszahl

$\mu_\mathrm{r} < 1$: diamagnetische Stoffe
$\mu_\mathrm{r} > 1$: paramagnetische Stoffe
$\mu_\mathrm{r} \gg 1$: ferromagnetische Stoffe

Magnetisierung (Magnetisierungsstärke) $\vec{M}$

Betragseinheit: 1 A/m

$$\vec{M} = \frac{\vec{J}}{\mu_0}$$

$\vec{J}$ magnetische Polarisation
μ_0 magnetische Feldkonstante

Magnetischer Fluß ϕ durch eine Fläche A

Einheit: $1\,\mathrm{V\,s} = 1$ Weber Wb

1 Maxwell Mx $= 10^{-8}\,\mathrm{Vs}$

$$\phi_A = \int_A \vec{B}\,\mathrm{d}\vec{A}$$

$\vec{B}$ Flußdichte in der Fläche $\mathrm{d}\vec{A}$

Speziell ebene Fläche und $\vec{B}$ = konstant:

$$\phi_A = \vec{B}\vec{A} = B\,A\,\cos\varphi$$

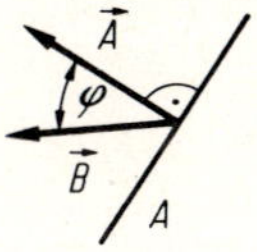

$\vec{B}$ Flußdichte in der ebenen Fläche $\vec{A}$

Speziell geschlossene Fläche:

$$\phi = \oint_A \vec{B}\,\mathrm{d}\vec{A} = 0$$

$\vec{B}$ Flußdichte in $\mathrm{d}\vec{A}$

Speziell konstanter Fluß in einer Röhre:

$$\oint_A \vec{B}\,\mathrm{d}\vec{A} = \int_{A_1} \vec{B}\,\mathrm{d}\vec{A} - \int_{A_2} \vec{B}\,\mathrm{d}\vec{A} = \phi_1 - \phi_2 = 0$$

A_1, A_2 (beliebig geformte) Abschlußflächen einer von den Feldlinien aufgespannten Röhre

Gesamtfluß ϕ_{ges} (Polstärke p)
von Permanentmagnet, Stromschleife oder Elektromagnet

Einheit: 1 Wb

$$\phi_{\mathrm{ges}} = p = \left| \int_A \vec{B}\,\mathrm{d}\vec{A} \right|$$

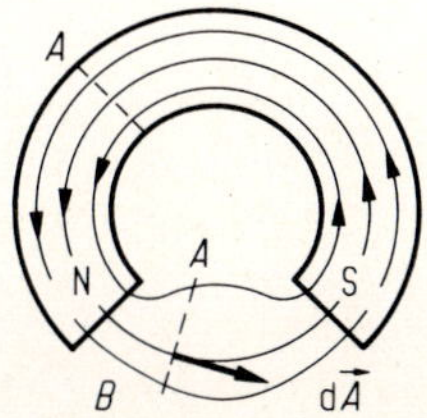

A Fläche, die alle Feldlinien einmal schneidet
$\mathrm{d}\vec{A}$ gerichtetes Flächenelement von A
$\vec{B}$ Flußdichte in $\mathrm{d}\vec{A}$

5.3.2 Magnetische Dipole

Coulombsches magnetisches (Dipol-)Moment $\vec{j}_c$

Betragseinheit: $1\,\mathrm{T\,m^3} = 1\,\mathrm{V\,s\,m}$

magnetisierter Körper: $\vec{j}_c = \int_V \vec{J}\,\mathrm{d}V$

$\vec{J}$ Polarisation des Stoffes
V Volumen des Körpers

Amperesches magnetisches (Dipol-)Moment $\vec{m}$

Betragseinheit: $1\,\mathrm{A\,m^2}$

magnetisierter Körper: $\vec{m} = \int_V \vec{M}\,\mathrm{d}V$

$$\vec{m} = \frac{\vec{j}_c}{\mu_0}$$

$\vec{M}$ Magnetisierung des Stoffes
V Volumen des Körpers
μ_0 magnetische Feldkonstante

Speziell $\vec{M}$ = konstant: $\vec{m} = \vec{M}\,V$

Speziell Stabmagnet oder Spule der Länge l:

$$\vec{m} = \frac{p\,\vec{l}}{\mu_0}$$

$$\vec{m} = \frac{\phi_{\mathrm{ges}}\,\vec{l}}{\mu_0} \approx \vec{H}\,V$$

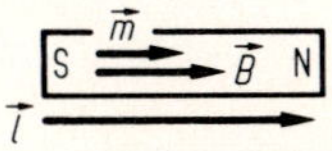

p Polstärke, ϕ_{ges} gesamter Fluß
$\vec{H}$ Feldstärke im Magneten bzw. der Spule
V Volumen des Magneten bzw. der Spule

Speziell ebener Stromfaden:

$$\vec{m} = \mu_r\,I\vec{A}$$

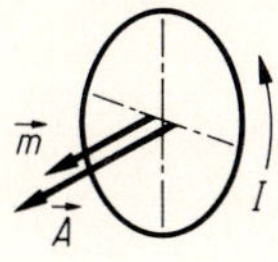

μ_r Permeabilitätszahl
I Stromstärke
A (ebene) vom Stromfaden berandete Fläche

Drehmoment $\vec{M}_D$ auf einen magnetischen Dipol

Betragseinheit: $1\,\mathrm{N\,m}$

$$\vec{M}_D = \vec{m} \times \vec{B} = \vec{j}_c \times \vec{H}$$

$\vec{j}_c$ bzw. $\vec{m}$ Coulombsches bzw. Amperesches magnetisches Moment des Dipoles
$\vec{H}$ bzw. $\vec{B}$ Feldstärke bzw. Induktion des äußeren Feldes

5.3.3 Energie des magnetischen Feldes

Energie W_m *Einheit*: 1 J = 1 W s

$$W_m = \int_V w_m \, dV > 0$$

w_m Energiedichte des magnetischen Feldes im Volumen dV

Speziell homogenes Feld: $W_m = w_m V$

Speziell Feld eines Stromes I:

$$W_m = \int_0^I L(I)\, I \, dI = \tfrac{1}{2}\, \phi_{ges}\, I$$

L Induktivität des Stromleiters (S. 81)
ϕ_{ges} gesamter vom Leiterstrom I erzeugter Fluß

Speziell L = konstant: $W_m = \tfrac{1}{2} L I^2$

Energiedichte w_m *Einheit*: 1 J/m³

$$w_m = \frac{dW_m}{dV} > 0$$

$$w_m = \tfrac{1}{2}\, \vec{B}\, \vec{H} = \tfrac{1}{2}\, \mu H^2$$

dW_m Teilenergie im Teilvolumen dV
$\vec{H}$ Feldstärke
$\vec{B}$ Flußdichte
μ Permeabilität

5.3.4 Spezielle Magnetfelder

Langgestreckter gerader Stromleiter mit konstanter Stromdichte

Feldstärke im Außenraum ($r \geqslant R$): $H(r) = \dfrac{I}{2\pi r}$

Feldstärke im Innenraum ($r \leqslant R$): $H(r) = \dfrac{I}{2\pi R^2}\, r$

r Abstand von der Leiterachse
R Leiterradius, I Leiterstrom

Kraft auf den Leiter im homogenen Magnetfeld:

$$\vec{F} = I\, \vec{l} \times \vec{B}$$

I Leiterstrom, B Flußdichte des Feldes
$\vec{l}$ dem Strom gleichgerichtete Leiterlänge

Speziell Kraft zwischen zwei parallelen Leitern:

$$F = \frac{\mu}{2\pi}\, \frac{I_1 I_2}{d}\, l$$

I_1, I_2 Leiterströme
d Abstand der beiden Leiter ($d \ll l$)
μ Permeabilität

(Anziehung bei gleicher, Abstoßung bei entgegengesetzter Stromrichtung)

Kreisförmiger Stromleiter

Feldstärke auf der Mittelachse:

$$H(x) = \frac{I R^2}{2\sqrt{(R^2 + x^2)^3}}$$

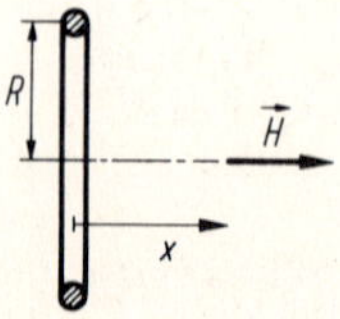

R mittlerer Radius des Stromleiters
I Leiterstrom

Speziell Ringmitte ($x = 0$): $H = I/(2R)$

Speziell $x \gg R$: $H(x) = \dfrac{I R^2}{2}\, \dfrac{1}{x^3}$

Ringspule (Toroid)
Feldstärke innerhalb der Ringspule:

$$H = \frac{N\,I}{u}$$

N Windungszahl, I Leiterstrom
u mittlerer Ringumfang

Kreiszylinderspule (Solenoid)
Feldstärke auf der Spulenachse:

$$H(x) = \frac{N\,I}{2l}\left[\frac{x+l}{\sqrt{R^2+(x+l)^2}} - \frac{x}{\sqrt{R^2+x^2}}\right]$$

Speziell Spulenmittelpunkt ($x = -l/2$):

$$H_{\mathrm{M}} = \frac{N\,I}{l\sqrt{1+(2R/l)^2}}$$

N Windungszahl, I Spulenstrom
x Abstand von einem Spulenende (Punkte außerhalb der Spule: $x > 0$; innerhalb: $x < 0$)
l Spulenlänge, R Spulenradius

Speziell langgestreckte Spule ($R \ll l$):

$$H_{\mathrm{M}} = \frac{N\,I}{l}$$

Speziell Spulenende ($x = 0$):

$$H_{\mathrm{E}} \approx \tfrac{1}{2} H_{\mathrm{M}}$$

Spulen mit bifilarer Wicklung:

$$H \approx 0$$

Helmholtz-Spulenpaar

Feldstärke im Mittelebenenstück M:

$$H = \left(\frac{4}{5}\right)^{1,5} \frac{N\,I}{R} \approx 0{,}716\,\frac{N\,I}{R}$$

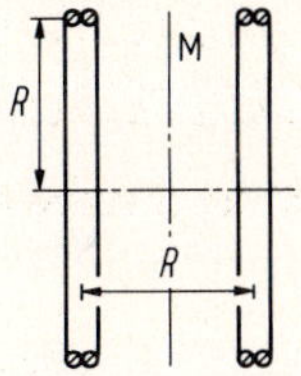

N Windungszahl einer Spule
R Spulenradius = Spulenabstand
I Spulenstrom

5.4 Elektromagnetische Induktion

5.4.1 Induktionsgesetz

Induzierte Spannung u_{i} längs eines Weges l

Einheit: 1 V

$$u_{\mathrm{i}} = \int_l \vec{E}_{\mathrm{i}}(\vec{r})\,\mathrm{d}\vec{r}$$

$\vec{E}_{\mathrm{i}}(\vec{r})$ induzierte elektrische Feldstärke am Ort $\vec{r}$

Zusammenhang zwischen induzierter (Ring-)Spannung und magnetischem Fluß ϕ_A:

$$\mathring{u}_{\mathrm{i}} = -\frac{\mathrm{d}\phi_A}{\mathrm{d}t}$$

$\mathring{u}_{\mathrm{i}}$ gesamte induzierte Spannung längs eines geschlossenen Weges l;
ϕ_A Fluß (vgl. S. 77) durch die Fläche A, die von dem geschlossenen Weg l einmal umrandet wird

Die Flußänderung d ϕ_A erfolgt durch eine Änderung $\mathrm{d}\vec{B}$ der Flußdichte $\vec{B}$ des bestehenden Feldes oder durch eine Änderung der Fläche A nach Form, Größe oder Lage bei Verschiebung des geschlossenen Weges l.

Regel von Lenz
Der induzierte Strom I_{i} in einem Leiter ist so gerichtet, daß sein Magnetfeld mit der Flußdichte $\vec{B}_{\mathrm{i}}$ die Ursache seiner Entstehung, d.h. die Änderung $\mathrm{d}\vec{B}$ der Flußdichte $\vec{B}$ des bestehenden Feldes zu verhindern sucht bzw. die Verschiebung des Leiters zu hemmen sucht.

Induzierter Spannungsstoß Σ_i

Einheit: 1 V s

$$\Sigma_i = \int_{t_1}^{t_2} u_i \, dt; \qquad \Sigma_i = \bar{u}_i \, \Delta t$$

Speziell Ringspannung $\mathring{u}_i$:

$$\Sigma_i = \phi_1 - \phi_2 = \int_{t_1}^{t_2} \mathring{u}_i \, dt$$

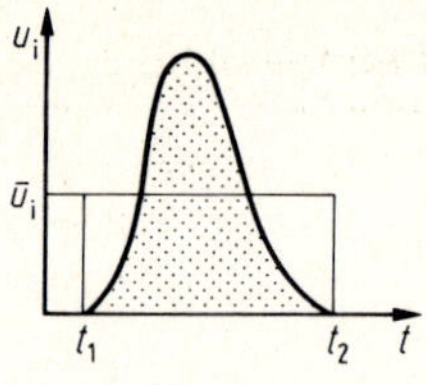

$u_i(t)$ momentane induzierte Spannung
$\bar{u}_i$ mittlere induzierte Spannung in der Zeit $\Delta t = t_2 - t_1$

$\mathring{u}_i$ momentane induzierte Spannung längs eines geschlossenen Weges
ϕ_1 bzw. ϕ_2 magn. Fluß zur Zeit t_1 bzw. t_2 durch die Fläche, die der geschlossene Weg einmal umrandet

5.4.2 Fremdinduktion (Induktion durch leiterfremdes Magnetfeld)

Induktionsspule

Induzierte (Ring-)Spannung: $\mathring{u}_i = -N \dfrac{d\phi}{dt}$

ϕ momentaner Fluß durch die Spulenfläche
N Windungszahl der Spule

Induzierter Spannungsstoß: $\Sigma_i = N(\phi_1 - \phi_2)$

ϕ_1 bzw. ϕ_2 Fluß durch die Spule zur Zeit t_1 bzw. t_2

Speziell homogenes Magnetfeld und $|\phi_2 - \phi_1| = \phi$

(Ein- oder Ausschalten des Magnetfeldes oder Drehung der Spule um 90°):

$$\Sigma_i = N\phi = NBA$$

ϕ Fluß durch die Spulenfläche A
B Flußdichte am Ort der Spule

Gerader bewegter Leiter im homogenen Magnetfeld
Induzierte Spannung u_i zwischen den Leiterenden:

$$u_i = (\vec{v} \times \vec{B})\,\vec{l}$$

$\vec{B}$ Flußdichte
$\vec{v}$ Geschwindigkeit des Leiters
$\vec{l}$ gerichtete Leiterlänge (gleiche Richtung wie die induzierte Feldstärke $\vec{E}_i$)

5.4.3 Selbstinduktion (Induktion durch das leitereigene Magnetfeld)

Selbstinduktivität L eines Leiters

Einheit: 1 V s/A = 1 Henry H

$$L = N \frac{|\phi|}{i}$$

i momentaner Leiterstrom, der den momentanen Fluß ϕ seines Magnetfeldes N-mal umschlingt (N muß nicht ganzzahlig sein)

Speziell Feldmedium mit μ_r = konstant:

L = konstant

μ_r Permeabilitätszahl

Selbstinduktionsspannung u_i in einem Leiter

Einheit: 1 V

$$u_i = -\frac{d}{dt}(Li) = -\frac{d}{dt}(N\phi)$$

L Induktivität des Leiters
i Leiterstrom, der den Fluß ϕ seines Magnetfeldes N-mal umschlingt

Speziell L = konstant: $u_i = -L \dfrac{di}{dt}$

Selbstinduzierter Spannungsstoß Σ_i

$$\Sigma_i = L_1 i_1 - L_2 i_2 = \bar{u}_i \, \Delta t$$

Speziell L = konstant: $\Sigma_i = L(i_1 - i_2)$

i_1 bzw. i_2 Leiterstrom zur Zeit t_1 bzw. t_2
L_1 bzw. L_2 Induktivität des Leiters beim Strom i_1 bzw. i_2
$\bar{u}_i$ mittl. selbstinduzierte Spannung in der Zeit $\Delta t = t_2 - t_1$

5.4.4 Spezielle Induktivitäten
(für Feldmedien mit konstanter Permeabilität μ)

Kreis-Zylinderspule

$$L = \mu N^2 \left(\sqrt{l^2 + R^2} - R\right) \frac{A}{l^2}$$

N Windungszahl, l Länge der Spule
A Querschnittsfläche, R Radius der Spule

Speziell $l \gg R$: $L = \mu N^2 \frac{A}{l}$

Ringspule (Toroid)

$$L = \mu N^2 \frac{A}{u}$$

N Windungszahl, u mittlerer Ringumfang
A Querschnittsfläche

Gerader zylindrischer Leiter

$$L = \mu \frac{l}{2\pi} \left(\ln \frac{2l}{R} - \frac{3}{4}\right)$$

l Länge des Leiters, R Radius des Leiters

Symmetrische Parallelleitung

$$L \approx \mu \frac{l}{\pi} \left(\ln \frac{s}{R} + \frac{1}{4}\right)$$

l Länge, R Leiterradius
s Abstand der Leiter

5.4.5 Schaltung von Induktivitäten
(ohne gegenseitige Beeinflussung der Einzelinduktivitäten)

Hintereinanderschaltung

Gesamtinduktivität L:

$$L = L_1 + L_2 + L_3 + \cdots$$

$L_1, L_2, L_3, \ldots$ Einzelinduktivitäten

Parallelschaltung

Gesamtinduktivität L:

$$\frac{1}{L} = \frac{1}{L_1} + \frac{1}{L_2} + \frac{1}{L_3} + \cdots$$

Für das Verhältnis der Teilspannungen an bzw. der Teilströme in den einzelnen Induktivitäten gilt dasselbe wie bei der Schaltung von Widerständen (S. 73).

5.4.6 Auf- bzw. Abbau eines Magnetfeldes

Zeitkonstante τ

Einheit: 1 s

$$\tau = \frac{L}{R}$$

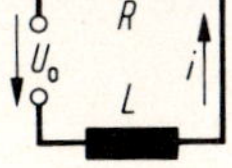

R Widerstand, L Induktivität

Aufbau des Feldes

Momentane Stromstärke i in der Spule bei $U_0 =$ konstant:

$$i = I_\infty \left(1 - e^{-t/\tau}\right) \quad \text{mit} \quad I_\infty = U_0/R$$

U_0 angelegte Spannung, R Widerstand
t Zeit nach dem Anlegen der Spannung U_0
τ Zeitkonstante
I_∞ Stromstärke nach Beendigung des Feldaufbaues

Feldstärke $H(t)$ der Spule:

$$H(t) = H_\infty \, (1 - e^{-t/\tau})$$

H_∞ Feldstärke nach Beendigung des Feldaufbaues

Abbau des Feldes

Momentane Stromstärke i in der Spule:

$$i = I_0 \, e^{-t/\tau}$$

I_0 Strom zur Zeit 0
t Zeit nach Beginn des Feldabbaues
τ Zeitkonstante

Feldstärke $H(t)$ der Spule:

$$H(t) = H_0 \, e^{-t/\tau}$$

H_0 Feldstärke zur Zeit 0

5.5 Wechselstrom

5.5.1 Grundlagen

Momentanwerte u und i von Spannung und Strom (sinusförmig)

$$u = \hat{u} \sin(\omega t + \varphi_{u,0}); \qquad i = \hat{i} \sin(\omega t + \varphi_{i,0})$$

$\hat{u}$ Scheitelwert der Wechselspannung (Spannungsamplitude)
$\hat{i}$ Scheitelwert des Wechselstromes (Stromamplitude)
ω Kreisfrequenz, t Zeit

Phasenwinkel $\varphi_u(t)$ und $\varphi_i(t)$

$$\varphi_u(t) = \omega t + \varphi_{u,0}; \qquad \varphi_i(t) = \omega t + \varphi_{i,0}$$

$\varphi_{u,0}$ Nullphasenwinkel der Spannung
$\varphi_{i,0}$ Nullphasenwinkel des Stromes

Phasenverschiebungswinkel φ

$$\varphi = \varphi_u(t) - \varphi_i(t) = \varphi_{u,0} - \varphi_{i,0}$$

$$\varphi = \text{konstant}; \qquad -\frac{\pi}{2} \leqslant \varphi \leqslant \frac{\pi}{2}$$

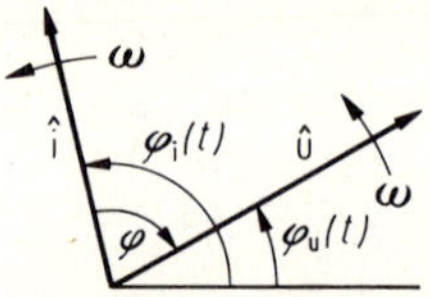

Zeigerdiagramm

Effektivwerte U und I von Spannung und Strom (allgemein periodisch)

$$U = \sqrt{\frac{1}{T} \int_0^T u^2 \, dt}; \qquad I = \sqrt{\frac{1}{T} \int_0^T i^2 \, dt}$$

T Dauer einer Periode
u, i Momentanwerte von Spannung und Strom

Speziell: Sinusförmiger Wechselstrom und doppelweggleichgerichteter Wechselstrom

$$U = \tfrac{1}{2}\sqrt{2}\,\hat{u}; \qquad I = \tfrac{1}{2}\sqrt{2}\,\hat{i}$$

$\hat{u}$, $\hat{i}$ Scheitelwerte von Spannung und Strom

Mittelwerte $\bar{u}$ und $\bar{i}$ von Spannung und Strom (allgemein periodisch)

$$\bar{u} = \frac{1}{T} \int_0^T u \, dt; \qquad \bar{i} = \frac{1}{T} \int_0^T i \, dt$$

Speziell: Sinusförmiger Wechselstrom

$$\bar{u} = 0; \qquad \bar{i} = 0$$

Speziell: Doppelweggleichgerichteter Wechselstrom

$$\bar{u} = \frac{2}{\pi}\,\hat{u}; \qquad \bar{i} = \frac{2}{\pi}\,\hat{i}$$

5.5.2 Widerstand und Leitwert

Scheinwiderstand (Impedanz) Z

$$Z = \frac{U}{I}$$

Einheit: $1\,\Omega$

U Effektivwert der Wechselspannung

Scheinleitwert (Admittanz) Y

$$Y = \frac{1}{Z} = \frac{I}{U}$$

Einheit: $1\,\Omega^{-1} = 1\,\mathrm{S}$

I Effektivwert des Wechselstromes

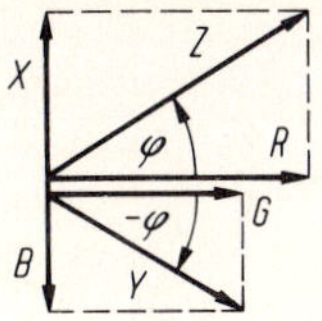

Speziell: Sinusförmiger Wechselstrom mit der Kreisfrequenz ω

$$\underline{Z} = \frac{\hat{u}\,\mathrm{e}^{\mathrm{j}(\omega t + \varphi_{i,0})}}{\hat{i}\,\mathrm{e}^{\mathrm{j}(\omega t + \varphi_{u,0})}} = Z\,\mathrm{e}^{\mathrm{j}\varphi}; \quad \underline{Z} = R + \mathrm{j}\,X; \quad Z = |\underline{Z}|$$

$$Z = \sqrt{R^2 + X^2}; \qquad \tan\varphi = \frac{X}{R}$$

$$R = Z\cos\varphi$$

$$X = Z\sin\varphi$$

φ Phasenverschiebungswinkel
$\underline{Z}$ komplexe Impedanz
$\mathrm{j} = \sqrt{-1}$ imaginäre Einheit
Z Scheinwiderstand (Impedanz)
R Wirkwiderstand (Resistanz)
X Blindwiderstand (Reaktanz)

$$\underline{Y} = \frac{1}{\underline{Z}} = Y\,\mathrm{e}^{-\mathrm{j}\varphi}; \qquad \underline{Y} = G + \mathrm{j}\,B$$

$$Y = \sqrt{G^2 + B^2}; \qquad \tan\varphi = -\frac{B}{G}$$

$$G = Y\cos(-\varphi) = \frac{\cos^2\varphi}{R} = \frac{R}{Z^2}$$

$$B = Y\sin(-\varphi) = -\frac{\sin^2\varphi}{X} = -\frac{X}{Z^2}$$

$\underline{Y}$ komplexe Admittanz
Y Scheinleitwert (Admittanz)
G Wirkleitwert (Konduktanz)
B Blindleitwert (Suszeptanz)

5.5.3 Passive lineare Schaltelemente

Verbraucherwiderstand

$$u_R = R\,i_R; \quad \varphi_R = 0$$

$$X_R = 0; \quad B_R = 0$$

$$Z = R; \quad Y = \frac{1}{R} = G$$

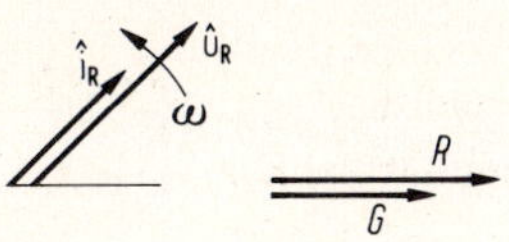

R bzw. G Wirkwiderstand bzw. Wirkleitwert des Verbrauchers
u_R bzw. i_R momentane Spannung am bzw. momentaner Strom im Verbraucher
φ_R Phasenverschiebungswinkel zwischen Spannung und Strom

Induktionsspule (ohne Wärmeverluste)

$$u_L = L\,\frac{\mathrm{d}i_L}{\mathrm{d}t}; \quad \varphi_L = +\pi/2$$

$$X_L = \omega L; \quad B_L = -\frac{1}{\omega L}$$

$$Z = \omega L; \quad Y = \frac{1}{\omega L}$$

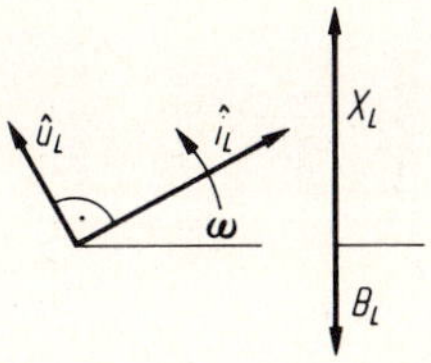

u_L bzw. i_L momentane Spannung an bzw. Strom in der Spule
L Induktivität der Spule (vgl. S. 80)
X_L bzw. B_L Blindwiderstand bzw. Blindleitwert
φ_L Phasenverschiebungswinkel zwischen u_L und i_L

Kondensator (ohne Wärmeverluste)

$$i_C = C\frac{\mathrm{d}u_C}{\mathrm{d}t}; \qquad \varphi_C = -\pi/2$$

$$X_C = -\frac{1}{\omega C}; \qquad B_C = \omega C$$

$$Z = \frac{1}{\omega C}; \qquad Y = \omega C$$

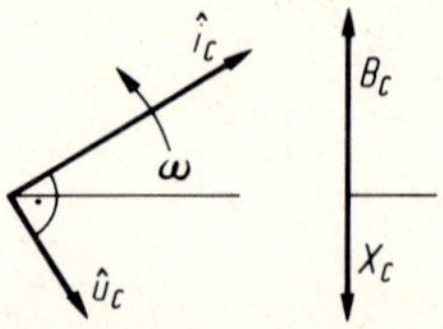

i_C bzw. u_C (Verschiebungs-)Strom im bzw. Spannung am Kondensator
C Kapazität des Kondensators
X_C bzw. B_C Blindwiderstand bzw. Blindleitwert des Kondensators
φ_C Phasenverschiebungswinkel zwischen u_C und i_C

5.5.4 Wechselstromkreis mit passiven linearen Schaltelementen

Gesetz von Ohm

Die Stromstärke I ist bei konstanter Temperatur proportional zur Spannung U.

$$I = YU$$

$$U = ZI$$

Y Scheinleitwert, Z Scheinwiderstand
U, I Effektivwerte von Spannung und Strom

Wechselstromleistung

Einheit: 1 VA = 1 W

$$P(t) = u\,i$$

$$\overline{P} = \frac{1}{T}\int_0^T P(t)\,\mathrm{d}t$$

$P(t)$ momentane Leistung
u, i Momentanwerte von Spannung und Strom
$\overline{P}$ mittlere Leistung in der Periode T

Speziell: Sinusförmiger Wechselstrom

$$\overline{P} = P_p = UI\cos\varphi$$

$$P_p = I^2 R = U^2 G$$

$$P_q = UI\sin\varphi$$

$$P_q = I^2 X = U^2 B$$

$$P_s = UI = \sqrt{P_p^2 + P_q^2}$$

P_p Wirkleistung
φ Phasenverschiebungswinkel zwischen Spannung und Strom
$\cos\varphi$ Leistungsfaktor
R Wirkwiderstand, G Wirkleitwert
P_q Blindleistung
X Blindwiderstand, B Blindleitwert
P_s Scheinleistung

Serienschaltung von Verbraucher, Spule und Kondensator
(vgl. Serienschwingkreis, S. 87, 88)

$$u = u_R + u_L + u_C$$

$$Z = \sqrt{R^2 + \left(\omega L - \frac{1}{\omega C}\right)^2}$$

$$\tan\varphi = \frac{\omega L - \dfrac{1}{\omega C}}{R}$$

$$X = X_L + X_C = \omega L - \frac{1}{\omega C}$$

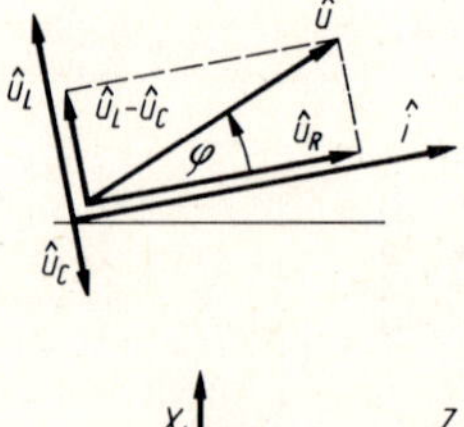

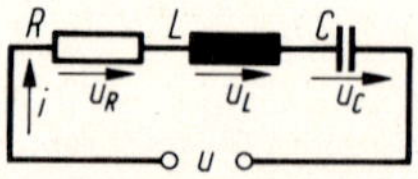

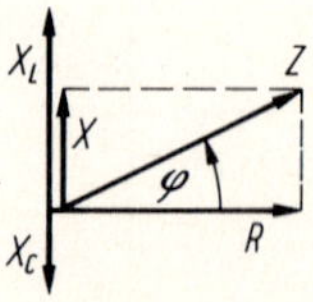

u_R, u_L, u_C Spannung am Verbraucher mit dem Widerstand R (hier gleich Wirkwiderstand der Schaltung), der Spule mit der Induktivität L und dem Kondensator mit der Kapazität C
Z Scheinwiderstand
X Blindwiderstand
X_L bzw. X_C Blindwiderstand von Spule bzw. Kondensator

Speziell Maximum von $\hat{\imath}$:

$$\varphi = 0; \qquad \omega = \frac{1}{\sqrt{LC}}; \qquad Z = R$$

φ Phasenverschiebungswinkel zwischen Gesamtspannung u und Gesamtstrom i

Parallelschaltung von Verbraucher, Spule und Kondensator

$$i = i_R + i_L + i_C$$

$$Y = \sqrt{G^2 + \left(\omega C - \frac{1}{\omega L}\right)^2}$$

$$\tan(-\varphi) = \frac{\omega C - \frac{1}{\omega L}}{G}$$

$$B = B_C + B_L = \omega C - \frac{1}{\omega L}$$

Speziell Minimum von $\hat{i}$:

$$\varphi = 0; \qquad \omega = \frac{1}{\sqrt{LC}}; \qquad Y = G$$

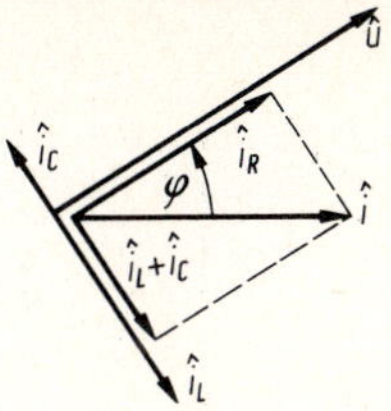

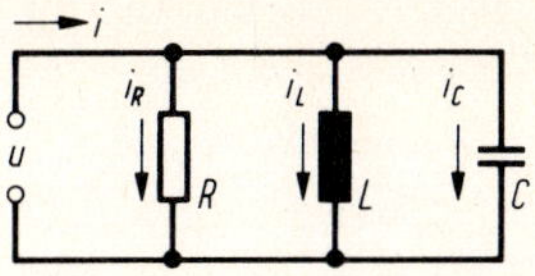

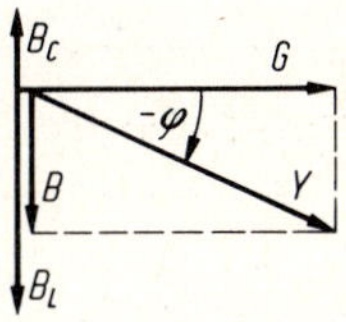

i_R, i_L, i_C Strom durch den Verbraucher mit dem Widerstand R, der Spule mit der Induktivität L und dem Kondensator mit der Kapazität C
Y Scheinleitwert der Schaltung
G Leitwert des Verbrauchers (hier gleich Wirkleitwert der Schaltung)
B Blindleitwert
B_C bzw. B_L Blindleitwert von Kondensator bzw. Spule
φ Phasenverschiebungswinkel zwischen Gesamtspannung u und Gesamtstrom i

Sperrkreis

$$Y = \sqrt{\omega^2 C^2 - \frac{2\omega^2 LC - 1}{R^2 + \omega^2 L^2}}$$

$$\tan\varphi = \frac{\omega L - (R^2 + \omega^2 L^2)\,\omega C}{R}$$

Speziell $\varphi = 0$:

$$Y = \frac{RC}{L}; \qquad \omega = \sqrt{\frac{1}{LC} - \left(\frac{R}{L}\right)^2}$$

Speziell Minimum von $\hat{i}$:

$$\omega = \sqrt{\frac{\sqrt{L^2 C^2 + 2LC^3 R^2} - C^2 R^2}{L^2 C^2}}$$

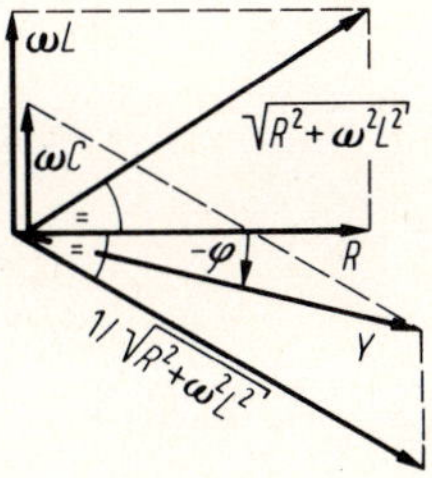

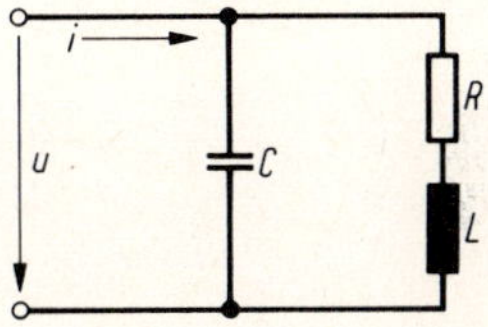

R Widerstand des Verbrauchers im Spulenzweig
C Kapazität des Kondensators
L Induktivität der Spule
Y Scheinleitwert der Schaltung
$\hat{i}$ Scheitelwert des Gesamtstroms
φ Phasenverschiebungswinkel zwischen Gesamtspannung u und Gesamtstrom i

5.5.5 Transformator (Umspanner) mit fester Kopplung und ohne Verluste

Kennzeichen

$$\phi_1 = \phi_2 = \phi_{\text{ges}}$$
$$P_{p,1} = U_1 I_1 \cos\varphi_1$$
$$P_{p,2} = U_2 I_2 \cos\varphi_2$$
$$P_{p,1} = P_{p,2}$$

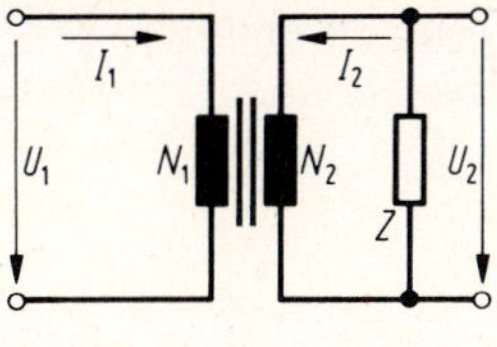

Index 1: Primärkreis (Primärspule)
Index 2: Sekundärkreis (Sekundärspule)
ϕ magn. Fluß, P_p Wirkleistung
U bzw. I Effektivwert der Spannung bzw. des Stromes
φ Phasenverschiebungswinkel zwischen Spannung und Strom

Übersetzungsverhältnis $\ddot{u}$

$$\ddot{u} = U_1 : U_2 = N_1 : N_2$$

N_1, N_2 Windungszahlen der Spulen

Unbelasteter Transformator

$$Z \to \infty; \qquad I_2 = 0; \qquad \varphi_1 = \pi/2$$

Z Scheinwiderstand im Sekundärkreis

Stark belasteter Transformator

$$Z \to 0; \qquad \varphi_1 = \varphi_2; \qquad I_2 : I_1 = U_1 : U_2 = \ddot{u}$$

$\ddot{u}$ Übersetzungsverhältnis

5.5.6 Dreiphasensystem (symmetrisch) mit gleichmäßiger Belastung

$u_R + u_S + u_T = 0$

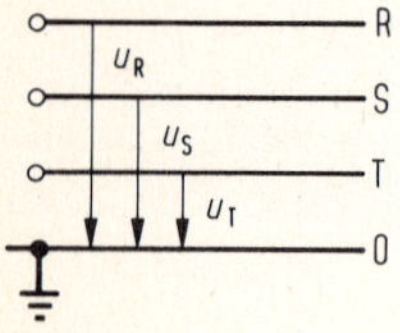

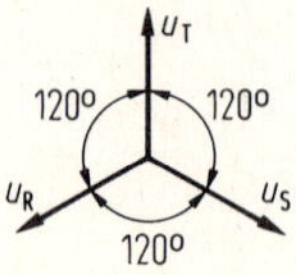

u_R, u_S, u_T Quellenspannungen an den Außenleitern R, S und T
Z Scheinwiderstand in den einzelnen Strängen

U_s, I_s Effektivwert von Spannung an und Strom in Z (Strangspannung, Strangstrom)
I_1 Effektivwert des Stroms in den Außenleitern (Leiterstrom)
U_1 Effektivwert der Spannung zwischen zwei Außenleitern (Leiterspannung)

Sternschaltung

$I_1 = I_s$

$U_1 = \sqrt{3}\, U_s$

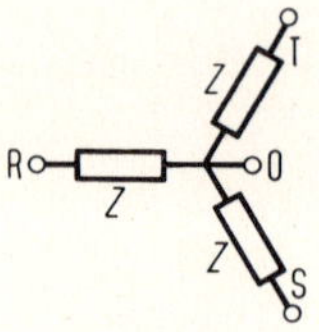

Dreieckschaltung

$I_1 = \sqrt{3}\, I_s$

$U_1 = U_s$

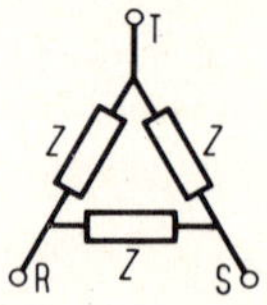

Drehstromleistung in Dreieck- und Sternschaltung

Wirkleistung im einzelnen Strang:

$$P_{p,s} = U_s\, I_s \cos\varphi = \frac{1}{\sqrt{3}}\, U_1\, I_1 \cos\varphi$$

Gesamte Wirkleistung:

$$P_p = 3\, P_{p,s} = \sqrt{3}\, U_1\, I_1 \cos\varphi$$

Gesamte Blindleistung: $P_q = \sqrt{3}\, U_1\, I_1 \sin\varphi$
Gesamte Scheinleistung: $P_s = \sqrt{3}\, U_1\, I_1$

φ Phasenverschiebungswinkel zwischen Strangspannung und Strangstrom

5.6 Elektromagnetische Schwingungen

5.6.1 Grundgrößen

Ladung q, Strom i und Spannung u sind zeitabhängige skalare Größen.

Kreisfrequenz ω, Frequenz f, Schwingungsdauer T (S.35)

Spannung u_C am Kondensator

$$u_C = \frac{1}{C}\, q$$

C Kapazität des Kondensators
q Ladung des Kondensators

Spannung u_R am Verbraucherwiderstand

$$u_R = R\, i$$

R Ohmscher Widerstand des Verbrauchers
i Strom durch den Verbraucher

Spannung u_L an der Spule

$$u_L = L\, \frac{di}{dt}$$

i Strom durch die Spule
L Induktivität der Spule

5.6.2 Freie Schwingung ohne Dämpfung

Differentialgleichung

$$L\ddot{q} + \frac{1}{C}q = 0$$

$$L\frac{\mathrm{d}^2 i}{\mathrm{d}t^2} + \frac{1}{C}i = 0 \quad \text{oder} \quad \frac{\mathrm{d}^2 i}{\mathrm{d}t^2} + \omega_0^2 i = 0$$

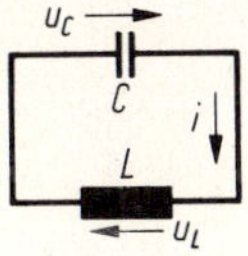

q Ladung des Kondensators
i Stromstärke
L Induktivität, C Kapazität
ω_0 Kennkreisfrequenz

Kennkreisfrequenz ω_0

Einheit: $1\,\mathrm{s}^{-1}$

$$\omega_0 = \frac{1}{\sqrt{LC}}$$

L Induktivität, C Kapazität

Schwingungsdauer T_0

Einheit: 1 s

$$T_0 = 2\pi\sqrt{LC} \quad \textit{(Gleichung von Thomson)}$$

L Induktivität, CKapazität

Stromstärke i

$$i = \hat{i}\sin(\omega_0 t + \varphi_{i,0})$$

$\hat{i}$ Scheitelwert der Stromstärke (Stromstärkeamplitude)
$\varphi_{i,0}$ Nullphasenwinkel des Stromes

Energie des Magnetfeldes W_m

$$W_m = \tfrac{1}{2}L\hat{i}^2\sin^2(\omega_0 t + \varphi_{i,0})$$

ω_0 Kennkreisfrequenz, L Induktivität
$\hat{i}$ Scheitelwert des Stromes
$\varphi_{i,0}$ Nullphasenwinkel des Stromes

Energie des elektrischen Feldes W_{el}

$$W_{el} = \tfrac{1}{2}C\hat{u}^2\cos^2(\omega_0 t + \varphi_{i,0})$$

ω_0 Kennkreisfrequenz, C Kapazität
$\hat{u}$ Scheitelwert der Kondensatorspannung
$\varphi_{i,0}$ Nullphasenwinkel des Stromes

Elektromagnetische Schwingungsenergie W_S

$$W_S = W_m + W_{el} = \text{konstant}$$

$$W_S = \frac{1}{2}L\hat{i}^2 = \frac{1}{2}C\hat{u}^2 = \frac{1}{2}\frac{\hat{q}^2}{C} = \frac{1}{2}\hat{q}\hat{u}$$

C Kapazität, L Induktivität
$\hat{i}$, $\hat{u}$ und $\hat{q}$ Scheitelwerte von Strom, Kondensatorspannung und -ladung

5.6.3 Freie Schwingung mit Dämpfung im Serienschwingkreis

Differentialgleichung

$$L\ddot{q} + R\dot{q} + \frac{1}{C}q = 0$$

$$L\frac{\mathrm{d}^2 i}{\mathrm{d}t^2} + R\frac{\mathrm{d}i}{\mathrm{d}t} + \frac{1}{C}i = 0$$

$$\frac{\mathrm{d}^2 i}{\mathrm{d}t^2} + 2\delta\frac{\mathrm{d}i}{\mathrm{d}t} + \omega_0^2 i = 0$$

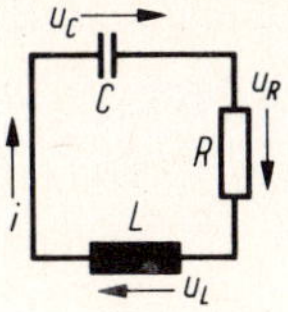

q Ladung des Kondensators
i Stromstärke
R Ohmscher Widerstand, L Induktivität
C Kapazität
δ Abklingkoeffizient, ω_0 Kennkreisfrequenz

Kennkreisfrequenz ω_0

Einheit: $1\,\mathrm{s}^{-1}$

$$\omega_0 = \frac{1}{\sqrt{LC}}$$

L Induktivität, C Kapazität

Abklingkoeffizient δ

Einheit: $1\,\mathrm{s}^{-1}$

$$\delta = \frac{R}{2L}$$

R Ohmscher Widerstand, L Induktivität

Gütefaktor (Resonanzschärfe) Q_0

$$Q_0 = \frac{\omega_0}{2\delta}$$

δ Abklingkoeffizient, ω_0 Kennkreisfrequenz

Periodische Fälle: $0 < \delta < \omega_0$

Stromstärke: $i = \hat{i}\, \mathrm{e}^{-\delta t} \sin(\omega_\mathrm{d} t + \varphi_{i,0})$

$$\omega_\mathrm{d} = \sqrt{\omega_0^2 - \delta^2}$$

$$\omega_\mathrm{d} = \frac{2\pi}{T_\mathrm{d}} = 2\pi f_\mathrm{d}$$

$\hat{i}$ Scheitelwert der Stromstärke für $\delta = 0$
$\varphi_{i,0}$ Nullphasenwinkel des Stromes
ω_d Eigenkreisfrequenz
ω_0 Kennkreisfrequenz, δ Abklingkoeffizient
T_d Schwingungsdauer, f_d Frequenz

Logarithmisches Dekrement Λ
Dämpfungsverhältnis k
} siehe 3.1, S. 35

Aperiodischer Grenzfall: $\delta = \omega_0$

Stromstärke: $i = i_0\, \mathrm{e}^{-\delta t}(1 + c\, t)$

i_0 Anfangsstromstärke
δ Abklingkoeffizient
c Integrationskonstante

Aperiodische Fälle (Kriechfälle): $\delta > \omega_0$

Stromstärke: $i = i_0\, \mathrm{e}^{-\delta t} \sinh(\omega_\mathrm{d}' t + \varphi_{i,0}')$

$$\omega_\mathrm{d}' = \sqrt{\delta^2 - \omega_0^2}$$

i_0 Scheitelwert des Stromes für $\delta = 0$
δ Abklingkoeffizient
$\varphi_{i,0}'$ Argument für $t = 0$
ω_0 Kennkreisfrequenz

5.6.4 Erzwungene Schwingung mit Dämpfung im Serienschwingkreis (stationärer Zustand)

Anregende Spannung *u*

$$u = \hat{u} \sin \omega t$$

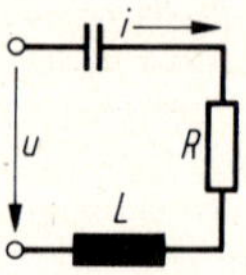

$\hat{u}$ Scheitelwert der anregenden Spannung
ω Kreisfrequenz der anregenden Spannung

Differentialgleichung

$$L\ddot{q} + R\dot{q} + \frac{1}{C} q = u$$

$$L \frac{\mathrm{d}^2 i}{\mathrm{d}t^2} + R \frac{\mathrm{d}i}{\mathrm{d}t} + \frac{1}{C} i = \dot{u} \quad \text{oder} \quad \frac{\mathrm{d}^2 i}{\mathrm{d}t^2} + 2\delta \frac{\mathrm{d}i}{\mathrm{d}t} + \omega_0^2 i = \dot{u}$$

q Ladung des Kondensators, i Strom
L Induktivität, C Kapazität
R Ohmscher Widerstand
u anregende Spannung
δ Abklingkoeffizient
ω_0 Kennkreisfrequenz (S. 87)

Ladung *q* des Kondensators

$$q = \hat{q} \sin(\omega t - \psi)$$

$\hat{q}$ Scheitelwert der Ladung
ω Anregungskreisfrequenz
ψ Phasenverschiebung zwischen Anregungsspannung und Kondensatorladung

Stationärer Strom *i*

$$i = \hat{i}(\omega) \sin(\omega t - \varphi)$$

$$\varphi = \psi - \pi/2$$

$\hat{i}(\omega)$ Scheitelwert der Stromstärke
φ Phasenverschiebung zwischen anregender Spannung und Strom

Phasenverschiebung φ zwischen Anregungsspannung und Strom

$$\cot \varphi = \frac{2\delta\omega}{\omega^2 - \omega_0^2}$$

δ Abklingkoeffizient, ω_0 Kennkreisfrequenz
ω Kreisfrequenz der anregenden Spannung

Amplitude $\hat{u}_C(\omega)$ der Kondensatorspannung

$$\hat{u}_C(\omega) = \frac{\hat{u}\,\omega_0^2}{\sqrt{(\omega^2 - \omega_0^2)^2 + (2\delta\,\omega)^2}}$$

Speziell Spannungsresonanz: $\hat{u}_C$ maximal

$$\omega = \sqrt{\omega_0^2 - 2\delta^2}\,; \qquad \hat{u}_{C,\,\max} = \frac{\hat{u}\,\omega_0^2}{2\delta\sqrt{\omega_0^2 - \delta^2}}\,; \qquad \varphi < 0$$

Resonanzüberhöhung ϱ_0:

$$\varrho_0 = \frac{\hat{u}_{C,\max}}{\hat{u}} = \frac{Q_0}{\sqrt{1 - \dfrac{1}{4Q_0^2}}}$$

$\hat{u}$ Scheitelwert der Anregungsspannung
ω_0 Kennkreisfrequenz
ω Anregungskreisfrequenz
δ Abklingkoeffizient
$\hat{u}_C$ Scheitelwert der Kondensatorspannung

φ Phasenverschiebung zwischen Anregungsspannung und Strom

Q_0 Gütefaktor (S. 88)

Amplitude $\hat{i}(\omega)$ des Stromes

$$\hat{i}(\omega) = \omega\,C\,\hat{u}_C(\omega)$$

Speziell Stromresonanz: $\hat{i}$ maximal

$$\omega = \omega_0\,; \qquad \hat{i}_{\max} = \frac{\hat{u}}{R}\,; \qquad \varphi = 0$$

Bandbreite $\Delta\omega$: $\Delta\omega = \dfrac{\omega_0}{Q_0} = 2\delta$

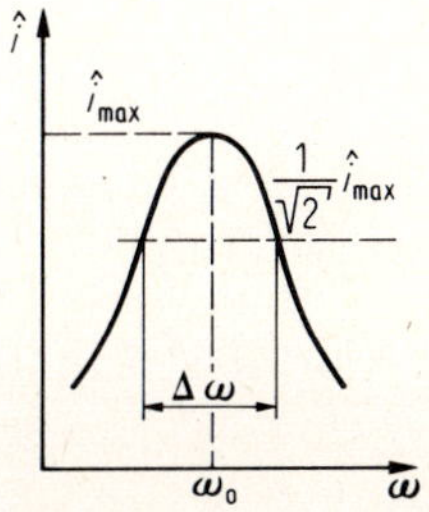

ω Anregungskreisfrequenz, C Kapazität
$\hat{u}_C(\omega)$ Scheitelwert der Kondensatorspannung
$\hat{u}$ Scheitelwert der Anregungsspannung
ω_0 Kennkreisfrequenz
R Verbraucherwiderstand
δ Abklingkoeffizient
φ Phasenverschiebung zwischen Anregungsspannung und Strom

Q_0 Gütefaktor

5.7 Elektromagnetische Wellen
(siehe auch Kapitel 3 und Abschn. 6.3)

5.7.1 Grundgrößen

Richtungssinn der Feldstärken
(fortlaufende Welle)

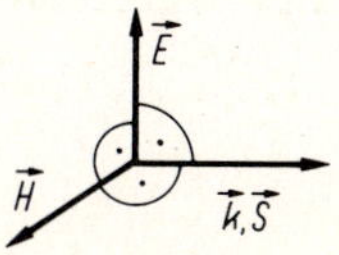

$\vec{E}$ elektrische Feldstärke
$\vec{H}$ magnetische Feldstärke
$\vec{S}$ Poyntingscher Vektor
$\vec{k}$ Ausbreitungsvektor
λ Wellenlänge

Kreisrepetenz (Kreiswellenzahl) k:

$$k = |\vec{k}| = 2\pi/\lambda$$

Einheit: $1\,\text{m}^{-1}$

Phasengeschwindigkeit c

Einheit: 1 m/s

$$c = \frac{1}{\sqrt{\varepsilon\,\mu}}$$

Speziell Vakuum: $c_0 = \dfrac{1}{\sqrt{\varepsilon_0\,\mu_0}} = 299\,792\,458$ m/s

ε Permittivität des Mediums
μ Permeabilität des Mediums

ε_0 elektrische Feldkonstante
μ_0 magnetische Feldkonstante
c_0 Vakuumlichtgeschwindigkeit

Frequenz f

Einheit: $1\,\text{s}^{-1} = 1$ Hz

$$f = \frac{c}{\lambda}\,; \qquad f = \frac{\omega}{2\pi}$$

c Phasengeschwindigkeit
λ Wellenlänge, ω Kreisfrequenz

Poyntingscher Vektor $\vec{S}$ der Energiestromdichte

Betragseinheit: $1\,\text{W/m}^2$

$$\vec{S} = \vec{E} \times \vec{H}\,; \qquad \vec{S} \uparrow\uparrow \vec{k}$$

$\vec{E}$ elektrische Feldstärke
$\vec{H}$ magnetische Feldstärke
$\vec{k}$ Ausbreitungsvektor

Wellenwiderstand Z im Nichtleiter *Einheit*: 1 Ω

$$Z = \frac{E_{\text{eff}}}{H_{\text{eff}}} = \sqrt{\mu/\varepsilon}$$

ε Permittivität
μ Permeabilität
$E_{\text{eff}}, H_{\text{eff}}$ Effektivwerte der Feldstärken

Speziell Vakuum:

$$Z = Z_0 = \sqrt{\mu_0/\varepsilon_0} = 376{,}73\ \Omega$$

ε_0 elektrische Feldkonstante
μ_0 magnetische Feldkonstante

Energiedichte w *Einheit*: 1 J/m³

$$w = w_{\text{el}} + w_{\text{m}}$$

w_{el} Energiedichte des elektrischen Feldes (S. 69)
w_{m} Energiedichte des magnetischen Feldes (S. 78)

zeitliche Mittelwerte:

$$\overline{w}_{\text{el}} = \tfrac{1}{2}\,\varepsilon\, E_{\text{eff}}^2; \qquad \overline{w}_{\text{m}} = \tfrac{1}{2}\,\mu\, H_{\text{eff}}^2; \qquad \overline{w}_{\text{el}} = \overline{w}_{\text{m}}$$

$$\overline{w} = \overline{w}_{\text{el}} + \overline{w}_{\text{m}} = \varepsilon\,\mu\, E_{\text{eff}}\, H_{\text{eff}}$$

$E_{\text{eff}}, H_{\text{eff}}$ Effektivwerte der Feldstärken
ε Permittivität des Mediums
μ Permeabilität des Mediums

Intensität I einer fortlaufenden Welle *Einheit*: 1 W/m²

$$I = c\,\overline{w} = E_{\text{eff}}\, H_{\text{eff}} = E_{\text{eff}}^2/Z = H_{\text{eff}}^2\, Z$$

c Phasengeschwindigkeit
Z Wellenwiderstand

5.7.2 Maxwellsche Gleichungen

Magnetische und induzierte Ringspannung $\mathring{u}_{\text{m}}$ und $\mathring{u}_{\text{i}}$ auf einem geschlossenen Weg s:

$$\mathring{u}_{\text{m}} = \oint_s \vec{H}\,\mathrm{d}\vec{s}; \qquad \mathring{u}_{\text{i}} = \oint_s \vec{E}\,\mathrm{d}\vec{s}$$

$\vec{H}$ bzw. $\vec{E}$ magnetische bzw. elektrische Feldstärke

Magnetischer Fluß ϕ_A, Leitungsstrom i und Verschiebungsstrom i_D durch die von s umrandete Fläche A:

$$\phi_A = \int_A \vec{B}\,\mathrm{d}\vec{A}; \qquad i = \int_A \vec{S}\,\mathrm{d}\vec{A}; \qquad i_D = \frac{\partial}{\partial t}\int_A \vec{D}\,\mathrm{d}\vec{A}$$

$\vec{B}$ bzw. $\vec{D}$ magnetische bzw. elektrische Flußdichte
$\vec{S}$ bzw. t Stromdichte bzw. Zeit

Materialgleichungen: $\vec{B} = \mu\vec{H}$; $\quad \vec{D} = \varepsilon\vec{E}$

μ bzw. ε Permeabilität bzw. Permittivität

1. Gleichung: $\mathring{u}_{\text{m}} = i + i_D \quad \Leftrightarrow \quad \operatorname{rot}\vec{H} = \vec{S} + \dfrac{\partial\vec{D}}{\partial t}$

2. Gleichung: $\mathring{u}_{\text{i}} = -\dfrac{\partial}{\partial t}\phi_A \quad \Leftrightarrow \quad \operatorname{rot}\vec{E} = -\dfrac{\partial\vec{B}}{\partial t}$

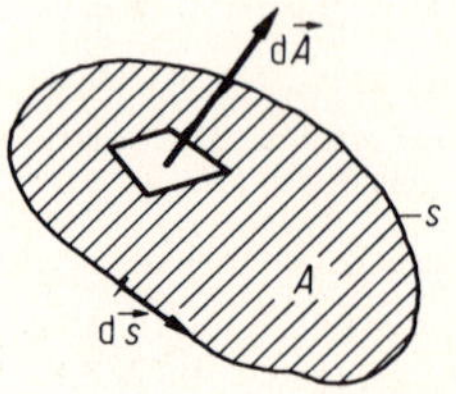

Magnetischer und elektrischer Fluß ϕ und ψ_{ges} durch eine geschlossene Fläche A (d$\vec{A}$ zeigt nach außen):

$$\phi = \oint_A \vec{B}\,\mathrm{d}\vec{A} = 0 \quad \Leftrightarrow \quad \operatorname{div}\vec{B} = 0$$

$$\psi_{\text{ges}} = \oint_A \vec{D}\,\mathrm{d}\vec{A} = \pm Q \quad \Leftrightarrow \quad \operatorname{div}\vec{D} = \varrho$$

$\pm Q$ bzw. ϱ Ladung bzw. Raumladungsdichte

5.7.3 Freie ebene harmonische Welle

Elektrische bzw. magnetische Feldstärke E_y bzw. H_z

$$E_y(x, t) = \hat{E}_y \sin(\omega t - k x + \varphi_0)$$

$$H_z(x, t) = \hat{H}_z \sin(\omega t - k x + \varphi_0)$$

$\hat{E}_y$ Scheitelwert der elektrischen Feldstärke
$\hat{H}_z$ Scheitelwert der magnetischen Feldstärke
ω Kreisfrequenz
$\vec{k}$ Ausbreitungsvektor, k Kreisrepetenz

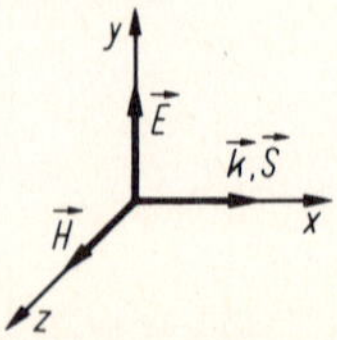

Energiestromdichte S_x

$$S_x(x, t) = E_y H_z \sin^2(\omega t - k x + \varphi_0)$$

φ_0 Nullphasenwinkel von E_y und H_z

5.7.4 Parallelleitung ohne Dämpfung ($R \ll s \ll \lambda$)

Wellen(Telegraphen-)gleichung

$$\frac{\partial^2 u}{\partial x^2} = \frac{1}{c^2}\frac{\partial^2 u}{\partial t^2}; \qquad \frac{\partial^2 i}{\partial x^2} = \frac{1}{c^2}\frac{\partial^2 i}{\partial t^2}$$

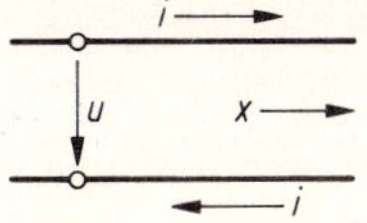

R Leiterradius, s Leiterabstand
λ Wellenlänge, t Zeit
u bzw. i Spannung bzw. Strom an der Stelle x zur Zeit t
c Ausbreitungsgeschwindigkeit

Phasengeschwindigkeit c

Einheit: 1 m/s

$$c = \frac{c_0}{\sqrt{\varepsilon_r \mu_r}} = \frac{1}{\sqrt{L' C'}}$$

$$L' = L/l; \qquad C' = C/l$$

c_0 Vakuumlichtgeschwindigkeit
ε_r bzw. μ_r Dielektrizitätszahl bzw. Permeabilitätszahl des den Leiter umgebenden Stoffes
l Leiterlänge
C Kapazität (S. 70), L Induktivität (S. 81)

L' längenbezogene Induktivität — *Einheit*: 1 H/m

C' längenbezogene Kapazität — *Einheit*: 1 F/m

Wellenwiderstand Z

Einheit: 1 Ω

$$Z = \frac{U}{I} = \sqrt{\frac{L'}{C'}}$$

U bzw. I Effektivwerte von Spannung bzw. Strom

Harmonische Welle auf einer endlosen Leitung

$$u = \hat{u}\cos(\omega t - k x); \qquad i = \hat{i}\cos(\omega t - k x)$$

$\hat{u}$ bzw. $\hat{i}$ Scheitelwerte von Spannung bzw. Strom
ω Kreisfrequenz, k Kreisrepetenz

Längenbezogener zeitlicher Mittelwert $\bar{W}'$ der elektromagnetischen Energie:

Einheit: 1 J/m

$$\bar{W}' = \tfrac{1}{2}\, C'\, U^2 = \tfrac{1}{2}\, L'\, I^2$$

C' bzw. L' längenbezogene Kapazität bzw. Induktivität

Zeitlicher Mittelwert P der transportierten Leistung:

Einheit: 1 W

$$P = c\,\bar{W}' = \frac{1}{2}\frac{U^2}{Z} = \frac{1}{2} I^2 Z$$

c Phasengeschwindigkeit, Z Wellenwiderstand

Stehende harmonische Welle auf einem Leitersystem
(Leiterende $x = 0$ ist Reflexionsstelle)

Reflexion am offenen Ende:

$$u = 2\hat{u}\cos(k x)\cos(\omega t); \qquad i = 2\hat{i}\sin(k x)\sin(\omega t)$$

$\hat{u}$ bzw. $\hat{i}$ Scheitelwerte von Spannung bzw. Strom der ankommenden und reflektierten Welle;
k Kreisrepetenz, ω Kreisfrequenz

Reflexion am kurzgeschlossenen Ende:

$$u = 2\hat{u}\sin(k x)\sin(\omega t); \qquad i = 2\hat{i}\cos(k x)\cos(\omega t)$$

Eigenfrequenzen f_n:

beidseitig offen bzw. geschlossen: $f_n = \dfrac{c}{2l}\, n$

einseitig offen: $f_n = \dfrac{c}{2l}\left(n - \dfrac{1}{2}\right)$

l Länge der Leitung, c Phasengeschwindigkeit
$n = 1, 2, 3, \ldots$

5.8 Teilchen im elektromagnetischen Feld
5.8.1 Dynamische Grundgrößen für eine Punktladung

Positives Teilchen: Ladung $q > 0$; negatives Teilchen: Ladung $q < 0$. Betrag der Ladung: Q.

Lorentzkraft $\vec{F}_L$ *Betragseinheit*: 1 N

$$\vec{F}_L = \vec{F}_E + \vec{F}_B = q(\vec{E} + \vec{v} \times \vec{B})$$

$$\vec{F}_E = q\vec{E}; \qquad \vec{F}_B = q\vec{v} \times \vec{B}$$

$\vec{E}$ bzw. $\vec{B}$ elektrische Feldstärke bzw. magnetische Induktion
$\vec{v}$ bzw. q Geschwindigkeit bzw. Ladung des Teilchens
$\vec{F}_E$ bzw. $\vec{F}_B$ Kraft im elektrischen bzw. magnetischen Feld

Bewegungsgleichung

$$\vec{F}_L = \frac{d\vec{p}}{dt}; \qquad \vec{p} = m\vec{v}$$

$$m = \frac{m_0}{\sqrt{1-\beta^2}}; \qquad \beta = \frac{v}{c_0}$$

m dynamische (relativistische) Masse
$\vec{p}$ (relativistischer) Impuls
m_0 Ruhemasse
c_0 Vakuumlichtgeschwindigkeit

Speziell $m = m_0 \; (v \ll c_0)$:

$$\vec{a} = \frac{q}{m_0}(\vec{E} + \vec{v} \times \vec{B})$$

Speziell $\vec{E} = \vec{0}$: $\qquad m, v, p =$ konstant

Speziell $\vec{B} = \vec{0}$ oder $\vec{B} \parallel \vec{v}$: $\qquad \vec{F} = q\vec{E}$

$\vec{a}$ Beschleunigung des Teilchens
v Geschwindigkeit des Teilchens
$\vec{E}$ elektrische Feldstärke
$\vec{B}$ magnetische Flußdichte
q Ladung des Teilchens

Überführungsarbeit ΔW zwischen zwei Punkten des elektromagnetischen Feldes *Einheit*: 1 J
$1\,\mathrm{eV} = 1{,}60219 \cdot 10^{-19}\,\mathrm{J}$

$$\Delta W = q \int_{P_1}^{P_2} \vec{E}(\vec{r})\, d\vec{r}$$

$\vec{E}$ elektr. Feldstärke
$\vec{r}$ Ortsvektor des Linienelementes $d\vec{r}$

Speziell elektrisches Potentialfeld, Magnetfeld beliebig:

$$\Delta W = q(\varphi_1 - \varphi_2); \qquad |\Delta W| = QU$$

φ_1 bzw. φ_2 elektrisches Potential im Feldpunkt P_1 bzw. P_2
U Spannung zwischen den Feldpunkten P_1 und P_2

Relativer Energiezuwachs ε

$$\varepsilon = \frac{W - W_0}{W_0} = \frac{QU_b}{W_0}; \qquad W = mc_0^2; \qquad W_0 = m_0 c_0^2$$

W Gesamtenergie des Teilchens
W_0 Ruheenergie des Teilchens
U_b Spannung zur Beschleunigung des Teilchens aus der Ruhe bis zur Gesamtenergie W
c_0 Vakuumlichtgeschwindigkeit

Relativistischer Impuls p

$$p = mv = \sqrt{2QU_b m_0 (1 + \varepsilon/2)}$$

Speziell $v \ll c_0$ bzw. $\varepsilon \ll 1$:

$$m = m_0; \qquad v = \sqrt{\frac{2QU_b}{m_0}}; \qquad p = \sqrt{2QU_b m_0}$$

m Masse, v Geschwindigkeit des Teilchens (S. 28)
m_0 Ruhemasse
U_b Beschleunigungsspannung
ε relativer Energiezuwachs

5.8.2 Punktladungen im elektrischen Feld ($v \ll c_0$)

Bewegung im homogenen Feld $\vec{E}$ = konstant

Beschleunigung $\vec{a}$: $\vec{a} = \dfrac{q}{m_0} \vec{E} = \text{konstant}$

q bzw. m_0 Ladung bzw. Ruhemasse des Teilchens

Geschwindigkeit $\vec{v}$: $\vec{v}(t) = \vec{a}\,t + \vec{v}_0$

Ort $\vec{r}$: $\vec{r}(t) = \frac{1}{2}\,\vec{a}\,t^2 + \vec{v}_0\,t + \vec{r}_0$

$\vec{v}_0$ bzw. $\vec{r}_0$ Geschwindigkeit bzw. Ort des Teilchens zur Zeit $t = 0$

Speziell Ablenkkondensator:

$$v_x = v_0 = \sqrt{\frac{2\,q\,U_b}{m_0}}; \qquad x = v_0\,t$$

$$v_y = \frac{q\,U}{m_0\,d}\,t; \qquad y = \frac{q\,U}{2\,m_0\,d}\,t^2$$

$$s = \frac{q\,l^2}{2\,m_0\,v_0^2\,d}\,U; \qquad \tan\varphi = \frac{q\,l}{m_0\,d\,v_0^2}\,U$$

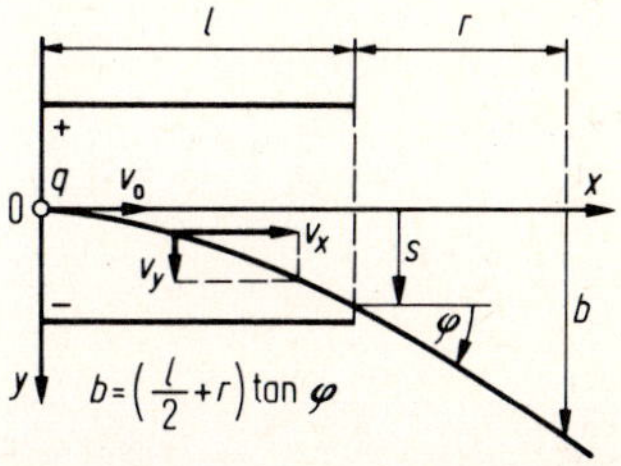

m_0 Ruhemasse,
v_0 Eintrittsgeschwindigkeit des Teilchens
U_b bzw. U Beschleunigungs- bzw. Plattenspannung
d bzw. l Plattenabstand bzw. Feldlänge

Bewegung im Coulombfeld
(felderzeugende Ladung q_0 im Zentrum $r = 0$; vgl. Satellitenbewegung S. 24, 25)

Gesamtenergie W: $W = \dfrac{1}{2}\,m_0\,v^2 + q\,\dfrac{q_0}{4\pi\,\varepsilon_0\,r} = \text{konstant}$

Drehimpuls L: $L = m_0\,r^2\,\omega = \text{konstant}$

ε_0 elektrische Feldkonstante
m_0 bzw. v Ruhemasse bzw. Geschwindigkeit des Teilchens mit der Ladung q
r Abstand des Teilchens vom Zentrum
ω momentane Winkelgeschwindigkeit des Teilchens

5.8.3 Punktladungen im Magnetfeld

Speziell: homogenes Feld mit der Flußdichte $\vec{B}$ = konstant und Teilchengeschwindigkeit $\vec{v} \perp \vec{B}$. Die Teilchen durchlaufen Kreisbahnen.

Kreisradius R

$$R = \frac{p}{Q\,B}$$

p relativistischer Impuls des Teilchens
Q Ladung des Teilchens

Umlaufdauer T

$$T = 2\pi\,\frac{m}{Q\,B}$$

m relativistische Masse des Teilchens

Zyklotronkreisfrequenz ω_c

$$\omega_c = \frac{Q\,B}{m} = \frac{2\pi}{T}$$

T Umlaufdauer
m relativistische Masse des Teilchens

Geschwindigkeit v

$$v = \left[\left(\frac{m_0}{Q\,R\,B}\right)^2 + \left(\frac{1}{c_0}\right)^2\right]^{-\frac{1}{2}}$$

c_0 Vakuumlichtgeschwindigkeit
R Kreisradius
m_0 Ruhemasse des Teilchens

5.9 Stromleitung

5.9.1 Stromstärke und Stromdichte bewegter geladener Teilchen

Strom I durch eine Fläche

Einheit: 1 A

$$I = \left| q_+ \frac{\Delta N_+}{\Delta t} \pm q_- \frac{\Delta N_-}{\Delta t} \right|$$

(+ Zeichen bei gleicher, – Zeichen bei entgegengesetzter Durchtrittsrichtung der Ladungsträger)

ΔN_+ bzw. ΔN_- Anzahl der positiven bzw. negativen Ladungsträger, die in der Zeit Δt durch die Fläche treten
$q_+ > 0$ bzw. $q_- < 0$ Ladung eines positiven bzw. negativen Ladungsträgers

Anzahldichte n der Ladungsträger

Einheit: $1\,\text{m}^{-3}$

$$n_+ = \frac{\Delta N_+}{\Delta V} > 0; \qquad n_- = \frac{\Delta N_-}{\Delta V} > 0$$

ΔN_+ bzw. ΔN_- Anzahl der positiven bzw. negativen Ladungsträger im Volumen ΔV

Speziell n_+ bzw. n_- = konstant:

$$n_+ = \frac{N_+}{V}; \qquad n_- = \frac{N_-}{V}$$

N_+ bzw. N_- Anzahl der positiven bzw. negativen Ladungsträger im Volumen V

Raumladungsdichte ϱ

Einheit: $1\,\text{C/m}^3$

$$\varrho = \varrho_+ + \varrho_-$$
$$\varrho_+ = n_+ q_+ > 0$$
$$\varrho_- = n_- q_- < 0$$

ϱ_+ bzw. ϱ_- Raumladungsdichte der positiven bzw. negativen Ladungsträger
n_+ bzw. n_- Anzahldichte der positiven bzw. negativen Ladungsträger

Stromdichte $\vec{S}$ (vgl. S. 72)

Betragseinheit: $1\,\text{A/m}^2$

$$\vec{S} = \varrho_+ \vec{v}_+ + \varrho_- \vec{v}_-$$

$\vec{v}_+$ bzw. $\vec{v}_-$ Geschwindigkeit, ϱ_+ bzw. ϱ_- Raumladungsdichte der positiven bzw. negativen Ladungsträger

5.9.2 Modell der Stromleitung in Materie

Beweglichkeit b (Tab. 36)

Einheit: $1\,\text{m}^2\,\text{V}^{-1}\,\text{s}^{-1}$

$$b = \frac{v_D}{E} \geqslant 0$$

v_D Driftgeschwindigkeit des Ladungsträgers
E elektrische Feldstärke

Stromdichte $\vec{S}$

Betragseinheit: $1\,\text{A/m}^2$

$$\vec{S} = \varrho_+ \vec{v}_{D+} + \varrho_- \vec{v}_{D-}$$
$$\vec{S} = (\varrho_+ b_+ - \varrho_- b_-)\vec{E}$$
$$\vec{S} = \varkappa \vec{E}$$

(Gesetz von Ohm für $\varkappa$ = konstant)

ϱ_+ bzw. ϱ_- Raumladungsdichte der positiven bzw. negativen Ladungsträger
$\varkappa$ elektrische Leitfähigkeit
$\vec{E}$ (äußere) elektrische Feldstärke
v_{D_+} bzw. v_{D_-} Driftgeschwindigkeit der positiven bzw. negativen Ladungsträger

Elektrische Leitfähigkeit $\varkappa$

Einheit: $1\,\Omega^{-1}\,\text{m}^{-1}$

$1\,\Omega^{-1}\,\text{m}^{-1} = 10^{-6}\,\Omega^{-1}\,\text{m}^1\,\text{mm}^{-2}$

$$\varkappa = \varrho_+ b_+ - \varrho_- b_-$$

b_+ bzw. b_- Beweglichkeit der positiven bzw. negativen Ladungsträger

5.9.3 Stromleitung in Elektrolyten

Elektrische Leitfähigkeit $\varkappa$

$$\varkappa = e(z_+ n_+ b_+ + z_- n_- b_-)$$

$$z_+ n_+ = z_- n_-$$

e Elementarladung
z_+ bzw. z_- Wertigkeit, n_+ bzw. n_- Anzahldichte,
b_+ bzw. b_- Beweglichkeit der positiven bzw. negativen Ladungsträger (alle Größen positiv)

1. Gesetz von Faraday
Masse m des an einer Elektrode umgesetzten Stoffes:

$$m = \ddot{A}\, I\, t$$

$$\ddot{A} = \frac{M_r\, u}{z\, e} = 1{,}036 \cdot 10^{-8}\ \frac{\text{kg}}{\text{As}}\ \frac{M_r}{z}$$

$\ddot{A}$ elektrochemisches Äquivalent des umgesetzten Stoffes
I Stromstärke, t Zeit, e Elementarladung
z Wertigkeit des umgesetzten Ions mit der relativen Molekülmasse M_r
u atomare Masseneinheit

2. Gesetz von Faraday
Transportierte Ladung Q zu einer Elektrode:

$$Q = F z \nu; \qquad F = N_A e = 9{,}6488 \cdot 10^7\ \text{A s/kmol}$$

F Faradaykonstante, N_A Avogadrokonstante
ν Stoffmenge des an einer Elektrode umgesetzten Stoffes
z Wertigkeit der Ionen des umgesetzten Stoffes
e Elementarladung

5.9.4 Stromleitung in Halbleitern

Temperaturspannung U_T

Einheit: 1 V

$$U_T = \frac{k\,T}{e} = 0{,}862 \cdot 10^{-4}\ \frac{\text{V}}{\text{K}}\ T$$

k Boltzmannkonstante
T absolute Temperatur
e Elementarladung

Diffusionskoeffizient D beweglicher Ladungsträger

Einheit: 1 m^2/s

$$D = b\, U_T$$

b Beweglichkeit, U_T Temperaturspannung

Diffusionslänge L

Einheit: 1 m

$$L = \sqrt{D\,\tau}$$

D Diffusionskoeffizient
τ mittlere Lebensdauer der beweglichen Ladungsträger

Intrinsicdichte n_i
(Konzentr. der Eigenleitungselektronen)

Einheit: 1 m^{-3} (cm^{-3})

$$n_i = \sqrt{n_+ n_-} = 2\left(\frac{2\pi\, k\, T}{h^2}\right)^{\frac{3}{2}} (m_+^* \, m_-^*)^{\frac{3}{4}}\, \mathrm{e}^{-\frac{\Delta W_0}{2kT}}$$

Speziell bei 300 K:

Germanium: $n_i = 2{,}4 \cdot 10^{13}\ \text{cm}^{-3}$

Silizium: $n_i = 1{,}5 \cdot 10^{10}\ \text{cm}^{-3}$

n_- bzw. n_+ Anzahldichte der Leitungs- bzw. Defektelektronen
k Boltzmannkonstante, h Wirkungsquantum
m_+^* bzw. m_-^* effektive Masse eines Leitungs- bzw. Defektelektrons
ΔW_0 Energielücke zwischen Valenz- und Leitfähigkeitsband

Abrupter (nicht entarteter) pn-Übergang

Diffusionsspannung U_D: $\quad U_D = U_T \ln \dfrac{n_A n_D}{n_i^2}$

Diffusionsstrom I_D: $\quad I_D = C_D\, \mathrm{e}^{-U_D/U_T}$

Feldstrom I_F: $\quad I_F = C_F\, \mathrm{e}^{-\Delta W_0/kT}$

U_T Temperaturspannung
n_A bzw. n_D Anzahldichte der Akzeptoren bzw. Donatoren
n_i Intrinsicdichte
C_D, C_F temperaturunabhängige Konstanten
ΔW_0 Energielücke zwischen Valenz- und Leitfähigkeitsband

5.9.5 Stromleitung in Metallen und Legierungen

Elektrische Leitfähigkeit $\varkappa$ (S. 73; 94)

Einheit: $1\,\Omega^{-1}\,\mathrm{m}^{-1}$

$$\varkappa = e\,n\,b; \qquad n = \text{konstant}$$

$$\frac{\lambda}{\varkappa} = A \cdot T;$$

(*Gesetz von Wiedemann-Franz*)

e Elementarladung
n bzw. b Anzahldichte bzw. Beweglichkeit der freien Leitungselektronen, A Konstante
λ Wärmeleitfähigkeit (S. 61, Tab. 25)
T absolute Temperatur
T_s Sprungtemperatur

Supraleitung bei $T < T_s$: $\varkappa \to \infty$ bzw. $\varrho \to 0$

Hall-Spannung U_H

Einheit: 1 V

$$U_H = |R_H|\,\frac{I}{d}\,B$$

$$R_H \approx -\frac{1}{e\,n}$$

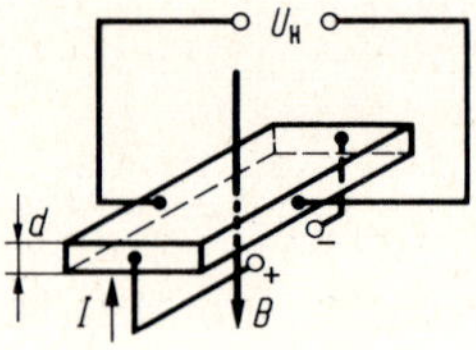

R_H Hall-Konstante (Tab. 37)
B magnetische Flußdichte
I Querstromstärke, e Elementarladung
n Anzahldichte der Ladungsträger
d Plattendicke

Thermospannung U_{th}

Einheit: 1 V

$$U_{th} = a\,\Delta T + b\,(\Delta T)^2$$

(*Seebeck-Effekt*)

ΔT Temperaturdifferenz der Kontaktstellen der beiden Leiter
a, b Materialkonstanten für das Leiterpaar

Thermokraft $U_{th}/\Delta T$

Einheit: $1\,\mathrm{VK}^{-1}$

$$\frac{U_{th}}{\Delta T} \approx a$$

5.9.6 Elektronenemission aus Festkörpern

Glühelektrischer Effekt

Stromdichte S der austretenden Glühelektronen:

$$S = A_r\,T^2\,\mathrm{e}^{-\Delta W_A/kT}$$

(*Gesetz von Richardson*)

T absolute Temperatur der Glühelektrode
A_r Mengenkonstante, k Boltzmannkonstante
ΔW_A thermische Austrittsarbeit (Tab. 38)

Äußerer Photoeffekt: siehe S. 112

5.9.7 Nichtlineare passive Schaltelemente

Differentieller (Innen-)Widerstand r eines Zweipols

Einheit: $1\,\Omega$

$$r(\mathrm{P}) \approx \frac{\Delta U}{\Delta I} \lessgtr 0$$

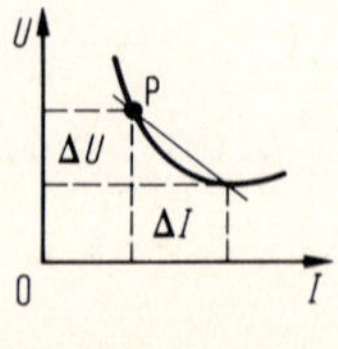

U Spannungsabfall am Leiter
I Strom durch den Leiter
P Arbeitspunkt

Röhrendiode

a) Anlaufstrom: $I_A = I_s\, e^{U_A/U_T}$

b) Raumladungsstrom: $I_A = K\, U_A^{3/2}$

(Gesetz von Schottky-Langmuir)

c) Sättigungsstrom: $I_A = I_s$ (ohne Schottky-Effekt)

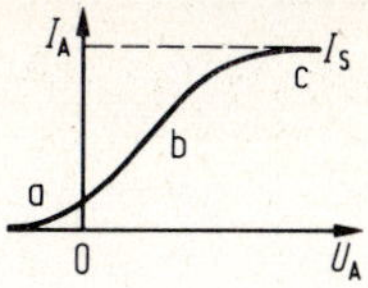

I_A Anodenstrom, U_A Anodenspannung
U_T Temperaturspannung
I_s Sättigungsstrom
K Konstante

a, b, c Arbeitsbereiche

Triode

Innenwiderstand R_i:

$$R_i = \left(\frac{\Delta U_A}{\Delta I_A}\right)_{U_G}$$

Steilheit S:

$$S = \left(\frac{\Delta I_A}{\Delta U_G}\right)_{U_A}$$

Durchgriff D:

$$D = \left|\frac{\Delta U_G}{\Delta U_A}\right|_{I_A}$$

Formel von Barkhausen: $S\,D\,R_i = 1$

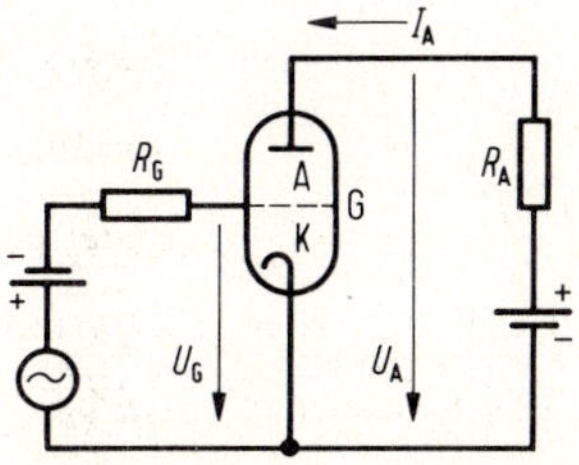

A Anode, G Gitter, K Kathode

I_s Anodenstrom
U_A Anodenspannung
U_G Gitterspannung

Erläuterung: z.B. $(\Delta U_A/\Delta I_A)_{U_G}$:
Anodenstromänderung ΔI_A, die durch die Anodenspannungs-Änderung ΔU_A bewirkt wird bei $U_G =$ konst.

Spannungsverstärkungsfaktor v:

$$v = \frac{1}{1 + (R_i/R_A)}\,\frac{1}{D}$$

R_A Arbeitswiderstand am Ausgang
R_i Innenwiderstand

Halbleiterdiode

$I = I_{sp}\,(e^{U/U_T} - 1)$ für $U > U_z$

$I_{sp} \approx I_F$

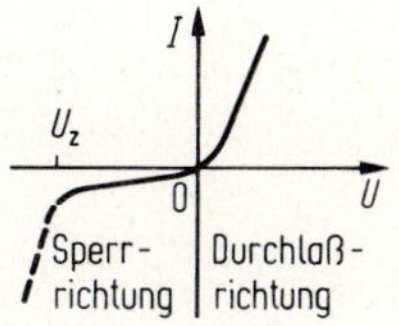

U_z Durchbruchspannung (Zenerspannung)
U_T Temperaturspannung
I_{sp} Sperrsättigungsstrom
I_F Feldstrom (S. 95)

Flächentransistor (pnp-Transistor)

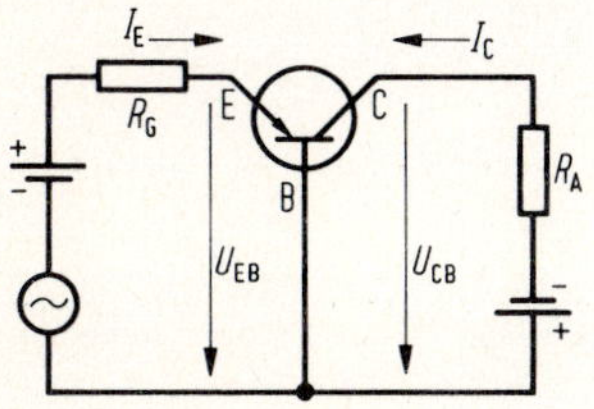

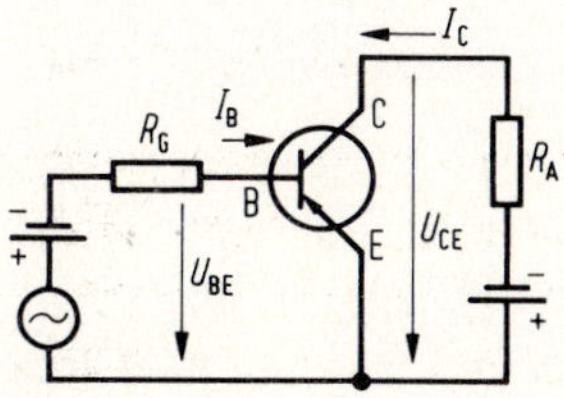

B Basis, C Kollektor, E Emitter des Transistors

R_A Arbeitswiderstand am Ausgang
R_G Vorwiderstand am Eingang
I_B Basisstrom, I_C Kollektorstrom, I_E Emitterstrom

6 Optik

6.1 Reflexion und Brechung

Reflexionsgesetz

$\varepsilon_r' = -\varepsilon$

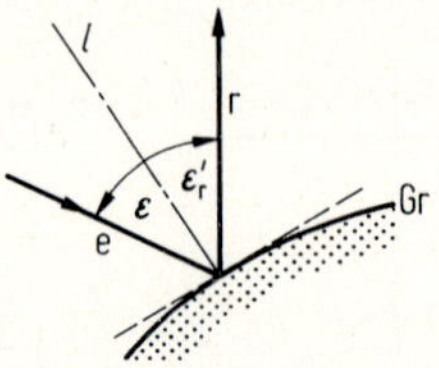

Gr Grenzfläche zwischen den Medien
ε Einfallswinkel
ε_r' Reflexionswinkel bei gerichteter (regelmäßiger) Reflexion

Einfallender Strahl *e*, Flächenlot *l* und reflektierter Strahl *r* liegen in einer Ebene. Winkelvorzeichen siehe Abschn. 6.2.

Brechzahl *n* eines Stoffes (Tab. 39) — *Einheit*: 1

1. Absolute Brechzahl n_{abs}:

$$n_{abs} = \frac{c_0}{c} = \frac{\lambda_0}{\lambda}; \qquad c_0 = 299\,792\,458 \text{ m/s}$$

λ_0 bzw. λ Wellenlänge des Lichtes im Vakuum bzw. im Stoff
c_0 bzw. c Lichtgeschwindigkeit im Vakuum bzw. im Stoff

Speziell Luft bei 20 °C und 1013 hPa:

$$n_{abs,\,L} \approx 1{,}0003; \qquad c_L \approx 299\,700 \text{ km/s}$$

2. Auf Luft bezogene Brechzahl *n*:

$$n = \frac{c_L}{c} = \frac{\lambda_L}{\lambda} = \frac{n_{abs}}{n_{abs,\,L}}; \qquad n \approx n_{abs}$$

c_L Lichtgeschwindigkeit in Luft
λ_L Wellenlänge des Lichtes in Luft
n_{abs} absolute Brechzahl des Stoffes

Speziell Luft: $n = 1$

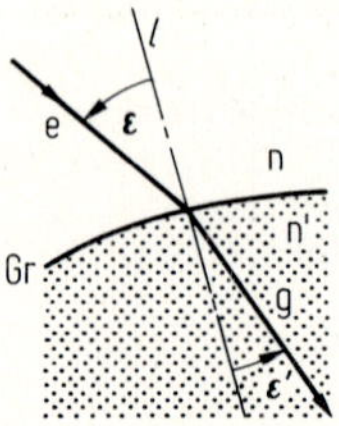

Brechungsgesetz ($0° < \varepsilon < 90°$)

$$\frac{\sin\varepsilon}{\sin\varepsilon'} = \frac{n'}{n} = \frac{c}{c'} = \frac{\lambda}{\lambda'}$$

ε Einfallswinkel
ε' Brechungswinkel bei gerichteter Brechung
n bzw. n' Brechzahl des Stoffes vor bzw. hinter der brechenden Grenzfläche *Gr*
c bzw. c' Lichtgeschwindigkeit vor bzw. hinter *Gr*

Einfallender Strahl *e*, Flächenlot *l* und gebrochener Strahl *g* liegen in einer Ebene.

Speziell Übergang Luft → Stoff: $\dfrac{\sin\varepsilon}{\sin\varepsilon'} = n'$

Übergang Stoff → Luft: $\dfrac{\sin\varepsilon}{\sin\varepsilon'} = \dfrac{1}{n}$

λ bzw. λ' Wellenlänge des Lichtes vor bzw. hinter *Gr*
ε bzw. ε' Einfalls- bzw. Brechungswinkel

Totalreflexion ($\varepsilon \geqslant \varepsilon_G$; $n > n'$)

$$\sin\varepsilon_G = \frac{n'}{n}$$

Speziell Übergang Stoff → Luft: $\sin\varepsilon_G = \dfrac{1}{n}$

ε Einfallswinkel
ε_G Grenzwinkel der Totalreflexion (Tab. 40)
n bzw. n' Brechzahlen vor bzw. hinter der brechenden Fläche

Reflexions- und Transmissionsgrad
der Grenzfläche zweier nicht absorbierender Stoffe bei senkrechtem Einfall und gerichteter Reflexion

Reflexionsgrad ϱ

Einheit: 1

$$\varrho = \left(\frac{n - n'}{n + n'}\right)^2$$

n bzw. n' Brechzahlen der Stoffe

Transmissionsgrad τ

Einheit: 1

$$\tau = 1 - \varrho = \frac{4\,n\,n'}{(n + n')^2}$$

n bzw. n' Brechzahlen der Stoffe

Planparallele Platte
Parallelverschiebung s:

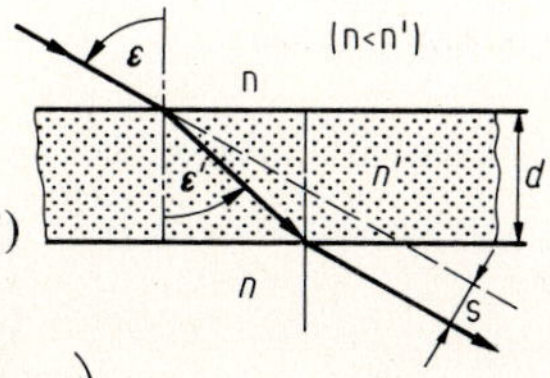

$$s = \frac{d \sin|\varepsilon - \varepsilon'|}{\cos\varepsilon'}; \qquad (\varepsilon \neq 90°)$$

$$s = d \sin\varepsilon \left(1 - \frac{\cos\varepsilon}{\sqrt{(n/n')^2 - \sin^2\varepsilon}}\right)$$

d Plattendicke
ε bzw. ε' Einfalls- bzw. Brechungswinkel
n bzw. n' Brechzahlen der beiden Medien

Prisma
Speziell symmetrischer Strahlengang $\varepsilon_1 = \varepsilon_2$:

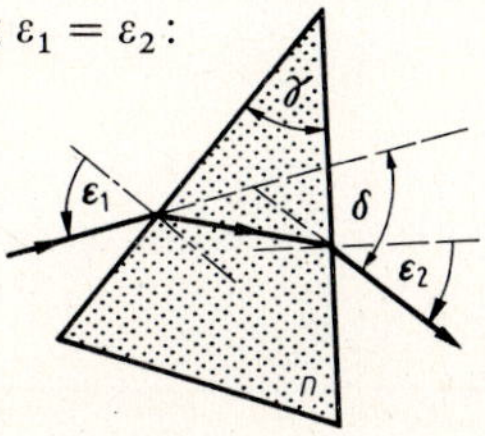

$$n = \frac{\sin\frac{1}{2}(\gamma + \delta)}{\sin(\gamma/2)}; \qquad \delta \text{ minimal}$$

Speziell $\varepsilon_1 \ll 1; \quad \gamma \ll 1$:

$$\delta \approx (n - 1)\,\gamma$$

ε_1 bzw. ε_2 Einfalls- bzw. Ausfallswinkel
γ brechender Winkel des Prismas
δ Ablenkungswinkel
n Brechzahl des Prismas

Dispersion *d* eines Stoffes

Frequenzbezogene Dispersion d_f

Einheit: 1 s

$$d_f = \frac{\mathrm{d}n}{\mathrm{d}f}$$

n (auf Luft bezogene) Brechzahl
f Frequenz des Lichtes

Wellenlängenbezogene Dispersion d_λ

Einheit: $1\,\mathrm{m}^{-1}$

$$d_\lambda = \frac{\mathrm{d}n}{\mathrm{d}\lambda_L}; \qquad \lambda d_\lambda = -f\,d_f$$

λ_L Wellenlänge des Lichtes in Luft
dn Änderung der Brechzahl n im Wellenlängen- bzw. Frequenzintervall von λ bis $\lambda + \mathrm{d}\lambda$ bzw. von f bis $f + \mathrm{d}f$

Normale Dispersion: $d_f > 0; \quad d_\lambda < 0$

Anormale Dispersion: $d_f < 0; \quad d_\lambda > 0$

Mittlere Dispersion ϑ_m: $\vartheta_m = n_F - n_C$

Relative Dispersion ϑ_{rel}: $\vartheta_{rel} = \dfrac{\vartheta_m}{n_D - 1}$

Abbe-Zahl ν: $\nu = \dfrac{1}{\vartheta_{rel}}$

n_C Brechzahl für $\lambda_C = 656{,}3$ nm
n_F Brechzahl für $\lambda_F = 486{,}1$ nm
n_D Brechzahl für $\lambda_D = 589{,}3$ nm

6.2 Paraxiale Abbildung
6.2.1 Allgemeines

Optische Achse:
Verbindungslinie der Krümmungsmittelpunkte der Grenzflächen des abbildenden Systems. Abkürzung: o.A.; in der Zeichnung: –·–·–·–.

Vorzeichen: *Strecken parallel zur o.A.* werden in Strahlrichtung, das ist von links nach rechts, positiv gezählt und zwar vom Scheitelpunkt des Spiegels bzw. der brechenden Einzelfläche und von den Haupt- und Brennebenen der Linsen aus. *Strecken senkrecht zur o.A.* werden nach oben positiv gezählt und zwar von der o.A. aus. *Winkel von Strahlen* sind positiv, wenn entgegen dem Uhrzeigersinn gedreht wird; Bezugsschenkel ist in Objekt- und Bildraum der Strahl selbst, an reflektierender und brechender Fläche das Flächenlot.

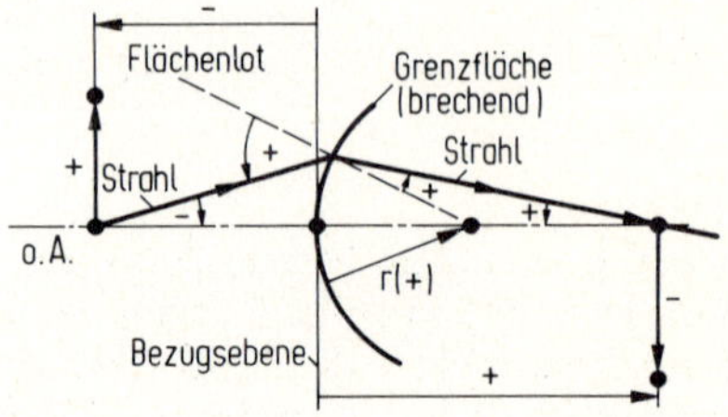

Krümmungsradius *r* abbildender Flächen
$r > 0$: konvexe Fläche; $r < 0$: konkave Fläche; $|r| = \infty$: ebene (plane) Fläche

Konjugierte Größen
Das sind Größenpaare in Objekt- und Bildraum, die durch Abbildung auseinander hervorgehen. Sie werden mit gleichem Buchstaben bezeichnet; die Größe im Bildraum erhält ein zusätzliches „′", z. B. y, y' oder σ, σ'. (Ausnahme: Objekt- und bildseitige Brennweite f und f' sind nicht konjugiert zueinander.)

Winkelverhältnis γ

$$\gamma = \frac{\sigma'}{\sigma}$$

Einheit: 1

σ, σ' objekt- bzw. bildseitiger Strahlwinkel

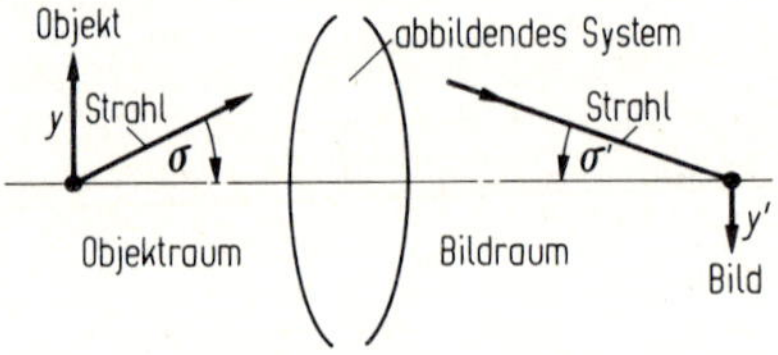

Abbildungsmaßstab β

$$\beta = \frac{y'}{y}$$

Einheit: 1

y, y' Objekt- bzw. Bildgröße

Reelles Bild: $\beta < 0$; *virtuelles Bild*: $\beta > 0$

Speziell: Konvexspiegel, brechende Einzelfläche mit $f' < 0$ und Zerstreuungslinse:
$0 \leqslant \beta \leqslant 1$ für alle Objektlagen

6.2.2 Spiegel und brechende Einzelflächen

Geometrische Kenngrößen einer Grenzfläche
r bzw. C Krümmungsradius bzw. -mittelpunkt der Grenzfläche
v bzw. S Scheitelebene bzw. -punkt; N Knotenpunkt
$\overline{\mathrm{F}}$, F′ bzw. f, f' objekt- und bildseitiger Brennpunkt bzw. Brennweite
$\bar{u}$, u' objekt- und bildseitige Brennebene
n, n' Brechzahl des Mediums in Objekt- und Bildraum

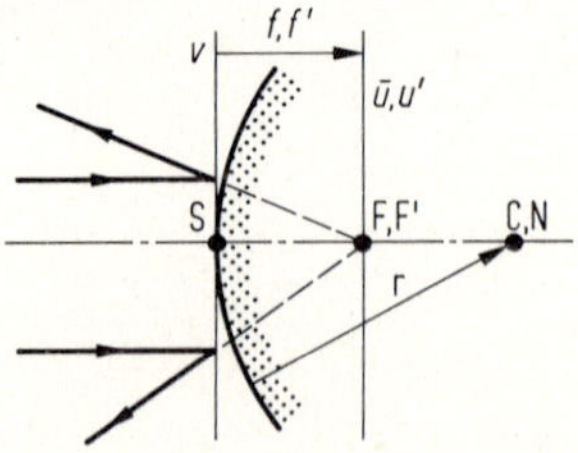

Kenngrößen eines Konvexspiegels

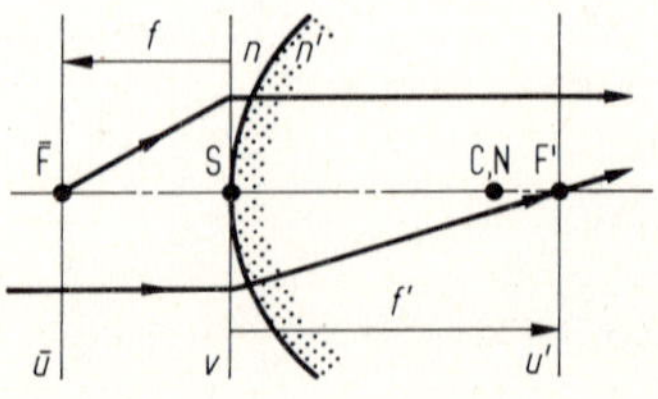

Kenngrößen einer brechenden Konvexfläche (sammelnd)

Bild- und objektseitige Brennweite f' und f *Einheit*: 1 m

Sphärischer Spiegel	ebener Spiegel	sphärische brechende Fläche	ebene brechende Fläche
$f' = f = \frac{r}{2}$	$f' = f = \pm\infty$	$f' = \frac{r}{1 - n/n'} = -\frac{n'}{n} f$	$f' = -f = \pm\infty$

Konkavspiegel: $f' < 0$; Konvexspiegel: $f' > 0$

Bildkonstruktion

A, A′ bzw. B, B′ axialer bzw. außeraxialer Objekt- und Bildpunkt
y, y' Objekt- und Bildgröße, s, s' objekt- und bildseitige Schnittweite
z, z' brennebenenbezogene Objekt- und Bildweite, n, n' objekt- und bildseitige Brechzahl
S Scheitelpunkt, N Knotenpunkt, C Krümmungsmittelpunkt

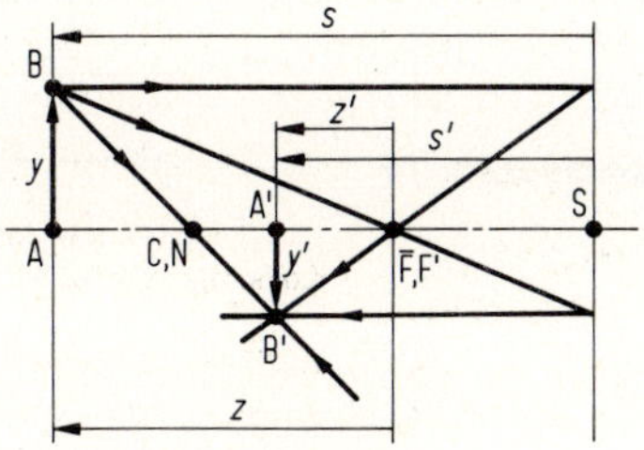

Konkavspiegel, reelles Bild

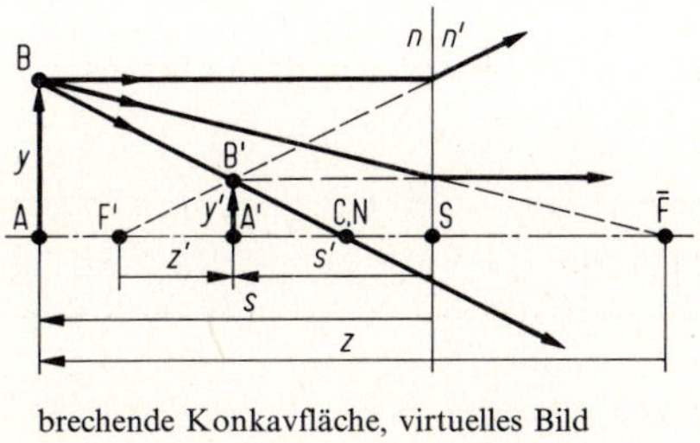

brechende Konkavfläche, virtuelles Bild

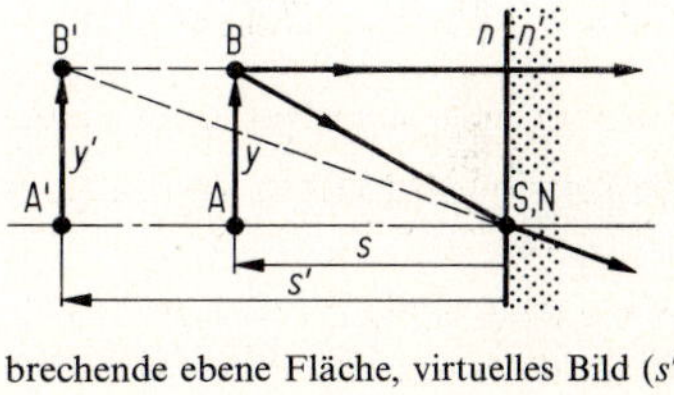

brechende ebene Fläche, virtuelles Bild ($s' = (n'/n)\,s$)

Abbildungsgleichungen und Maßstäbe der Abbildung

abbildende Fläche	scheitelbezogene Abbildungsgleichung	Abbildungsmaßstab β	Winkelverhältnis γ
sphärische Grenzfläche	$f/s + f'/s' = 1$	$\beta = -f/z = -z'/f'$	$\gamma = z/f' = f/z'$
ebener Spiegel	$s' = -s$	$\beta = 1$	$\gamma = -1$
ebene brechende Fläche	$n/s - n'/s' = 0$	$\beta = 1$	$\gamma = n/n'$

Newtonsche Abbildungsgleichung für sphärische Grenzflächen: $z\,z' = f f'$

6.2.3 Linsen

Kardinalgrößen und -punkte

r_1 bzw. C_1 bzw. S_1 Krümmungsradius bzw. -mittelpunkt bzw. Scheitelpunkt der objektseitigen Linsenfläche
r_2 bzw. C_2 bzw. S_2 Krümmungsradius bzw. -mittelpunkt bzw. Scheitelpunkt der bildseitigen Linsenfläche
H, H′ bzw. h, h' objekt- und bildseitige Hauptpunkte bzw. -ebenen
$\bar{F}$, F′ bzw. $\bar{u}$, u' objekt- und bildseitige Brennpunkte bzw. -ebenen
f, f' objekt- und bildseitige Brennweite, N, N′ objekt- und bildseitiger Knotenpunkt
n_1, n_2' Brechzahl des Mediums in Objekt- und Bildraum, n Brechzahl des Linsenmaterials, d Linsendicke

Schnittweiten s_{1H} und $s_{2H'}$ der Hauptpunkte H und H′

$$s_{1H} = \left(1 - \frac{n_2'}{n}\right)\frac{d\,f}{r_2}$$

$$s_{2H'} = -\left(1 - \frac{n_1}{n}\right)\frac{d\,f'}{r_1}$$

$$d = \overrightarrow{S_1 S_2} > 0$$

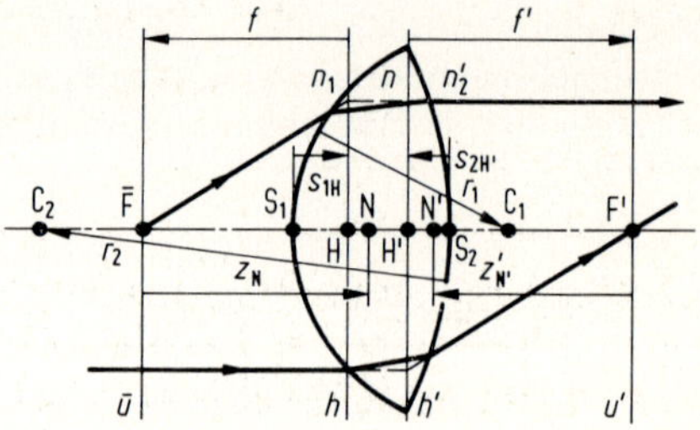

Konstruktion der Kardinalpunkte, Sammellinse

Brennpunktbezogene Weiten z_N und $z'_{N'}$ der Knotenpunkte N und N′

$$z_N = f'; \qquad z'_{N'} = f$$

Brechkraft D

$$D = \frac{1}{f'}$$

Einheit: 1 Dioptrie dpt
1 dpt = 1 m^{-1}

Bild- und objektseitige Brennweite f' und f

$$f' = \frac{n_2' r_1 r_2}{r_2(n - n_1) - (n - n_2')\left[r_1 - \left(1 - \frac{n_2'}{n}\right)d\right]}; \qquad f = -\frac{n_1}{n_2'} f'$$

Sammellinse: $f' > 0$; Zerstreuungslinse: $f' < 0$

Speziell **Linse in Luft:** $n_1 = n_2' = 1$

$$f' = \frac{r_1 r_2}{(n-1)\left[r_2 - r_1 - \left(1 - \frac{1}{n}\right)d\right]}; \qquad f = -f'; \qquad N = H; \qquad N' = H'$$

Speziell **Dünne Linse in Luft:** $d \approx 0$

$$f' \approx \frac{r_1 r_2}{(n-1)(r_2 - r_1)}; \qquad f = -f'; \qquad H \approx H' \approx N \approx N' \approx S_1 \approx S_2$$

Bildkonstruktion

A, A′ bzw. B, B′ axialer bzw. außeraxialer Objekt- und Bildpunkt
a, a' bzw. z, z' haupt- bzw. brennebenenbezogene Objekt- und Bildweite, y, y' Objekt- und Bildgröße

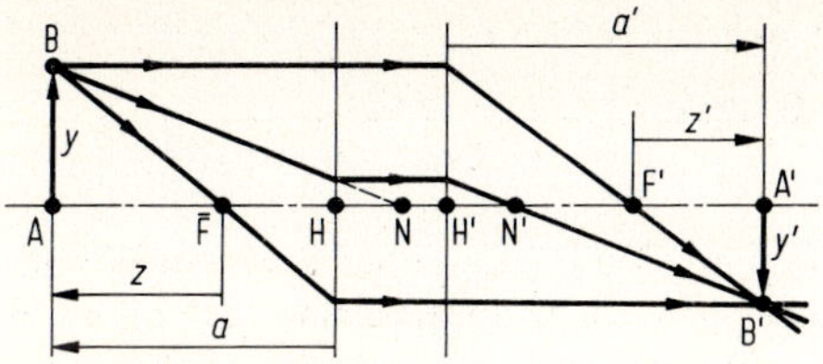

Sammellinse mit reellem Bild

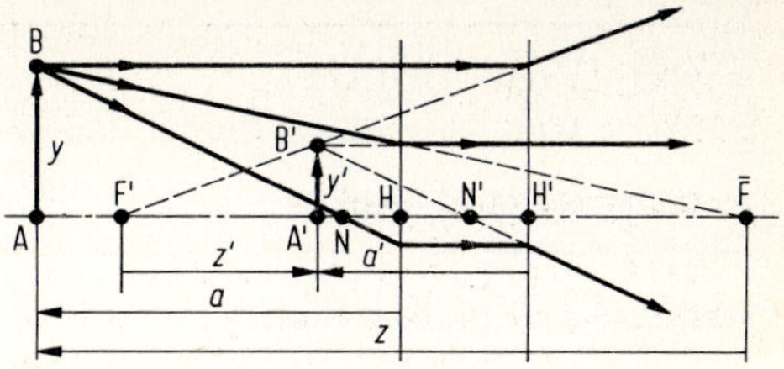

Zerstreuungslinse mit virtuellem Bild

Abbildungsgleichungen und Maßstäbe der Abbildung

hauptpunktbezogene Abbildungsgleichung	Newtonsche Abbildungsgleichung	Abbildungsmaßstab β	Winkelverhältnis γ
$\frac{f}{a}+\frac{f'}{a'}=1$	$z z' = f f'$	$\beta = -\frac{f}{z} = -\frac{z'}{f'}$	$\gamma = \frac{z}{f'} = \frac{f'}{z'}$

6.2.4 Linsen- und/oder Spiegelsysteme

Zwischen Objekt und Endbild liegen i.a. Zwischenbilder; für jede Einzelabbildung von einem Zwischenbild zum nächsten gelten dieselben Beziehungen wie bei einer Einzellinse.
Es lassen sich stets zwei Hauptpunkte H, H′, Brennpunkte F̄, F′ und Knotenpunkte N, N′ angeben, mit denen das Endbild direkt aus dem Objekt konstruiert werden kann. Die zugehörigen Abbildungsgleichungen und Maßstäbe der Abbildung entsprechen denen der Einzellinse.

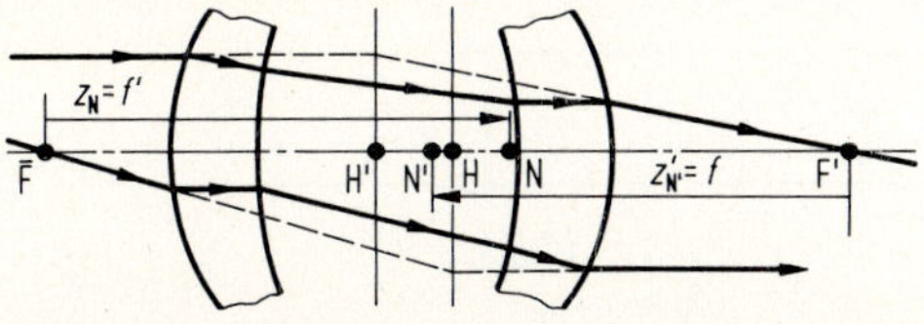

Konstruktion der Kardinalpunkte eines zweilinsigen Systems

Speziell **zwei Linsen 1,2 in Luft:**

Bild- und objektseitige Brennweite f' und f des Systems *Einheit*: 1 m

$$f' = \frac{f_1' f_2'}{f_1' + f_2' - e}; \qquad f = -f'; \qquad \overrightarrow{H_1' H_2} = e$$

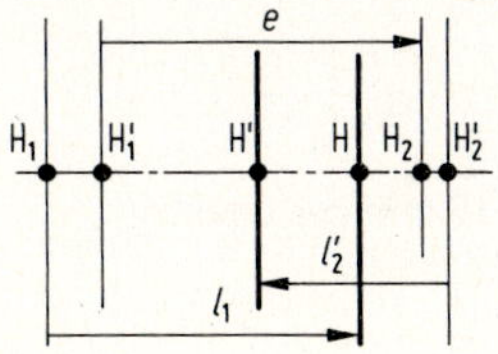

Lage der Hauptpunkte H, H′ des Systems

$$\overrightarrow{H_1 H} = l_1 = e\frac{f'}{f_2'}; \qquad \overrightarrow{H_2' H'} = l_2' = e\frac{f'}{f_1'}$$

Speziell **dünne Linsen 1, 2, 3, ... mit geringem Abstand in Luft:**

Brechkraft D des Systems *Einheit*: 1 m^{-1}

$$D \approx D_1 + D_2 + D_3 + \ldots = \frac{1}{f_1'} + \frac{1}{f_2'} + \frac{1}{f_3'} + \ldots$$

Bild- und objektseitige Brennweite f' und f des Systems *Einheit*: 1 m

$$f' \approx \frac{1}{D}; \qquad f = -f'$$

D Brechkraft des Systems

6.3 Wellenoptik
(siehe auch elektromagnetische Wellen 5.7)

6.3.1 Grundgrößen

Wellenlänge λ in einem Stoff — *Einheit*: 1 m

$$\lambda = \frac{c}{f}; \qquad \lambda = \frac{\lambda_0}{n}$$

c Ausbreitungsgeschwindigkeit der Welle im Stoff mit der Brechzahl n
f Frequenz, λ_0 Wellenlänge im Vakuum (bzw. Luft)

Repetenz (Wellenzahl) σ — *Einheit*: $1\,\mathrm{m}^{-1}$

$$\sigma = 1/\lambda$$

λ Wellenlänge

Optischer Weg s_{opt} in einem Stoff — *Einheit*: 1 m

Ohne Reflexion am optisch dichteren Stoff:

$$s_{opt} = s_{geom}\,n$$

s_{geom} geometrischer Weg des Strahles im Stoff mit der Brechzahl n

Mit Reflexion am optisch dichteren Stoff:

$$s_{opt} = s_{geom}\,n \pm \tfrac{1}{2}\,\lambda_0$$

λ_0 Wellenlänge im Vakuum (bzw. Luft)

Gangunterschied Δs_{opt} zweier Strahlen 1 und 2 — *Einheit*: 1 m

$$\Delta s_{opt} = s_{opt,\,1} - s_{opt,\,2}$$

$s_{opt,\,1}$ bzw. $s_{opt,\,2}$ optischer Weg des Strahles 1 bzw. 2

6.3.2 Kohärenz

Phasendifferenz $\Delta\varphi$ zweier Strahlen 1 und 2 — *Einheit*: 1

bei gleichzeitiger Emission aus einer Quelle

$$\Delta\varphi = 2\pi \cdot \frac{\Delta s_{opt}}{\lambda_0}$$

Δs_{opt} Gangunterschied der Strahlen
λ_0 Wellenlänge im Vakuum

Speziell Überlagerung:

Auslöschung: $\Delta\varphi = (2k+1)\,\pi$

Verstärkung: $\Delta\varphi = 2k\,\pi$

$k = 0, \pm 1, \pm 2, \ldots$

Strahlung einer punktförmigen Quelle

Kohärenzzeit τ:

$$\tau \approx \frac{1}{\Delta f}$$

Δf Halbwertsbreite der Spektralverteilung der Quelle

Kohärenzlänge l:

$$l = c\,\tau$$

c Ausbreitungsgeschwindigkeit der Strahlung

Bedingung für die Beobachtbarkeit von Interferenzen:

$$\Delta s_{opt} < l \quad \text{(Koinzidenzbedingung)}$$

Δs_{opt} Gangunterschied zwischen den interferierenden Strahlen der Quelle

Strahlung einer ausgedehnten Quelle
(monochromatisch, inkohärent)

Kohärenzbedingung: $a \sin \vartheta \leq \frac{\lambda}{2}$

a Durchmesser des Strahlers bzw. des bestrahlten Bereichs
λ Wellenlänge der Strahlung
ϑ Öffnungswinkel des Strahlenkegels

1. Bedingung für die Beobachtbarkeit von Interferenzen:

$$\Delta s_{\text{opt}} \approx a_Q \sin \vartheta \leq \frac{\lambda}{2}$$

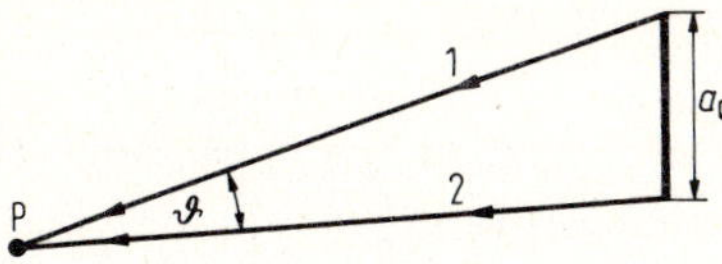

a_Q Quellendurchmesser
Δs_{opt} Gangunterschied zwischen den Randstrahlen 1 und 2
P Ort der Interferenz

2. Kohärenzwinkel ϑ_K:

$$\sin \vartheta_K \approx \frac{\lambda}{2 a_Q}$$

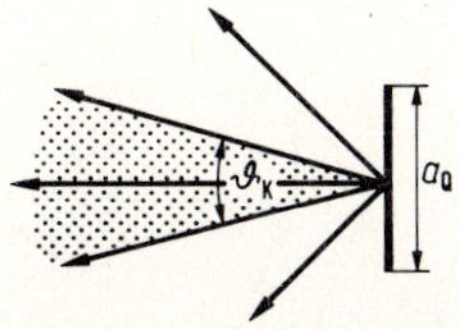

λ Wellenlänge der Strahlung
a_Q Durchmesser der Quelle

3. Durchmesser a_K kohärent ausgeleuchteter Bereiche einer bestrahlten Fläche:

$$a_K \approx \frac{\lambda}{2 \sin \vartheta}$$

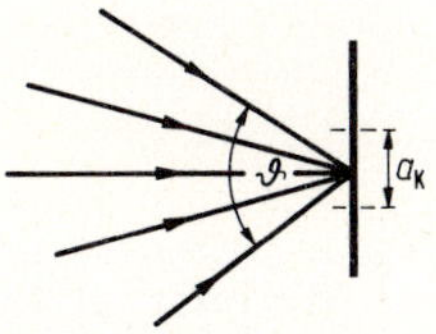

ϑ Öffnungswinkel der einfallenden Strahlung

6.3.3 Interferenz durch Reflexion

Dünne Parallelschicht
Gangunterschied zwischen den Teilstrahlen 1 und 2:

$$\Delta s_{\text{opt}} = 2d\sqrt{n^2 - \sin^2 \varepsilon} \pm \frac{\lambda_0}{2}$$

Speziell senkrechter Einfall $\varepsilon = 0°$:

$$\Delta s_{\text{opt}} = 2dn \pm \frac{\lambda_0}{2}$$

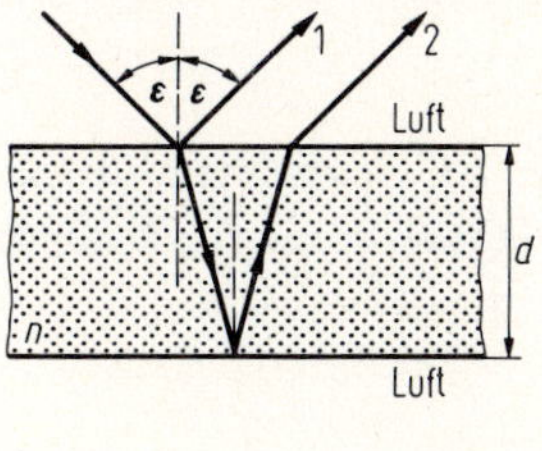

d Schichtdicke des Stoffes mit der Brechzahl n
λ_0 Wellenlänge im Vakuum (bzw. Luft)

Optische Vergütungsschicht auf Linsen

Dicke d: $d = \frac{\lambda_0}{4n}$

Brechzahl n: $n = \sqrt{n_L}$

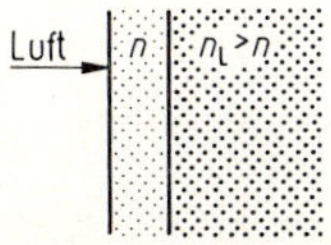

λ_0 Wellenlänge im Vakuum (bzw. Luft)
n_L Brechzahl der Linse

Newtonsche Ringe

Radius ϱ_k des k-ten dunklen Ringes in Reflexion bei senkrechtem Einfall:

$$\varrho_k = \sqrt{k\,\lambda_0\,R}$$

$$k = 1, 2, 3, \ldots$$

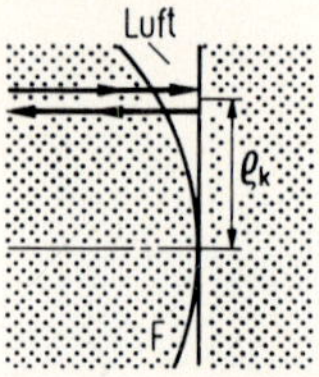

R Radius der Kugelfläche F
λ_0 Wellenlänge der monochromatischen Strahlung im Vakuum (bzw. Luft)

6.3.4 Fraunhofersche Beugungserscheinungen

Beugung am Spalt bei senkrechtem Einfall

Strahlstärke I (siehe S. 109) der gebeugten Strahlung:

$$I = I_0 \left[\frac{\sin x}{x}\right]^2$$

$$x = \frac{\pi\, b \sin\alpha}{\lambda}$$

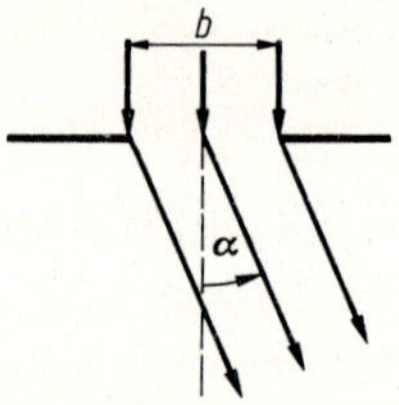

b Spaltbreite, λ Wellenlänge der Strahlung
α Beugungswinkel
I_0 Strahlstärke der gebeugten Strahlung in der Richtung $\alpha = 0°$

Richtungen α_k für die Nullstellen von I (Minima):

$$\sin\alpha_k = k\,\frac{\lambda}{b}; \qquad k = \pm 1, \pm 2, \pm 3, \ldots$$

λ Wellenlänge der Strahlung

Beugung am Doppelspalt bei senkrechtem Einfall

Richtungen α_k für die Nullstellen der Strahlstärke I (Minima):

$$\sin\alpha_k = (k + \tfrac{1}{2})\,\frac{\lambda}{g}; \qquad k = 0, \pm 1, \pm 2, \ldots$$

λ Wellenlänge der Strahlung
g Abstand der Spaltmitten
α Beugungswinkel

Winkelabstand $\Delta\alpha$ benachbarter Nullstellen für kleine Winkel α_k:

$$\Delta\alpha = \frac{\lambda}{g}$$

Beugung am Gitter bei senkrechtem Einfall

Richtung α_k der Hauptmaxima der Strahlstärke I:

$$\sin\alpha_k = k\,\frac{\lambda}{g}; \qquad k = 0, \pm 1, \pm 2, \ldots$$

g Gitterkonstante
λ Wellenlänge der Strahlung

Speziell Beobachtung in der Brennebene einer Sammellinse:

$$\tan\alpha_k = \frac{z_k}{f}$$

f Brennweite der Sammellinse
z_k Abstand des k-ten Hauptmaximums vom 0-ten Hauptmaximum in der Brennebene der Linse

Speziell kleine Winkel α_k:

$$\lambda = \frac{z_k\, g}{k\, f}; \qquad k = 1, 2, 3, \ldots$$

g Gitterkonstante

Beugung an kreisförmiger Öffnung bei senkrechtem Einfall

Richtungen α_k für die Nullstellen der Strahlstärke I (Minima):

$$\sin\alpha_1 = 0{,}610 \cdot (\lambda/R)$$
$$\sin\alpha_2 = 1{,}116 \cdot (\lambda/R)$$
$$\sin\alpha_3 = 1{,}619 \cdot (\lambda/R)$$
...

λ Wellenlänge der Strahlung
R Radius der Öffnung

Beugung am Raumgitter (Kristall)

Einfallswinkel $\pi/2 - \vartheta_k$ der Strahlung, für die Reflexion auftritt:

$$2d\sin\vartheta_k = k\lambda; \qquad k = 0, 1, 2, 3, \ldots$$

(Gesetz von Bragg)

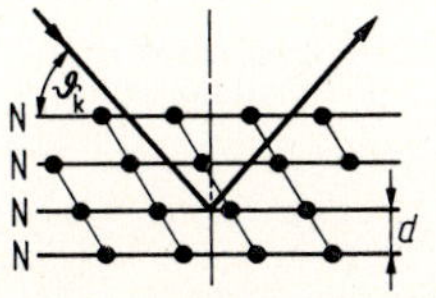

N Netzebenen des Kristalls, für die Reflexion auftritt
d Netzebenenabstand
λ Wellenlänge der Strahlung
ϑ_k Glanzwinkel

6.3.5 Polarisierte Lichtwellen

Polarisationsgrad P einer Lichtwelle

$$P = \frac{\phi_P}{\phi}$$

ϕ_P polarisierter Anteil des gesamten Strahlungsflusses ϕ

Polarisation durch Reflexion

Brewsterscher Winkel ε_B:

$$\tan\varepsilon_B = n$$

ε_B Einfallswinkel, bei dem vollständige Polarisation des reflektierten Lichtes eintritt
n Brechzahl des reflektierenden Stoffes

Optische Aktivität von Lösungen

Drehwinkel α der Schwingungsrichtung von linear polarisiertem Licht:

$$\alpha = \alpha_0 \frac{l}{\mathrm{dm}} \frac{\varrho}{\mathrm{g/cm^3}} \frac{m}{m_L}$$

α_0 spezifischer Drehwinkel
l Weglänge des Lichts in der Lösung
ϱ Dichte der Lösung
m Masse der optisch aktiven Substanz
m_L Masse des Lösungsmittels

Longitudinaler Dopplereffekt im Vakuum

$$f_E = f_Q \frac{\sqrt{1-\beta^2}}{1 \pm \beta}$$

$$\beta = \frac{v}{c_0}$$

+-*Zeichen*: Entfernung

−-*Zeichen*: Annäherung

Speziell $v \ll c_0$: $\Delta\lambda \approx \lambda_Q \beta$

$\Delta f \approx f_Q \beta$

f_E gemessene Frequenz beim Empfänger
f_Q bzw. λ_Q Frequenz bzw. Wellenlänge der strahlenden Quelle
v Relativgeschwindigkeit zwischen Quelle und Empfänger, die sich auf der gleichen Geraden bewegen
c_0 Vakuumlichtgeschwindigkeit
$\Delta\lambda$ bzw. Δf Wellenlängen- bzw. Frequenzverschiebung

6.4 Optische Instrumente

Vergrößerung Γ

$$\Gamma = \frac{\varphi'}{\varphi} \approx \frac{\tan\varphi'}{\tan\varphi} = \frac{y'/a'}{y/a}$$

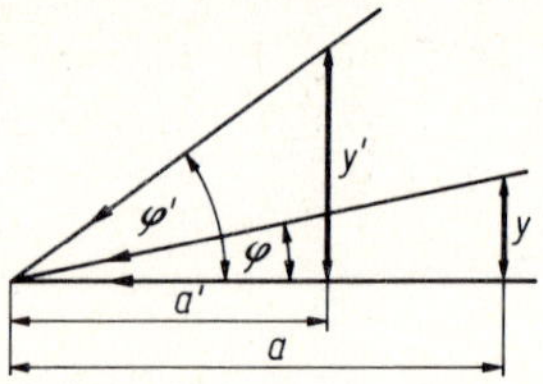

φ Sehwinkel, unter dem das Objekt (Größe y, Entfernung a) dem bloßen Auge erscheinen würde
φ' Sehwinkel mit Instrument, unter dem das Bild (Größe y', Entfernung a') dem Auge erscheint

Lupe (dem Auge unmittelbar benachbart)

Standardvergrößerung Γ_L: Objekt in der Lupenbrennebene, Auge auf unendlich akkommodiert:

$$\Gamma_L = \frac{s_0}{f}; \qquad s_0 = 25\,\text{cm}$$

f Lupenbrennweite
s_0 deutliche Sehweite des menschlichen Auges

Gebrauchsvergrößerung Γ_{LG}: Bild in der Entfernung a', Auge auf a' akkommodiert:

$$\Gamma_{LG} = \frac{a'}{f} + 1$$

f Lupenbrennweite

Kamera

Relative Objektivöffnung $\frac{1}{k}$: $\quad \frac{1}{k} = \frac{d}{f}$

Blendenzahl k: $\quad k = \frac{f}{d}$

d wirksamer Durchmesser des Objektivs (Eintrittspupille)
f Objektivbrennweite

Belichtungszeiten für gleiche Lichtmengen:

$$t_1 : t_2 = k_1^2 : k_2^2$$

t_1 bzw. t_2 Belichtungszeit bei der Blendenzahl k_1 bzw. k_2

Fernrohr

Vergrößerung Γ: $\quad \Gamma = \frac{f_{obj}}{f_{ok}}$

Winkelauflösungsvermögen: $\quad \frac{1}{\varphi_{min}} \approx 0{,}8\,\frac{d}{\lambda}$

d wirksamer Durchmesser des Objektivs
φ_{min} kleinster Winkelabstand zweier Gegenstandspunkte ohne Instrument, die noch als getrennt erkannt werden
f_{obj} bzw. f_{ok} Objektiv- bzw. Okularbrennweite

Mikroskop

Vergrößerung Γ:

$$\Gamma = \frac{(t - f_{obj})\,s_0}{f_{obj}\,f_{ok}}$$

Numerische Apertur A: $\quad A = n\,\sin\alpha$

Punktauflösungsvermögen: $\quad 1/y_{min} \approx 2A/\lambda$

t optische Tubuslänge (Abstand der Brennpunkte von Objektiv und Okular)
s_0 deutliche Sehweite
n Brechzahl des Stoffes vor dem Objektiv
α halber Öffnungswinkel des Strahlenkegels vom Gegenstandspunkt zur Eintrittspupille
λ Wellenlänge des Lichts
y_{min} kleinster Abstand zweier Gegenstandspunkte, die noch getrennt wahrgenommen werden

Auflösungsvermögen A_s von Spektralapparaten

Einheit: 1

$$A_s = \frac{\lambda}{\Delta\lambda}$$

Speziell Prisma: $\quad A_s = B\,|\mathrm{d}n/\mathrm{d}\lambda|$

Speziell Gitter: $\quad A_s = \mathrm{m}\,N - 1 \approx \mathrm{m}\,N$

$\Delta\lambda$ kleinste Differenz zweier Wellenlängen λ und $\lambda + \Delta\lambda$, die gerade noch trennbar sind
$\mathrm{d}n/\mathrm{d}\lambda$ Dispersion des Prismenmaterials
B wirksame Basislänge des Prismas
N Anzahl der kohärent beleuchteten Gitterstriche
m Ordnung der gebeugten Welle

6.5 Strahlung und Photometrie

6.5.1 Grundlagen

Raumwinkel Ω

$$\Omega = \frac{A_K}{r_K^2}$$

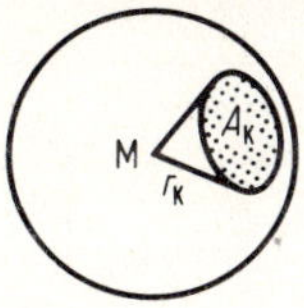

Einheit: $1\ m^2/m^2 = 1$ Steradiant sr

A_K Stück einer Kugelfläche, das von einem Kegel (Spitze im Kugelmittelpunkt) ausgeschnitten wird; r_K Kugelradius

Spektrale Strahlungsgrößen

$$X_\lambda = \frac{dX}{d\lambda}; \qquad X_f = \frac{dX}{df}$$

$$[X_\lambda] = [X]/[\lambda]; \qquad [X_f] = [X]/[f]$$

dX physikalische oder visuelle Strahlungsgröße im Wellenlängenbereich $d\lambda$ bzw. im Frequenzbereich df

Zusammenhang zwischen physikalischen und visuellen Strahlungsgrößen

$$X = \int_0^\infty X_\lambda\, K(\lambda)\, d\lambda$$

$$K(\lambda) = K_m \cdot V(\lambda); \qquad K_m = 673\ \frac{[X]_{visuell}}{[X]_{physik.}}$$

X visuelle Strahlungsgröße
X_λ zugehörige spektrale physikalische Strahlungsgröße
$K(\lambda)$ photometrisches Strahlungsäquivalent mit dem Maximum K_m
$V(\lambda)$ spektrale Hellempfindlichkeit des menschlichen Auges für Tagsehen (Tab. 41)

6.5.2 Physikalische und visuelle Strahlungsgrößen

Strahlungsfluß(-leistung) ϕ
Einheit: 1 Watt W

Lichtstrom ϕ
Einheit: 1 Lumen lm

$$\phi = \frac{dQ}{dt}$$

dQ ist die in der Zeit dt abgestrahlte Energie | Lichtmenge

Spezifische Ausstrahlung M
Einheit: $1\ W/m^2$

Spezifische Lichtausstrahlung M
Einheit: $1\ lm/m^2$

$$M = \frac{d\phi_1}{dA_1}$$

$d\phi_1$ ist der aus der Senderfläche dA_1 in den Halbraum abgegebene Strahlungsfluß | Lichtstrom

Strahlstärke I
Einheit: $1\ W/sr$

Lichtstärke I[1]
Einheit: $1\ lm/sr =$ **1 Candela cd**

$$I(\vartheta_1) = \frac{d\phi_1}{d\Omega_1}$$

$d\phi_1$ ist der von einer punktförmigen (oder weit entfernten) Strahlungsquelle innerhalb des Raumwinkels $d\Omega_1$ in eine durch den Winkel ϑ_1 angegebenen Raumrichtung ausgehende
Strahlungsfluß | Lichtstrom

Speziell Lambert-Strahler: $I(\vartheta_1) = I(0) \cos \vartheta_1$

$I(0)$ ist die in Richtung der Flächennormalen wirksame Strahlstärke | Lichtstärke

---

[1]) Basisgröße

Strahldichte L

Einheit: $1\,\mathrm{W/(m^2\,sr)}$

Leuchtdichte L

Einheit: $1\,\mathrm{lm/(m^2\,sr)} = 1\,\mathrm{cd/m^2}$

$$L(\vartheta_1) = \frac{\mathrm{d}I(\vartheta_1)}{\cos\vartheta_1 \cdot \mathrm{d}A_1} = \frac{\mathrm{d}I(\vartheta_1)}{\mathrm{d}A_1'}$$

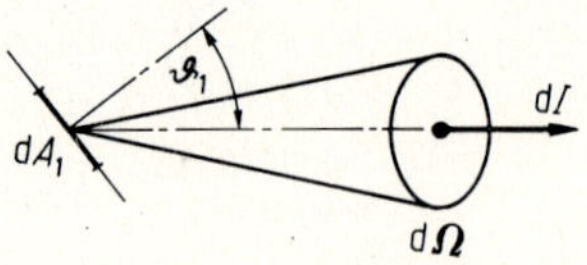

$\mathrm{d}A_1'$ ist die vom Beobachter gesehene Senderfläche

$\mathrm{d}I(\vartheta_1)$ ist die von der Senderfläche $\mathrm{d}A_1$ in der durch ϑ_1 angegebenen Richtung bewirkte Strahlstärke / Lichtstärke

Speziell Lambert-Strahler:

$$L = \frac{M}{\Omega_0 \cdot \pi} = \text{konstant} \qquad \Omega_0 = 1\,\mathrm{sr}$$

M ist die spezifische Austrahlung / spezifische Lichtaustrahlung

Bestrahlungsstärke E

Einheit: $1\,\mathrm{W/m^2}$

Beleuchtungsstärke E

Einheit: $1\,\mathrm{lm/m^2} = 1\,\mathrm{Lux\,lx}$

$$E = \frac{\mathrm{d}\phi_2}{\mathrm{d}A_2}$$

$\mathrm{d}\phi_2$ ist der auf die Empfängerfläche $\mathrm{d}A_2$ fallende Strahlungsfluß / Lichtstrom

Abstandsgesetz:

$$E(\vartheta_1, \vartheta_2) = \frac{I(\vartheta_1)}{r_{1,2}^2}\,\Omega_0 \cdot \cos\vartheta_2$$

$I(\vartheta_1)$ Strahlstärke bzw. Lichtstärke des Senders in Richtung zum Empfänger
$r_{1,2}$ Abstand Sender-Empfänger; $\Omega_0 = 1\,\mathrm{sr}$
ϑ_2 Winkel zwischen der Normalen zur Empfängerfläche und der Richtung zum Sender

Speziell: Horizontale Empfängerfläche A_2

$$E = I(\vartheta_1)\,\Omega_0\,\frac{h}{(a^2+h^2)^{3/2}}$$

h Höhe des Senders über A_2
a Horizontalabstand
$\Omega_0 = 1\,\mathrm{sr}$

Reflexionsgrad ϱ eines Körpers

$$\varrho = \frac{\phi_\mathrm{r}}{\phi}$$

ϕ auftreffender Strahlungsfluß bzw. Lichtstrom
ϕ_r reflektierter Strahlungsfluß bzw. Lichtstrom

Transmissionsgrad τ eines Körpers

$$\tau = \frac{\phi_\mathrm{t}}{\phi}$$

ϕ_t durchgehender Strahlungsfluß bzw. Lichtstrom

Absorptionsgrad α eines Körpers

$$\alpha = \frac{\phi_\mathrm{a}}{\phi}$$

ϕ_a absorbierter Strahlungsfluß bzw. Lichtstrom

Spektrale Größen ϱ_λ, τ_λ, α_λ

$$\varrho_\lambda = \frac{\phi_{\lambda\mathrm{r}}}{\phi_\lambda}; \qquad \tau_\lambda = \frac{\phi_{\lambda\mathrm{t}}}{\phi_\lambda}; \qquad \alpha_\lambda = \frac{\phi_{\lambda\mathrm{a}}}{\phi_\lambda}$$

ϕ_λ auftreffender spektraler Strahlungsfluß bzw. Lichtstrom
$\phi_{\lambda\mathrm{r}}, \phi_{\lambda\mathrm{t}}, \phi_{\lambda\mathrm{a}}$ reflektierter, durchgelassener, absorbierter Strahlungsfluß bzw. Lichtstrom

Zusammenhang zwischen Reflexionsgrad, Transmissionsgrad und Absorptionsgrad:

$$\varrho + \tau + \alpha = 1; \qquad \varrho_\lambda + \tau_\lambda + \alpha_\lambda = 1$$

Diffus reflektierende bzw. diffus durchlassende ebene Fläche:

$$L = \frac{\varrho E}{\Omega_0 \pi}; \qquad L = \frac{\tau E}{\Omega_0 \pi}$$

L Strahldichte bzw. Leuchtdichte
E Bestrahlungsstärke bzw. Beleuchtungsstärke
$\Omega_0 = 1$ sr

Energiedichte w

Einheit: 1 W s/m³

$$w = \frac{dQ}{dV}$$

dQ Strahlungsenergie im Volumen dV

Strahlungsdruck p_{str} auf eine Oberfläche

Einheit: 1 Pa

bei vollständiger Absorption: $p_{str} = w$

bei vollständiger Reflexion: $p_{str} = 2w$

w Energiedichte

7 Quantenmechanik und Atombau

7.1 Photonentheorie

7.1.1 Grundgrößen des Photons

Energie *W*

Einheit: $1\,\text{J} = 1\,\text{W s} = 1\,\text{N m}$

$1\,\text{eV} = 1{,}6022 \cdot 10^{-19}\,\text{J}$

$$W = h\,f$$

$$h = 6{,}6262 \cdot 10^{-34}\,\text{Js} = 4{,}1357 \cdot 10^{-15}\,\text{eV s}$$

f Frequenz der Lichtwelle
h Planck-Konstante (Wirkungsquantum)

Impuls $\vec{p}$

Betragseinheit: 1 N s

$$p = \frac{h}{\lambda_0} = \frac{h\,f}{c_0}$$

f bzw. λ_0 Frequenz bzw. Wellenlänge der Welle
c_0 Vakuumlichtgeschwindigkeit

Masse *m*

Einheit: 1 kg

$$m = \frac{h\,f}{c_0^2}$$

h Planck-Konstante, f Frequenz
c_0 Vakuumlichtgeschwindigkeit

7.1.2 Elementarprozesse des Photons

Äußerer Photoeffekt

(Maximale) Kinetische Energie W_{kin} des ausgelösten Photoelektrons:

$$W_{\text{kin}} = h\,f - \Delta W_{\text{Ph}} \qquad \text{für } f > f_{\text{gr}}$$

Grenzfrequenz f_{gr}: $\quad f_{\text{gr}} = \Delta W_{\text{Ph}}/h$

h Planck-Konstante, f Frequenz
ΔW_{Ph} Austrittsarbeit des Elektrons

Compton-Effekt

Wellenlängenzunahme $\Delta\lambda$ eines an einem ruhenden Elektron gestreuten Photons:

$$\Delta\lambda = 2\,\lambda_{\text{C}} \sin^2\left(\frac{\alpha}{2}\right); \qquad \lambda_{\text{C}} = \frac{h}{m_{\text{e},0}\,c_0} = 2{,}426 \cdot 10^{-12}\,\text{m}$$

λ_{C} Compton-Wellenlänge
α Streuwinkel des Photons
$m_{\text{e},0}$ Ruhemasse des Elektrons
c_0 Vakuumlichtgeschwindigkeit
h Planck-Konstante
f Frequenz

Kinetische Energie W_{kin} des Rückstoßelektrons:

$$W_{\text{kin}} = \frac{h\,f}{1 + \dfrac{m_{\text{e},0}\,c_0^2}{2\,h\,f \sin^2\left(\dfrac{\alpha}{2}\right)}} = \frac{h\,f}{1 + \dfrac{c_0}{f\,\Delta\lambda}}$$

$m_{\text{e},0}\,c_0^2 = 0{,}511\,\text{MeV}$ Ruheenergie des Elektrons

Paarbildungseffekt

eines Photons der Energie $h\,f$ im Feld eines Atomkerns:

$$h\,f = W_{\text{kin, e}} + W_{\text{kin, p}} + 2\,m_{\text{e},0}\,c_0^2$$

$W_{\text{kin, e}}$ bzw. $W_{\text{kin, p}}$ kinetische Energie des gebildeten Elektrons bzw. Positrons
$m_{\text{e},0}$ Ruhemasse des Elektrons und Positrons
c_0 Vakuumlichtgeschwindigkeit

7.2 Wellenmechanik

Materiewellenlänge λ eines Teilchens mit dem Impuls p

$$\lambda = \frac{h}{p} = \frac{h}{m v} \quad \textit{(Gesetz von de Broglie)}$$

h Planck-Konstante
m relativistische Masse,
v Geschwindigkeit des Teilchens

Wellengleichung für den linearen Fall

$$\frac{\partial^2 \Psi}{\partial x^2} + \frac{1}{c^2} \frac{\partial^2 \Psi}{\partial t^2} = 0$$

$\Psi(x, t)$ Zustandsfunktion (Wellenfunktion)
c Ausbreitungsgeschwindigkeit

mit den reellen Lösungen

$$\Psi_n(x, t) = \psi_n(x) \cos \omega t; \qquad \int_{-\infty}^{+\infty} \psi_n^2(x)\, \mathrm{d}x = 1$$

x Ortskoordinate, t Zeitkoordinate
$\Psi_n(x, t)$ Zustandsfunktion
$\psi_n(x)$ normierte Eigenfunktion im Zustand der Quantenzahl n; ω Kreisfrequenz

$\psi_n(x)$ ist Lösung der (zeitunabhängigen) Schrödinger-Gleichung für das Elektron:

$$\frac{\mathrm{d}^2 \psi}{\mathrm{d}x^2} + \frac{2(W - W_{\text{pot}})\, m_{\text{e},0}}{\hbar^2} \psi(x) = 0; \qquad \hbar = h/2\pi$$

$$\Delta \mathcal{W}_n(x) = \psi_n^2(x)\, \Delta x$$

W Gesamtenergie
W_{pot} potentielle Energie des Elektrons
$m_{\text{e},0}$ Elektronenmasse
$\Delta \mathcal{W}$ Aufenthaltswahrscheinlichkeit des Elektrons im Bereich zwischen x und $x + \Delta x$,
$\psi_n^2(x)$ Wahrscheinlichkeitsdichte im Zustand der Quantenzahl n

Speziell Reflexionsoszillator:

Mögliche Wellenlängen λ_n: $\lambda_n = 2\,l/n$

Eigenfunktionen:

$$\psi_n(x) = \sqrt{\frac{2}{l}} \cdot \sin\left(\frac{\pi n}{l} x\right)$$

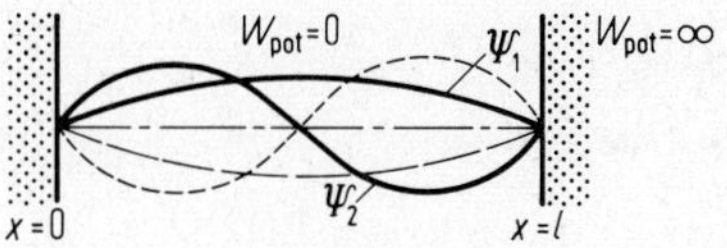

$n = 1, 2, 3, \ldots$ Quantenzahl

Speziell harmonischer Oszillator: $W_{\text{pot}} = 2\pi^2 m f_0^2 x^2$

m Masse des Oszillators

Eigenwerte der Energie W_n: $W_n = (n + \frac{1}{2})\, h f_0$

Speziell Nullpunktenergie: $E_0 = \frac{1}{2} h f_0$

f_0 Oszillatorgrundfrequenz
$n = 0, 1, 2, \ldots$ Quantenzahl
h Planck-Konstante

Wellengleichung für den räumlichen Fall

$$\frac{\partial^2 \Psi}{\partial x^2} + \frac{\partial^2 \Psi}{\partial y^2} + \frac{\partial^2 \Psi}{\partial z^2} + \frac{1}{c^2} \frac{\partial^2 \Psi}{\partial t^2} = 0$$

$\Psi(x, y, z, t)$ Zustandsfunktion (Wellenfunktion
c Ausbreitungsgeschwindigkeit
x, y, z Ortskoordinaten, t Zeitkoordinate

mit den reellen Lösungen

$$\Psi_n(x, y, z, t) = \psi_n(x, y, z) \cos \omega t; \qquad \int_{-\infty}^{+\infty} \psi_n^2(x, y, z)\, \mathrm{d}V = 1$$

$\Psi_n(x, y, z, t)$ Zustandsfunktion
$\psi_n(x, y, z)$ normierte Eigenfunktion im Zustand n
ω Kreisfrequenz

$\psi_n(x, y, z)$ ist Lösung der (zeitunabhängigen) Schrödingergleichung für das Elektron:

$$\frac{\partial^2 \psi}{\partial x^2} + \frac{\partial^2 \psi}{\partial y^2} + \frac{\partial^2 \psi}{\partial z^2} + \frac{2(W - W_{\text{pot}})\, m_{\text{e},0}}{\hbar^2} \psi(x, y, z) = 0$$

$$\Delta \mathcal{W}_n = \psi_n^2(x, y, z)\, \Delta V$$

W Gesamtenergie
W_{pot} potentielle Energie des Elektrons
$m_{\text{e},0}$ Elektronenmasse, $\hbar = h/2\pi$
$\Delta \mathcal{W}_n$ Aufenthaltswahrscheinlichkeit des Elektrons im Volumelement ΔV
$\psi_n^2(x, y, z)$ Wahrscheinlichkeitsdichte im Zustand der Quantenzahl n

7.2.1 Unbestimmtheitsrelation von Heisenberg

Unbestimmtheit des Impulses und des Ortes

$$\Delta p_x \, \Delta x \geqslant h$$

Δp_x Unbestimmtheit des Impulses in Richtung der x-Koordinate
Δx Unbestimmtheit der Ortskoordinate x

Unbestimmtheit der Energie und der Zeit

$$\Delta W \, \Delta t \geqslant h .$$

ΔW Unbestimmtheit der Energie W
Δt Unbestimmtheit der Zeit t
h Planck-Konstante

7.3 Atomhülle

7.3.1 Einelektronensysteme

1. Postulat von Bohr

$$p_e u_n = n h \qquad n = 1, 2, 3, \ldots$$

$$m_{e,0} v_n 2\pi r_n = n h \qquad (n = 1: \text{Grundzustand})$$

p_e Bahnimpuls, $m_{e,0}$ Ruhemasse des Elektrons
v_n Bahngeschwindigkeit des Elektrons auf der Kreisbahn mit dem Radius r_n und dem Umfang u_n
n Hauptquantenzahl, h Planck-Konstante

Radius r_n der n-ten Kreisbahn:

$$r_n = \frac{\varepsilon_0 h^2}{\pi e^2 m_{e,0}} \frac{1}{Z} n^2 = 5{,}292 \cdot 10^{-11}\,m \frac{1}{Z} n^2 = \frac{1}{Z} r_1 n^2$$

Z Kernladungszahl (= Ordnungszahl im PSE)
ε_0 elektrische Feldkonstante
e Elementarladung
r_1 Radius der innersten Bahn

Speziell H-Atom $Z = 1$:

$n = 1$: $r_B = 5{,}292 \cdot 10^{-11}$ m (*Bohrscher Radius*)

Bahngeschwindigkeit v_n des Elektrons auf der n-ten Kreisbahn:

$$v_n = \frac{e^2}{2\varepsilon_0 h} Z \frac{1}{n} = 2{,}18768 \cdot 10^6 \,\frac{\text{m}}{\text{s}}\, Z \frac{1}{n}$$

e Elementarladung
ε_0 elektrische Feldkonstante
h Planck-Konstante
Z Kernladungszahl

Energie W_n des Elektrons auf der n-ten Kreisbahn:

$$W_n = W_\infty - \frac{e^4 m_{e,0}}{8\varepsilon_0^2 h^2} Z^2 \frac{1}{n^2} = W_\infty - R_{Z,\infty} h \frac{1}{n^2}$$

$R_{Z,\infty}$ Rydbergfrequenz bei ruhendem Atomkerns mit der Kernladungszahl Z
W_1 Energie des Elektrons auf der innersten Bahn mit dem Radius r_1

Spezielle Energieskalen:

$W_\infty = 0$: W_n Bindungsenergie

$W_1 = 0$: W_n Anregungsenergie, W_∞ Ionisierungsenergie

Rydbergfrequenz $R_{Z,\infty}$, R_∞ bzw. R_Z:

$$R_{Z,\infty} = \frac{Z^2 e^4 m_{e,0}}{8\varepsilon_0^2 h^3} = Z^2 R_\infty; \qquad R_\infty = 3{,}289842 \cdot 10^{-15}\,\text{s}^{-1}$$

R_∞ Rydbergfrequenz für das H-Atom ($Z = 1$) bei ruhendem Atomkern
$R_{Z,\infty}$ Rydbergfrequenz für ein Atom mit der Ordnungszahl Z bei ruhendem Atomkern
R_Z Rydbergfrequenz für einen nichtruhenden Atomkern der Masse m_K
$m_{e,0}$ Elektronenmasse

Korrektur für nichtruhenden Atomkern:

$$R_Z = R_{Z,\infty} \frac{1}{1 + \dfrac{m_{e,0}}{m_K}}$$

2. Postulat von Bohr

Abgestrahlte bzw. absorbierte Energie bei Bahnsprüngen:

$$\Delta W = W_2 - W_1; \qquad |\Delta W| = h f$$

$$f = R_{Z,\infty} \left| \frac{1}{n_2^2} - \frac{1}{n_1^2} \right|$$

Repetenz $\sigma = \frac{1}{\lambda}$: $\quad \sigma = R^*_{Z,\infty} \left| \frac{1}{n_2^2} - \frac{1}{n_1^2} \right|$

$$R^*_{Z,\infty} = \frac{R_{Z,\infty}}{c_0} = Z^2 \, 1{,}0973732 \cdot 10^7 \, \mathrm{m}^{-1}$$

W_2 bzw. W_1 Energie des Elektrons auf den Bahnen mit den Hauptquantenzahlen n_2 bzw. n_1
h Planck-Konstante
f Frequenz des abgestrahlten bzw. absorbierten Quants
$R_{Z,\infty}$ Rydbergfrequenz bei ruhendem Atomkern der Ordnungszahl Z
$R^*_{Z,\infty}$ Rydbergkonstante für ruhenden Atomkern
c_0 Vakuumlichtgeschwindigkeit

Spektralserien des H-Atoms:

$n_1 = 1$;	$n_2 = 2, 3, 4, \ldots$	Lyman-Serie
$n_1 = 2$;	$n_2 = 3, 4, 5, \ldots$	Balmer-Serie
$n_1 = 3$;	$n_2 = 4, 5, 6, \ldots$	Paschen-Serie
$n_1 = 4$;	$n_2 = 5, 6, 7, \ldots$	Brackett-Serie
$n_1 = 5$;	$n_2 = 6, 7, 8, \ldots$	Pfund-Serie

Ellipsenbahnen nach Sommerfeld

Große Halbachse a_n:

$$a_n = r_n = \frac{\varepsilon_0 h^2}{\pi e^2 m_{e,0}} \frac{1}{Z} n^2; \qquad n = 1, 2, 3, \ldots$$

Kleine Halbachse b_n:

$$b_n = r_1 (l+1)\, n; \qquad l = 0, 1, 2, \ldots, (n-1)$$

r_n Kreisbahnradius nach Bohr
ε_0 elektrische Feldkonstante
e Elementarladung
h Planck-Konstante, $m_{e,0}$ Elektronenmasse
Z Kernladungszahl, n Hauptquantenzahl

r_1 Radius der innersten Kreisbahn
l Bahndrehimpulsquantenzahl (Nebenquantenzahl)

Mechanische Drehimpulse des umlaufenden Elektrons

Betrag des Bahndrehimpulses (Drehimpuls der Bahnbewegung) L_l

nach Bohr-Sommerfeld: $L_l = l \hbar$; $\quad \hbar = h/2\pi$
$l = 0, 1, 2, \ldots, (n-1)$

nach Schrödinger: $L_l = \sqrt{l(l+1)} \cdot \hbar$

l Bahndrehimpulsquantenzahl
h Planck-Konstante

Betrag des Elektronenspins (Eigendrehimpuls) L_s nach Schrödinger:

$$L_s = \sqrt{s(s+1)} \cdot \hbar; \qquad s = \tfrac{1}{2}$$

Speziell Komponente in einer ausgezeichneten z-Richtung:

$$L_{s,z} = m_s \hbar; \qquad m_s = \pm s$$

m_s Spinquantenzahl

Magnetische Momente des Elektrons[1])

Einheit: $1 \, \mathrm{A\,m^2}$

Betrag des magnetischen Bahnmomentes μ_l

nach Sommerfeld: $\mu_l = l \, \mu_B$

nach Schrödinger: $\mu_l = \sqrt{l(l+1)} \, \mu_B$

$$\mu_B = \frac{e \hbar}{2 \mathrm{m}_{e,0}} = 9{,}2741 \cdot 10^{-24} \, \mathrm{A\,m^2}$$

e Elementarladung, $m_{e,0}$ Elektronenmasse
$n = 1, 2, 3, \ldots$ Hauptquantenzahl
$l = 0, 1, 2, \ldots, (n-1)$ Bahndrehimpulsquantenzahl
$\hbar = h/2\pi$; h Planck-Konstante
μ_B Bohrsches Magneton

[1]) Identisch mit dem magnetischen Moment $\vec{m}$ von Seite 77.

Speziell Komponente in einer ausgezeichneten z-Richtung:

$\mu_{l,z} = m_l\,\mu_B; \quad |m_l| \leq l$ — m_l Richtungsquantenzahl (ganzzahlig)

Magnetisches Spinmoment in z-Richtung:

$\mu_{s,z} = 2\,m_s\,\mu_B; \quad m_s = \pm \frac{1}{2}$ — m_s Spinquantenzahl; μ_B Bohrsches Magneton

Wellenmechanisches Atommodell (Schrödinger-Atommodell)
Speziell Schrödinger-Gleichung für reelle radialsymmetrische Eigenfunktionen $\psi_n(r)$ für das Elektron des H-Atoms:

$$\frac{d^2\psi}{dr^2} + \frac{2}{r}\,\frac{d\psi}{dr} + \frac{2\,m_{e,0}}{\hbar^2}\left(W + \frac{e^2}{4\pi\,\varepsilon_0\,r}\right)\psi = 0$$

r Abstand vom Kernmittelpunkt
W Gesamtenergie, e Elementarladung
$m_{e,0}$ Elektronenmasse, ε_0 elektrische Feldkonstante

Normierte radialsymmetrische Eigenfunktionen:

1 s-Zustand: $\psi_1(r) = \frac{1}{\sqrt{\pi\,r_B^3}} \cdot e^{-\varrho}; \quad \varrho = \frac{r}{r_B}$ — $r_B = 5{,}292 \cdot 10^{-11}$ m (*Bohrscher Radius*)

2 s-Zustand: $\psi_2(r) = \frac{1}{2\sqrt{2\pi\,r_B^3}}\left(1 - \frac{\varrho}{2}\right) \cdot e^{-\varrho/2}$

3 s-Zustand: $\psi_3(r) = \frac{1}{3\sqrt{3\pi\,r_B^3}}\left(1 - \frac{2}{3}\,\varrho + \frac{2}{27}\,\varrho^2\right) \cdot e^{-\varrho/3}$

Aufenthaltswahrscheinlichkeit $\Delta\mathcal{W}_n$ für das Elektron in der Kugelschale mit den Radien r bis $r + \Delta r$:

$$\Delta\mathcal{W}_n = \psi_n^2(r)\,4\pi\,r^2 \cdot \Delta r$$

$\psi_n(r)$ Eigenfunktionen
r Abstand vom Kernmittelpunkt

7.3.2 Schalenaufbau für Mehrelektronensysteme

Schalenbezeichnung und Besetzung

Hauptquantenzahl n	1	2	3	4	5	6	7
Schale	K	L	M	N	O	P	Q

Maximale Besetzungszahl N_{max}:

$N_{max} = 2\,n^2$

Unterschalen:

Nebenquantenzahl l	0	1	2	3
Unterschale	s	p	d	f

Maximale Besetzungszahl N_{max}:

$N_{max} = 2\,(2\,l + 1)$;
$l = 0, 1, 2, \ldots, (n-1)$

Pauli-Prinzip
Die Elektronen in einer Atomhülle müssen sich mindestens in einer Quantenzahl unterscheiden.

Periodensystem der Elemente (PSE) und Schalenbesetzung siehe Tabellenanhang

7.3.3 Röntgenstrahlung

Röntgenbremsstrahlung

Grenzfrequenz f_{gr}:

$$f_{gr} = \frac{e\,U_b}{h} = 1{,}2396\,\text{nm} \cdot \frac{\text{kV}}{U_b}$$

U_b Beschleunigungsspannung der Elektronen
e Elementarladung
h Planck-Konstante

Charakteristische Röntgenstrahlung

Frequenz der K_α-Linie (Sprünge auf die Bahn $n = 1$):

$$f_{K,\alpha} = R_Z (Z-1)^1 \cdot \tfrac{3}{4}; \qquad Z > 1$$

(Gesetz von Moseley)

R_Z Rydbergfrequenz (siehe S. 114)
Z Kernladungszahl

7.4 Aufbau und Umwandlung des Atomkerns

7.4.1 Charakteristische Größen des Nuklids

Nuklid ist eine Atomart, die durch die Angabe der Nukleonenzahl A und der Kernladungszahl Z gekennzeichnet ist.

Nukleonenzahl A des Nuklids ${}^A_Z$X

$$A = N + Z$$

N Anzahl der Neutronen im Kern
Z Anzahl der Protonen im Kern = Anzahl der Elektronen in der Hülle (Kernladungszahl, Ordnungszahl im PSE)

Speziell isobare Nuklide: A = konstant
Speziell isotone Nuklide: N = konstant
Speziell isotope Nuklide: Z = konstant

Masse m_a(X) eines Atoms des Nuklids ${}^A_Z$X

$$m_a(\text{X}) = A_r u; \qquad u = \tfrac{1}{12} m_a({}^{12}_{6}\text{C}) = 1{,}66056 \cdot 10^{-27}\,\text{kg}$$

$$u = \frac{1}{N_A} \frac{\text{kg}}{\text{kmol}}$$

A_r relative Atommasse (Tab. 45)
u atomare Masseneinheit
N_A Avogadrokonstante

Näherungswert: $m_a(\text{X}) \approx u\,A \approx 1{,}66 \cdot 10^{-27}\,\text{kg}\;A$

A Nukleonenzahl

Mittlere Masse $\overline{m}$ der Atome eines Isotopengemisches des Elementes X

$$\overline{m} = \overline{A}_r\, u$$

$$\overline{A}_r = p_1 A_r({}^{A_1}_{Z}\text{X}) + p_2 A_r({}^{A_2}_{Z}\text{X}) + \ldots$$

$$(p_1 + p_2 + \ldots = 1)$$

$\overline{A}_r$ mittlere relative Atommasse (PSE)
u atomare Masseneinheit
p_i relative Häufigkeit des Isotops ${}^{A_i}_{Z}$X

Masse eines Atomkerns m_K(X) des Nuklids ${}^A_Z$X

$$m_K(\text{X}) = m_a(\text{X}) - Z\,m_{e,0}$$

m_a(X) Atommasse, $m_{e,0}$ Elektronenruhemasse
Z Kernladungszahl

Massendefekt Δm eines Atomkerns des Nuklids ${}^{A}_{Z}X$

$$\Delta m = Z\, m_{p,0} + N\, m_{n,0} - m_K$$

$$\Delta m = Z\, m_a({}^{1}_{1}H) + (A - Z)\, m_{n,0} - m_a(X)$$

$$\Delta m = [Z\,1{,}007825 + (A - Z)\,1{,}008665 - A_r]\,u$$

Relativer Massendefekt: $\Delta m_r = \frac{\Delta m}{u}$

$m_{p,0} = 1{,}6726 \cdot 10^{-27}$ kg Protonenruhemasse
$m_{n,0} = 1{,}6748 \cdot 10^{-27}$ kg Neutronenruhemasse
Z Kernladungszahl, N Neutronenzahl,
A Nukleonenzahl, m_K Kernmasse
$m_a(X)$ Atommasse
$m_a({}^{1}_{1}H)$ Masse des Wasserstoffatoms
A_r relative Masse eines Atoms des Nuklids ${}^{A}_{Z}X$
u atomare Masseneinheit

Bindungsenergie W_B

$$W_B = -\Delta m\, c_0^2;$$

$$W_B = -931{,}49\text{ MeV}\,\Delta m_r$$

Δm Massendefekt
c_0 Vakuumlichtgeschwindigkeit
Δm_r relativer Massendefekt

Weizsäcker-Formel für die Bindungsenergie:

$$W_B = -\left[15{,}75\,A - 17{,}8\,A^{2/3} + 0{,}71\,\frac{Z^2}{A^{1/3}} - 23{,}7\,\frac{(A-2Z)^2}{A} + \delta\,\frac{34}{A^{3/4}}\right]\text{MeV}$$

$$\delta = \begin{cases} +1 & \text{für (g, g)-Kerne} \\ 0 & \text{für (g, u)- bzw. (u, g)-Kerne} \\ -1 & \text{für (u, u)-Kerne} \end{cases}$$

A Nukleonenzahl, Z Kernladungszahl
g gerade Protonen- bzw. Neutronenzahl im Kern
u ungerade Protonen- bzw. Neutronenzahl im Kern

Mittlerer Radius r_K des Atomkerns

$$r_K = r_0\,\sqrt[3]{A};$$

$$r_0 = 1{,}42 \cdot 10^{-15}\text{ m} = 1{,}42\text{ fm}$$

A Nukleonenzahl

7.4.2 Radioaktivität

Verschiebungsregeln von Soddy und Fajans

(${}^{A}_{Z}X_K$ Kern des Nuklids ${}^{A}_{Z}X$; ${}^{A}_{Z}X^*_K$ angeregter Atomkern)

Atom:			Kern:	
α-Prozeß:	${}^{A}_{Z}X \rightarrow {}^{A-4}_{Z-2}Y + {}^{4}_{2}He$	(α-Strahlung)	*α-Prozeß*:	${}^{A}_{Z}X_K \rightarrow {}^{A-4}_{Z-2}Y_K + {}^{4}_{2}\alpha$
β⁻-Prozeß:	${}^{A}_{Z}X \rightarrow {}_{Z+1}^{A}Y + {}_{-1}^{0}e$	(β⁻-Strahlung)	*β⁻-Prozeß*:	${}^{A}_{Z}X_K \rightarrow {}_{Z+1}^{A}Y_K + {}_{-1}^{0}\beta^-$
β⁺-Prozeß:	${}^{A}_{Z}X \rightarrow {}_{Z-1}^{A}Y + {}_{+1}^{0}e$	(β⁺-Strahlung)	*β⁺-Prozeß*:	${}^{A}_{Z}X_K \rightarrow {}_{Z-1}^{A}Y_K + {}_{+1}^{0}\beta^+$
		(γ-Strahlung)	*γ-Übergang*:	${}^{A}_{Z}X^*_K \rightarrow {}^{A}_{Z}Y_K + \gamma$

Zerfallskonstante λ

Einheit: $1\,s^{-1}$

$$\lambda = \ln 2/T_{1/2} = 1/\tau; \qquad \ln 2 = 0{,}693$$

$T_{1/2}$ Halbwertszeit, τ mittlere Lebensdauer

Halbwertszeit $T_{1/2}$, mittlere Lebensdauer τ

Einheit: 1 s

$$T_{1/2} = \ln 2/\lambda = \tau \cdot \ln 2; \quad \tau = 1/\lambda = T_{1/2}/\ln 2$$

λ Zerfallskonstante

Zahl $N(t)$

der noch nicht umgewandelten Atome eines Radionuklids X nach der Zeit t in einem Präparat:

$$N(t) = N_0 \, e^{-\lambda \cdot t}$$

$$N(t) = N_0 \, e^{-\frac{0,693}{T_{1/2}} t} = N_0 \, 2^{-t/T_{1/2}}$$

$$N_0 = \frac{p\,m}{m_a(X)}$$

λ Zerfallskonstante, $T_{1/2}$ Halbwertszeit
N_0 Anzahl der Atome zur Zeit $t = 0$
p relative Häufigkeit dieser Atome im Präparat zur Zeit $t = 0$
m Gesamtmasse des Präparates bei $t = 0$
m_a (X) Masse eines einzelnen Atoms

Aktivität $\mathscr{A}$ (Zerfallsrate Z_r)

Einheit: $1\,s^{-1} = 1$ Becquerel Bq
1 Curie Ci $= 3{,}7 \cdot 10^{10}$ Bq

$$\mathscr{A} = \left|\frac{dN}{dt}\right| = \lambda \cdot N(t)$$

$$\mathscr{A}(t) = \mathscr{A}_0 \, e^{-\lambda t} = \mathscr{A}_0 \cdot 2^{-t/T_{1/2}}$$

λ Zerfallskonstante
$N(t)$ Anzahl der nicht umgewandelten Atome des Radionuklids
$\mathscr{A}_0$ Aktivität zur Zeit $t = 0$, $T_{1/2}$ Halbwertszeit

Spezifische Aktivität a

Einheit: 1 Bq/kg
1 Ci/kg $= 3{,}7 \cdot 10^{10}$ Bq/kg

$$a = \frac{\mathscr{A}}{m} = \frac{\lambda N_A}{m_m}$$

$$a \approx 4{,}17 \cdot 10^{26}\,\text{kg}^{-1} \frac{1}{A\,T_{1/2}} = 1{,}13 \cdot 10^{16} \frac{\text{Ci}\,s}{\text{kg}} \frac{1}{A\,T_{1/2}}$$

$\mathscr{A}$ Aktivität des Präparates der Masse m
m_m molare Masse, N_A Avogadrokonstante
A Nukleonenzahl, $T_{1/2}$ Halbwertszeit

Quellstärke (Emissionsrate) Q

Einheit: $1\,s^{-1}$

$$Q = \frac{\Delta N_a}{\Delta t}$$

$$Q = k\,\mathscr{A}$$

ΔN_a Anzahl der in der Zeit Δt aus der Quelle austretenden Teilchen oder Photonen
k Anzahl dieser Teilchen oder Photonen pro Zerfall
$\mathscr{A}$ Aktivität

Teilchenflußdichte ϕ

Einheit: $1\,m^{-2}\,s^{-1}$

$$\phi = \frac{\Delta N}{\Delta A\,\Delta t} = \frac{\Delta\varphi}{\Delta A}$$

ΔN Anzahl der Teilchen oder Photonen, die in der Zeit Δt senkrecht durch die Fläche ΔA hindurchtreten
$\Delta\varphi$ Teilchenfluß

Teilchenfluß $\Delta\varphi$

Einheit: $1\,s^{-1}$

$$\Delta\varphi = \phi\,\Delta A$$

ϕ Teilchenflußdichte in der Fläche ΔA

Impulsrate I_r

Einheit: $1\,s^{-1}$ (min^{-1})

$$I_r = \frac{\Delta N}{\Delta t}$$

ΔN Anzahl der von einem Detektor registrierten Teilchen in der Zeit Δt

7.4.3 Radioaktive Gleichgewichte

Laufendes Gleichgewicht $\lambda_M < \lambda_T$

$$\mathscr{A}_T(t) = \frac{\lambda_T}{\lambda_T - \lambda_M}\,\mathscr{A}_M(t)$$

$$\mathscr{A}_{ges}(t) = \mathscr{A}_T + \mathscr{A}_M = \frac{2\,\lambda_T - \lambda_M}{\lambda_T - \lambda_M}\,\mathscr{A}_M$$

$\mathscr{A}_T$ Aktivität der Tochtersubstanz
$\mathscr{A}_M$ Aktivität der Muttersubstanz
λ_T Zerfallskonstante der Tochternuklide
$\mathscr{A}_{ges}$ Gesamtaktivität von Mutter- und Tochtersubstanz

Dauergleichgewicht $\lambda_M \ll \lambda_T$

$$\mathscr{A}_T = \mathscr{A}_M; \qquad \mathscr{A}_{ges} = 2\,\mathscr{A}_M$$

$$N_T(t) : N_M(t) = \lambda_M : \lambda_T = T_{1/2,\,T} : T_{1/2,\,M}$$

$T_{1/2,\,T}$ Halbwertszeit der Tochternuklide
$T_{1/2,\,M}$ Halbwertszeit der Mutternuklide
$N_T(t)$ Anzahl der nicht umgewandelten Atome des Tochternuklids
$N_M(t)$ Anzahl der nicht umgewandelten Atome des Mutternuklids

Radioaktive Zerfallsreihen (Tab. 46)

Laufendes Gleichgewicht $\lambda_M < \lambda_{T_1}, \lambda_{T_2}, \ldots$:

$\mathscr{A}_{ges}$ nimmt mit λ_M ab.

λ_M Zerfallskonstante der Muttersubstanz

Dauergleichgewicht $\lambda_M \ll \lambda_{T_1}, \lambda_{T_2}, \ldots$:

$$N_1 : N_2 : N_3 : \ldots = T_{1/2,\,1} : T_{1/2,\,2} : T_{1/2,\,3} : \ldots$$

$$\mathscr{A}_1 : \mathscr{A}_2 : \mathscr{A}_3 : \ldots = T_{1/2,\,1} : T_{1/2,\,2} : T_{1/2,\,3} : \ldots$$

$\lambda_{T,1}, \lambda_{T,2}, \ldots$ Zerfallskonstanten der Folgenuklide
$N_1, N_2, \ldots$ Anzahl der Atome der Folgenuklide
$T_{1/2,\,1}, T_{1/2,\,2}, \ldots$ Halbwertszeiten der Folgenuklide

7.4.4 Nuklidumwandlungen

Mögliche Umwandlungen (Austauschreaktionen) eines Nuklids ${}^{A}_{Z}X$ (Umwandlungsspinne):

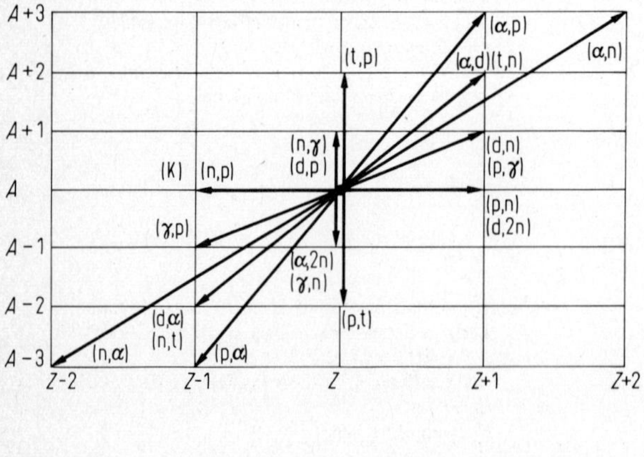

Abkürzungen:
n: Neutron; p: Proton; α: α-Teilchen
γ: γ-Quant (Photon)
d: Deuteron (Kern des schweren Wasserstoffatoms H 2)
t: Triton (Kern des überschweren Wasserstoffatoms H 3)

Schreibweise:
A + a → B + b bzw. A (a, b) B
A Ausgangs-, B Endnuklid
a Geschoßteilchen oder Photon
b abgestrahltes Teilchen oder Photon

7.5 Wechselwirkung ionisierender Strahlung mit Materie

7.5.1 Grundgrößen

Totaler atomarer (mikroskopischer) Wirkungsquerschnitt σ_t

$$\sigma_t = \frac{1 - \phi/\phi_0}{n \cdot \Delta d}$$

$$\sigma_t = \frac{N_w}{n N \Delta d}$$

$$n = \frac{\varrho N_A}{m_m}$$

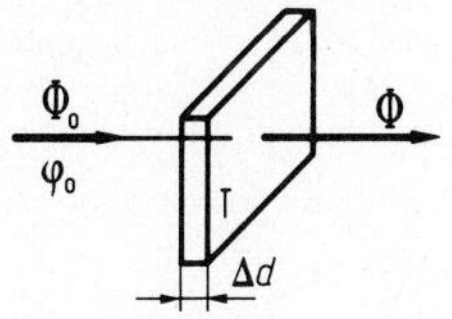

Einheit: 1 m^2
1 barn = 10^{-28} m^2

ϕ_0 auftreffende Teilchenflußdichte (einheitliche Richtung)
ϕ Teilchenflußdichte in der ursprünglichen Richtung nach der Wechselwirkung
n Anzahl der Atome des Targets T pro Volumeneinheit
N Anzahl der auftreffenden Teilchen bzw. Photonen
N_w Anzahl der Wechselwirkungen
ϱ Dichte des Targetmaterials der molaren Masse m_m
N_A Avogadrokonstante

Schwächungskoeffizient[1] **μ (makroskopischer Wirkungsquerschnitt Σ)**

$$\mu = \Sigma = n \sigma_t$$

Einheit: 1 m^{-1}

σ_t totaler atomarer Wirkungsquerschnitt
n Anzahl der Targetatome pro Volumeneinheit

Massenschichtdicke (flächenbezogene Masse) d^*

$$d^* = d\varrho = \frac{m}{A}$$

Einheit: 1 kg/m^2 (1 kg/m^2 = 10^2 mg/cm^2)

d (geometrische) Schichtdicke
ϱ Dichte, m Masse
A durchstrahlte Fläche des Absorbermaterials

7.5.2 Wechselwirkung von Röntgen- und β-Strahlung

γ-Energien von Radionukliden — siehe Tab. 45

Elementarprozesse der Wechselwirkung — siehe Seite 112.

Schwächungsgesetz
für Strahlenbüschel kleiner Öffnungswinkel:

$$I_r(d) = I_{r,0}\, e^{-\mu d}$$

$$I_r(d^*) = I_{r,0}\, e^{-\mu^* d^*}; \qquad d^* = d\varrho$$

$$\mu^* = \mu/\varrho; \qquad \mu = \mu_{Ph} + \mu_C + \mu_P$$

$I_{r,0}$ Impulsrate der ankommenden Strahlung
$I_r(d)$ bzw. $I_r(d^*)$ Impulsrate der Strahlung nach Durchlaufen der Schichtdicke d bzw. der Massenschichtdicke d^*
μ Schwächungskoeffizient (Tab. 42)
μ^* Massenschwächungskoeffizient (in m^2 kg)
ϱ Dichte des Absorbermaterials
μ_{Ph}, μ_C bzw. μ_P Schwächungskoeffizient des Photo-, Compton- bzw. Paarbildungseffekts

Halbwertsschichtdicke $d_{1/2}$: $\quad d_{1/2} = \frac{\ln 2}{\mu} = \frac{0{,}693}{\mu}$

Zehntelwertsschichtdicke $d_{1/10}$: $\quad d_{1/10} = \frac{\ln 10}{\mu} = \frac{2{,}30}{\mu}$

Schwächungsgesetz für breite Bündel

$$I_r(d) = B(E)\, I_{r,0}\, e^{-\mu d}$$

$I_{r,0}$ Impulsrate der ankommenden Strahlung
$I_r(d)$ Impulsrate nach Durchlaufen der Schichtdicke d
μ Schwächungskoeffizient
$B(E)$ Aufbaufaktor (Zuwachsfaktor) des Absorbermaterials
E Quantenenergie

[1]) Auch linearer Absorptionskoeffizient genannt.

7.5.3 Wechselwirkung von α-Teilchen

α-Energien von Radionukliden — siehe Tab. 45

(Mittlere) Reichweite R — *Einheit*: 1 m

Speziell in Normalluft:

$$R_L = 0{,}32\,\text{cm} \cdot \left(\frac{W_{kin}}{\text{MeV}}\right)^{\frac{3}{2}}$$

W_{kin} kinetische Anfangsenergie des Teilchens

Massenreichweite R^* (für alle Zustände eines Stoffes konstant): — *Einheit*: 1 kg/m²

$$R^* = R \cdot \varrho$$

ϱ Dichte des Stoffes

Speziell: Stoffe der Ordnungszahl Z

$$R_Z = 3{,}4 \cdot 10^{-4}\,\frac{\text{g}}{\text{cm}^3} \cdot \frac{\sqrt{A_r}}{\varrho} \cdot R_L$$

A_r relative Atommasse des Stoffes
ϱ Dichte des Stoffes
R_L Reichweite in Luft

7.5.4 Wechselwirkung von Elektronen- und β-Strahlung

β-Maximalenergie W_{max} eines Radionuklides — siehe Tab. 45

Schwächungsgesetz

$$I_r(d) = I_{r,0}\,e^{-\mu d}$$

$$I_r(d^*) = I_{r,0}\,e^{-\mu^* d^*}; \qquad d^* = d\varrho$$

$$\mu^* = \mu/\varrho;$$

$$\mu \approx 22\,\frac{\text{cm}^2}{\text{g}} \cdot \left(\frac{W_{max}}{\text{MeV}}\right)^{\frac{4}{3}}$$

$I_{r,0}$ Impulsrate der ankommenden Strahlung
$I_r(d)$ bzw. $I_r(d^*)$ Impulsrate der Strahlung nach Durchlaufen der Schichtdicke d bzw. der Massendicke d^* (Einheit: 1 kg/m²)
μ Schwächungskoeffizient
μ^* Massenschwächungskoeffizient
ϱ Dichte des Absorbermaterials
W_{max} Maximalenergie der Elektronen

Massenreichweite R^*:

$$R^* = R \cdot \varrho$$

R Reichweite im Stoff der Dichte ϱ

$$R^* = 407\,\frac{\text{mg}}{\text{cm}^2}\left(\frac{W_{max}}{\text{MeV}}\right)^{1{,}38}; \qquad 0{,}15\,\text{MeV} \leqslant W_{max} \leqslant 0{,}8\,\text{MeV}$$

W_{max} Maximalenergie der Elektronen

$$R^* = \left(542\,\frac{W_{max}}{\text{MeV}} - 133\right)\frac{\text{mg}}{\text{cm}^2}; \qquad 0{,}8\,\text{MeV} \leqslant W_{max} \leqslant 3\,\text{MeV}$$

7.5.5 Wechselwirkung von Neutronen

Schwächungskoeffizient (makr. Wirkungsquerschnitt) Σ — *Einheit*: 1 m⁻¹

$$\Sigma = n\sigma_t = n(\sigma_S + \sigma_E + \sigma_F)$$

$$\sigma_A = \sigma_E + \sigma_F$$

n Anzahl der Atome pro Volumeinheit
σ_t totaler atomarer Wirkungsquerschnitt
σ_S Streu-, σ_E Einfang-, σ_F Spalt- und σ_A Absorptionsquerschnitt

Schwächungsgesetz für eine homogene Schicht

$$\phi(d) = \phi_0 \, e^{-d\Sigma}$$

ϕ_0 auftreffende Neutronenflußdichte,
$\phi(d)$ Neutronenflußdichte in Einfallsrichtung nach Durchlaufen der Schichtdicke d;
Σ Schwächungskoeffizient des Schichtmaterials

Neutronenaktivierung (dünnes Target)

Aktivität der aktivierten Atome:

$$\mathcal{A}(t) = \sigma_E \, \phi \, N_a (1 - e^{-\lambda t}) = \sigma_E \phi \, N_a (1 - 2^{-t/T_{1/2}})$$

$$N_a = \frac{p\,m}{m_A} N_A$$

σ_E Neutroneneinfangquerschnitt des zu aktivierenden Nuklids
ϕ Neutronenflußdichte
N_a Anzahl der zu aktivierenden Atome mit der relativen Häufigkeit p im Präparat der Masse m bzw. der molaren Masse m_A;
λ Zerfallskonstante des aktivierten Nuklids
t Aktivierungszeit,
N_A Avogadrokonstante, $T_{1/2}$ Halbwertszeit

7.5.6 Dosimetrie

Energiedosis *D*

$$D = \frac{dW}{dm} = \frac{1}{\varrho} \frac{dW}{dV}$$

Speziell homogene Strahlung: $D = W/m$

Einheit: 1 Gray Gy = 1 J/kg
1 rad rd = 10^{-2} Gy

dW absorbierte Energie im Stoff mit der Masse dm bzw. dem Volumen dV
ϱ Dichte

Energiedosisrate(-leistung) $\dot{D}$

$$\dot{D} = \frac{dD}{dt}$$

Einheit: 1 Gy/s
1 rd/s = 10^{-2} Gy/s

Ionendosis J_L (luftbezogen)

$$J_L = \frac{dQ}{dm_L} = \frac{1}{\varrho_{L,n}} \frac{dQ}{dV_L}$$

Speziell homogene Strahlung: $J_L = Q/m_L$

Einheit: 1 C/kg
1 Röntgen R = 2,58 · 10^{-4} C/kg

dQ durch Ionisierung erzeugte Ladung eines Vorzeichens in Normalluft der Masse dm_L bzw. des Volumens dV_L bei der Dichte $\varrho_{L,n}$

Ionendosisrate(-leistung $\dot{J}$

$$\dot{J} = \frac{dJ}{dt}$$

Einheit: 1 A/kg
1 R/h = 7,17 · 10^{-7} A/kg

Zusammenhang zwischen Energiedosis D_M und Ionendosis J_L bei γ-Strahlung:

$$D_M = 388 \frac{\text{Gy}}{\text{C/kg}} J_L$$

D_M Energiedosis im Material M
J_L Ionendosis in Luft

Äquivalentdosis *H*

$$H = Q\,D$$

Einheit: 1 Sievert Sv = 1 J/kg
1 rem = 10^{-2} Sv

Q Qualitätsfaktor (Tab. 44), D Energiedosis

Äquivalentdosisrate(-leistung) $\dot{H}$

$$H = \frac{dH}{dt}$$

Einheit: 1 Sv/s = 1 W/kg
1 rem/h = 2,78 µSv/s

$$\dot{H} = K_\gamma \cdot \frac{\mathcal{A}}{r^2}$$

K_γ γ-Dosiskonstante (Tab. 43)
$\mathcal{A}$ Aktivität,
r Abstand vom Strahler

7.6 Statistiken freier Teilchen
7.6.1 Grundgrößen

h Planck-Konstante, k Boltzmannkonstante, T absolute Temperatur

Volumelement $\Delta\tau$ im Phasenraum

$$\Delta\tau = \Delta x\,\Delta y\,\Delta z\,\Delta p_x\,\Delta p_y\,\Delta p_z$$

Einheit: $1\,\mathrm{kg^3\,m^6\,s^{-3}}$

Δx, Δy, Δz Intervalle der (kartesischen) Koordinaten des Ortsvektors $\vec{r}$

Δp_x, Δp_y, Δp_z Intervalle der (kartesischen) Koordinaten des Impulsvektors $\vec{p}$

Dichte ϱ_{Ph} der möglichen Zustände im Phasenraum

$$\varrho_{\mathrm{Ph}} = \frac{\Delta N_0}{\Delta\tau} = \frac{1}{h^3}$$

Einheit: $1\,\mathrm{s^3\,kg^{-3}\,m^{-6}}$

ΔN_0 Anzahl der möglichen Zustände im Phasenraumvolumelement $\Delta\tau$

7.6.2 Elektronengas
(sowie Atome und Moleküle mit halbzahligem Spin)

Pauli-Prinzip

Jeder mögliche Zustand kann höchstens von einem Elektron besetzt sein.

Fermi-Energie W_{F}

$$W_{\mathrm{F}} = k\,T_{\mathrm{F}} = \frac{h^2}{8\pi^2 m_{\mathrm{e}}}\,(3\pi^2 n_{\mathrm{e}})^{2/3}$$

Einheit: $1\,\mathrm{eV}$ $(= 1{,}6022 \cdot 10^{-19}\,\mathrm{J})$

W_{F} Energie des höchsten besetzten Zustandes bei 0 K
T_{F} Entartungstemperatur
n_{e} Elektronendichte, m_{e} Elektronenmasse

Fermi-Dirac-Verteilung $f_{\mathrm{F}}(W)$

$$f_{\mathrm{F}}(W) = \left(\frac{\Delta N_W}{\Delta N_0}\right)_{\mathrm{F}} = \frac{1}{A(T)\,\mathrm{e}^{W/kT} + 1}$$

W kinetische Energie eines Elektrons
ΔN_0 vzw. ΔN_W Anzahl der möglichen bzw. der besetzten Zustände zwischen W und $W + \Delta W$

$$A(T) = \mathrm{e}^{-\frac{\mu(T)}{kT}}$$

μ Fermi-Niveau (chemisches Potential)
$A(T)$ temperaturabhängige Normierungskonstante

7.6.3 Photonengas
(sowie Atome und Moleküle mit ganzzahligem Spin)

Bose-Einstein-Verteilung $f_{\mathrm{B}}(W)$

$$f_{\mathrm{B}}(W) = \left(\frac{\Delta N_W}{\Delta N_0}\right)_{\mathrm{B}} = \frac{1}{A(T)\,\mathrm{e}^{W/kT} - 1}$$

$$W = h\,f = m\,c_0^2$$

W bzw. f Energie bzw. Frequenz eines Photons
ΔN_0 bzw. ΔN_W Anzahl der möglichen bzw. der besetzten Zustände zwischen W und $W + \Delta W$
$A(T)$ temperaturabhängige Normierungskonstante
m Photonenmasse, c_0 Vakuumlichtgeschwindigkeit

8 Tabellen

Dezimale Vielfache und Teile von Einheiten

E	Exa-	10^{18}	M	Mega-	10^{6}	d	Dezi-	10^{-1}	n	Nano-	10^{-9}
P	Peta-	10^{15}	k	Kilo-	10^{3}	c	Zenti-	10^{-2}	p	Pico-	10^{-12}
T	Tera-	10^{12}	h	Hekto-	10^{2}	m	Milli-	10^{-3}	f	Femto-	10^{-15}
G	Giga-	10^{9}	da	Deka-	10^{1}	µ	Mikro-	10^{-6}	a	Atto-	10^{-18}

Tab. 1 Allgemeine Konstanten

Gravitationskonstante	γ	$= 6{,}672 \cdot 10^{-11}\,\mathrm{m^3\,kg^{-1}\,s^{-2}}$
Absoluter Nullpunkt der Temperatur	ϑ_0	$= -273{,}15\,°\mathrm{C} \mathrel{\hat{=}} 0\,\mathrm{K}$
Physikalischer Normaldruck	p_n	$= 1{,}01325 \cdot 10^5\,\mathrm{Pa}$
Molare Gaskonstante	R	$= 8{,}314 \cdot 10^3\,\mathrm{J\,K^{-1}\,kmol^{-1}}$
Boltzmannkonstante	k	$= 1{,}3807 \cdot 10^{-23}\,\mathrm{J\,K^{-1}}$
Avogadrokonstante	N_A	$= 6{,}0220 \cdot 10^{26}\,\mathrm{kmol^{-1}}$
Faradaykonstante	F	$= 9{,}6485 \cdot 10^7\,\mathrm{A\,s\,kmol^{-1}}$
Strahlungskonstante	σ	$= 5{,}670 \cdot 10^{-8}\,\mathrm{W\,m^{-2}\,K^{-4}}$
Molvolumen idealer Gase bei Normalbedingung	$V_{\mathrm{A,n}}$	$= 22{,}414\,\mathrm{m^3\,kmol^{-1}}$
Lichtgeschwindigkeit im Vakuum	c_0	$= 2{,}99792458 \cdot 10^8\,\mathrm{m\,s^{-1}}$
Planck-Konstante	h	$= 6{,}6262 \cdot 10^{-34}\,\mathrm{J\,s} = 4{,}1357 \cdot 10^{-15}\,\mathrm{eV\,s}$
Quantenmechanische Einheit des Drehimpulses	$\hbar$	$= 1{,}05459\ 10^{-34}\,\mathrm{J\,s} = 6{,}5822 \cdot 10^{-16}\,\mathrm{eV\,s}$
Elektrische Feldkonstante	ε_0	$= 8{,}8541878 \cdot 10^{-12}\,\mathrm{F\,m^{-1}}$
Magnetische Feldkonstante	μ_0	$= 4\pi \cdot 10^{-6}\,\mathrm{H\,m^{-1}} = 1{,}25663706 \cdot 10^{-6}\,\mathrm{H\,m^{-1}}$
Rydbergkonstante	R_∞^*	$= 1{,}0973732 \cdot 10^7\,\mathrm{m^{-1}}$
Rydbergfrequenz	R_∞	$= 3{,}289842 \cdot 10^{15}\,\mathrm{s^{-1}}$
Atomare Masseneinheit (Atommassenkonstante)	u	$= 1{,}66056 \cdot 10^{-27}\,\mathrm{kg}$
Bohrsche Magneton	μ_B	$= 9{,}2741 \cdot 10^{-24}\,\mathrm{A\,m^2}$
Kernmagneton	μ_K	$= 5{,}0508 \cdot 10^{-27}\,\mathrm{A\,m^2}$

Tab. 2 Atome und Atombausteine

Elektron,	Ruhemasse	$m_{\mathrm{e,0}}$	$= 9{,}1095 \cdot 10^{-31}\,\mathrm{kg} = 5{,}4858 \cdot 10^{-4}\,\mathrm{u}$
	Ladung (Elementarladung)	e	$= 1{,}60219 \cdot 10^{-19}\,\mathrm{A\,s}$
	Spezifische Ladung	$e/m_{\mathrm{e,0}}$	$= 1{,}7588 \cdot 10^{11}\,\mathrm{A\,s\,kg^{-1}}$
	Radius (klassisch)	r_e	$= 2{,}8179 \cdot 10^{-15}\,\mathrm{m}$
	Ruheenergie	$m_{\mathrm{e,0}}\,c_0^2$	$= 0{,}5110\,\mathrm{MeV} = 8{,}1872 \cdot 10^{-14}\,\mathrm{J}$
	Magnetisches Moment	μ_e	$= 9{,}2848 \cdot 10^{-24}\,\mathrm{A\,m^2}$
Proton,	Ruhemasse	$m_{\mathrm{p,0}}$	$= 1{,}67265 \cdot 10^{-27}\,\mathrm{kg} = 1{,}0072764\,\mathrm{u}$
	Ruheenergie	$m_{\mathrm{p,0}}\,c_0^2$	$= 9{,}3828 \cdot 10^8\,\mathrm{eV} = 1{,}5033 \cdot 10^{-10}\,\mathrm{J}$
	Spezifische Ladung	$e/m_{\mathrm{p,0}}$	$= 9{,}5788 \cdot 10^7\,\mathrm{A\,s\,kg^{-1}}$
	Magnetisches Moment	μ_p	$= 1{,}4106 \cdot 10^{-26}\,\mathrm{A\,m^2}$
Neutron,	Ruhemasse	$m_{\mathrm{n,0}}$	$= 1{,}67495 \cdot 10^{-27}\,\mathrm{kg} = 1{,}008665\,\mathrm{u}$
	Ruheenergie	$m_{\mathrm{n,0}}\,c_0^2$	$= 9{,}3957 \cdot 10^8\,\mathrm{eV} = 1{,}5054 \cdot 10^{-10}\,\mathrm{u}$
	Magnetisches Moment	μ_n	$= -9{,}6626 \cdot 10^{-27}\,\mathrm{A\,m^2}$
Deuteron,	Ruhemasse	m_D	$= 3{,}3434 \cdot 10^{-27}\,\mathrm{kg} = 2{,}01355\,\mathrm{u}$
α-Teilchen,	Ruhemasse	m_α	$= 6{,}6442 \cdot 10^{-27}\,\mathrm{kg} = 4{,}001506\,\mathrm{u}$
H1-Atom,	Ruhemasse	m_{H1}	$= 1{,}67356 \cdot 10^{-27}\,\mathrm{kg} = 1{,}007825\,\mathrm{u}$

Tab. 3 Astronomische Daten

Erde,	Mittlerer Radius	$r_E = 6{,}371 \cdot 10^6$ m
	Äquatorradius	$r_{E,Ä} = 6{,}378388 \cdot 10^6$ m
	Polradius	$r_{E,P} = 6{,}356912 \cdot 10^6$ m
	Masse	$m_E = 5{,}977 \cdot 10^{24}$ kg
	Umdrehungszeit (Sterntag)	$T_E = 8{,}6164 \cdot 10^4$ s
	Umlaufszeit (siderisches Jahr)	$T_{E,S} = 3{,}1472 \cdot 10^7$ s
	Mittlere Dichte	$\varrho_E = 5{,}517 \cdot 10^3$ kg/m³
	Normfallbeschleunigung	$g_{E,n} = 9{,}80665$ m/s²
	Fluchtgeschwindigkeit	$v_{P,E} = 11{,}2 \cdot 10^3$ m/s
Mond,	Mittlerer Radius	$r_M = 1{,}738 \cdot 10^6$ m
	Masse	$m_M = 7{,}347 \cdot 10^{22}$ kg
	Umlaufszeit (siderisch)	$T_M = 2{,}36059 \cdot 10^6$ s
	Mittlere Entfernung Erde–Mond	$r_{E,M} = 3{,}847 \cdot 10^8$ m
	Mittlere Dichte	$\varrho_M = 3{,}34 \cdot 10^3$ kg/m³
	Fallbeschleunigung	$g_M = 1{,}6193$ m/s²
	Fluchtgeschwindigkeit	$v_{P,M} = 2{,}4 \cdot 10^3$ m/s
Sonne,	Mittlerer Radius	$r_S = 6{,}9635 \cdot 10^8$ m
	Mittlere Entfernung Erde–Sonne (astronomische Einheit)	$r_{E,S} = 1{,}496 \cdot 10^{11}$ m
	Masse	$m_S = 1{,}991 \cdot 10^{30}$ kg
	Mittlere Dichte	$\varrho_S = 1{,}409 \cdot 10^3$ kg/m³
	Fallbeschleunigung	$g_S = 2{,}737 \cdot 10^2$ m/s²
	Fluchtgeschwindigkeit	$v_{P,S} = 618 \cdot 10^3$ m/s
	Temperatur an der Oberfläche	$T_{S,O} = 5790$ K
	Temperatur im Sonnenkern	$T_{S,K} \approx 2 \cdot 10^7$ K
	Solarkonstante	$S = 1{,}395 \cdot 10^3$ J m^{-2} s^{-1} = 1,395 kW/m²

Tab. 4 Planetendaten

Planet	Mittl. Sonnenabstand in 10^6 km	Siderische Umlaufszeit	Masse in 10^{24} kg	Fallbeschleunigung in m/s²	Mittlere Dichte in kg/dm³	Äquator-Radius in 10^3 km
Merkur	57,91	87,9 d	0,33	3,73	5,5	2,440
Venus	108,2	224,7 d	4,86	8,83	5,1	6,052
Erde	149,60	365,256 d	5,977	9,81	5,5	6,37
Mars	227,9	686,98 d	0,645	3,73	4	3,365
Jupiter	778,3	11,86 a	1900	26	1,33	71,19
Saturn	1427	29,46 a	568,4	11,1	0,7	60
Uranus	2870	84,06 a	87,3	9	1,2	26,15
Neptun	4496	164,9 a	102,8	11,5	1,7	24,75
Pluto	5900	247,8 a	7	7,8?	5?	≈2,5

Tab. 5 Fläche *A*, Volumen *V*, Schwerpunkt *S*, Flächenmoment 2. Grades *I* und Trägheitsmoment *J*

Dreieck	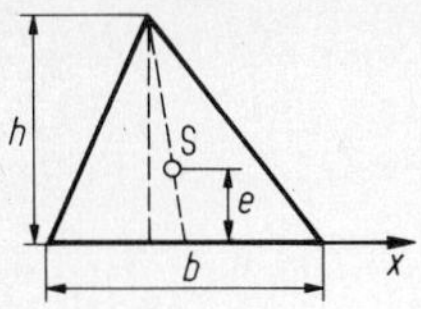	$A = \frac{1}{2} b h$ $e = \frac{1}{3} h$ $I_x = \frac{1}{12} b h^3$	Kreiszylinder	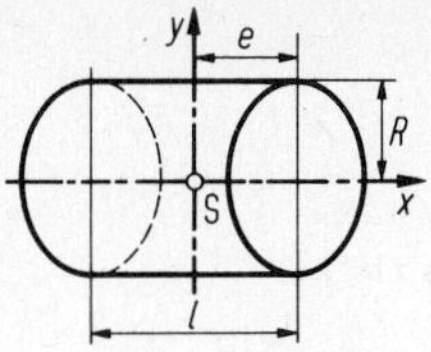	$V = \pi R^2 l$; e = $l/2$ $J_x = \frac{1}{2} m R^2$ $J_y = \frac{1}{12} m (l^2 + 3 R^2)$ Scheibe: $l \ll R$ Stab: $R \ll l$
Rechteck	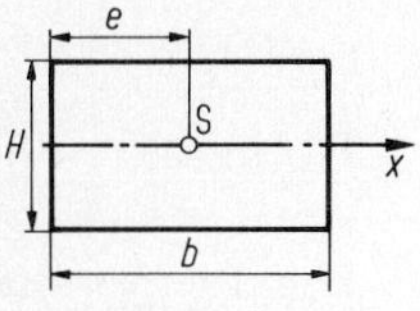	$A = b H$ $e = \frac{1}{2} b$ $I_x = \frac{1}{12} b H^3$	Kreishohlzylinder	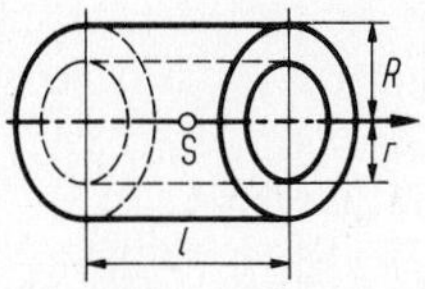	$V = \pi l (R^2 - r^2)$ $J_x = \frac{1}{2} m (R^2 + r^2)$ Dünnwandig: $R \approx r$
Trapez	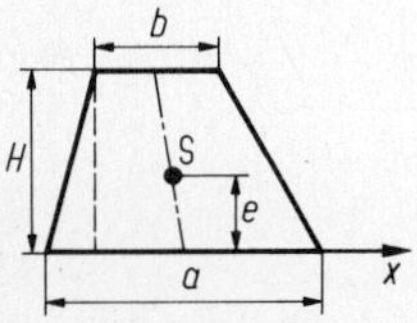	$A = \frac{1}{2} (a + b) H$ $e = \frac{1}{3} H \frac{a + 2b}{b}$ $I_x = \frac{1}{2} H^3 (a + 3b)$	Kugel	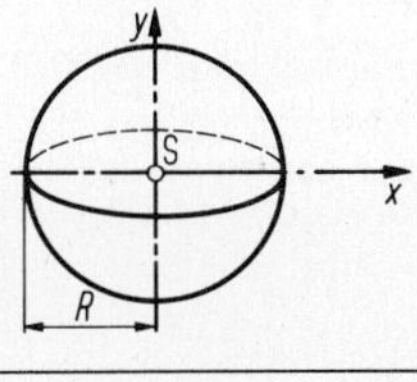	$V = \frac{4}{3} \pi R^3 = \frac{1}{6} \pi D^3$ $J_x = \frac{2}{5} m R^2$
Sechseck	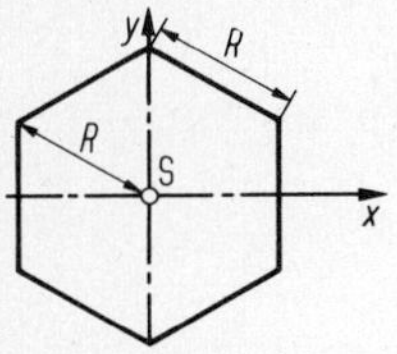	$A = \frac{3}{2} \sqrt{3} R^2$ $I_x = I_y = 0{,}541 R^4$	Kegel	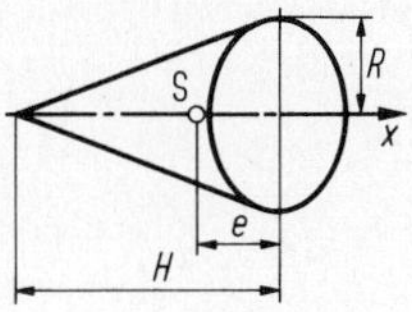	$V = \frac{1}{3} \pi R^2 H$ $e = \frac{1}{4} H$ $J_x = \frac{3}{10} m R^2$
Kreis	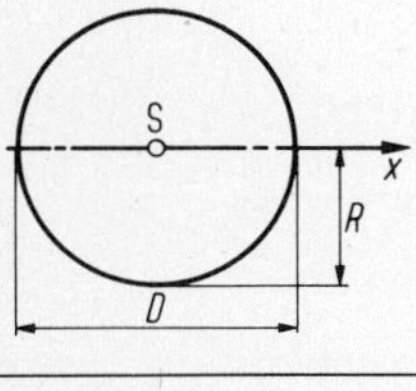	$A = \pi R^2 = \frac{1}{4} \pi D^2$ $I_x = \frac{1}{4} \pi R^4 = \frac{1}{64} \pi D^4$	Kegelstumpf	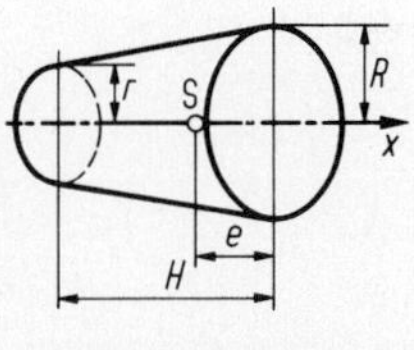	$V = \frac{1}{3} \pi H (R^2 + Rr + r^2)$ $e = \frac{R^2 + 2Rr + 3r^2}{R^2 + Rr + r^2} \cdot \frac{H}{4}$ $J_x = \frac{3}{10} m \frac{R^5 - r^5}{R^3 - r^3}$
Ellipse	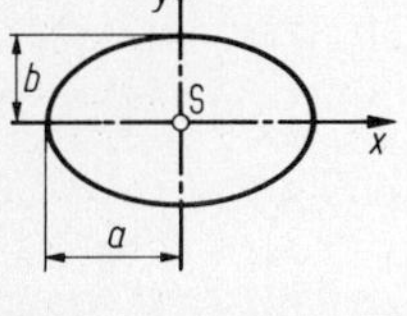	$A = \pi a b$ $I_x = \frac{1}{4} \pi a b^3$ $I_y = \frac{1}{4} \pi a^3 b$	Quader	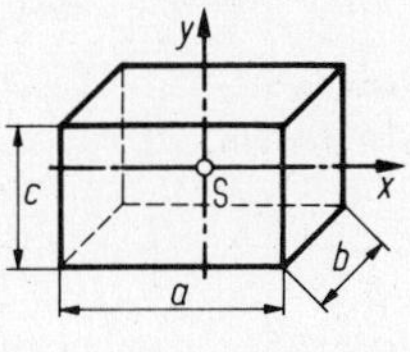	$V = a b c$ $J_x = \frac{1}{12} m (b^2 + c^2)$ $J_y = \frac{1}{12} m (a^2 + b^2)$ Platte: $a \ll b$
Quadr. Parabel	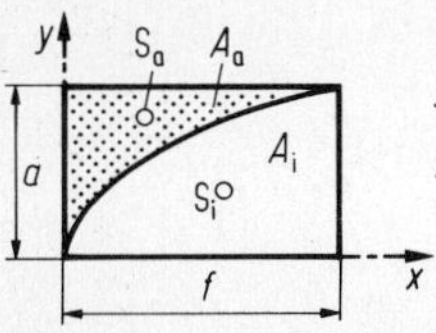	$A_i = \frac{2}{3} a f$; $A_a = \frac{1}{3} a f$ $x_{Si} = \frac{3}{5} f$; $x_{Sa} = \frac{3}{10} f$ $y_{Si} = \frac{3}{8} a$; $y_{Sa} = \frac{3}{4} a$	Kreisring	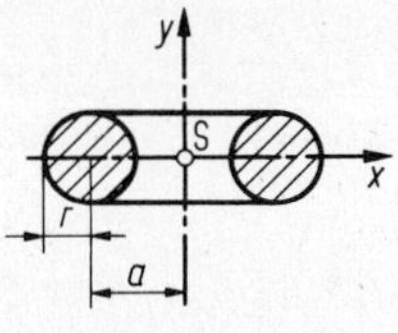	$V = 2 \pi^2 a r^2$ $J_y = \frac{1}{4} m (4a^2 + 3r^2)$ $J_x = \frac{1}{8} m (4a^2 + 5r^2)$

Tab. 6a Dichte ϱ in kg/dm³ fester Stoffe bei 20 °C (*Schüttdichte)

Aluminium (gewalzt)	2,7	Silber	10,40	Kalk (gebrannt)*	0,9 bis 1,2
Blei	11,34	Titan	4,5	Kies (trocken)*	1,9 bis 2,0
Bronze (gewöhnlich)	8,6	Uran	18,7	Sand (feucht)*	1,9 bis 2,1
Eisen	7,86	Wolfram	19,3	Sand (trocken)*	1,4 bis 1,6
Flußstahl	7,7 bis 7,86	Wolframstahl	9,0		
Gold	19,3	Zink (gewalzt)	7,15	Diamant	3,6
Gußeisen	7,2 bis 7,6	Zinn (gegossen)	7,20	Eis (0 °C)	0,92
Konstantan	8,8	Platin	21,4	Kork	0,24
Kupferdraht (hart)	8,96			Kristallglas	2,9
Magnesium	1,74	Basalt	3,0	Quarzglas	2,2
Messing	8,1 bis 8,6	Gips	2,3	Gummi	1,1
Natrium	0,97	Granit	2,5 bis 2,7		
Nickeldraht (hart)	8,76	Kalkstein	2,7	Balsaholz	0,08 bis 0,2
		Gips*	1,6 bis 1,8	Buchenholz	0,6 bis 0,9

Tab. 6b Dichte ϱ in kg/dm³ von Flüssigkeiten bei 20 °C

Äthanol	0,789	Petroleum	0,8 bis 0,82	Schwefelsäure (100 %)	1,83
Benzin	0,70 bis 0,74	Quecksilber	13,55	Seewasser	1,02
Benzol	0,88	Salpetersäure (50 %)	1,31	Spiritus	0,83
Diäthyläther	0,72	Salzsäure (25 %)	1,1	Tetrachlorkohlenstoff	1,598
Dieselöl	0,85 bis 0,88	Salzsäure (40 %)	1,195	Toluol	0,866
Glycerin	1,26	Schwefelkohlenstoff	1,26	Wasser (4 °C)	1,0000
Pentan	0,623	Schwefelsäure (50 %)	1,40	Wasser (0 °C)	0,9982

Tab. 6c Dichte ϱ_n in kg/m³ von Gasen bei Normalbedingungen

Ammoniak	0,771	Kohlenmonoxid	1,250	Sauerstoff	1,429
Acethylen	1,171	Luft (trocken)	1,293	Schwefeldioxid	2,93
Chlor	3,23	Methan	0,717	Stadtgas	0,6
Helium	0,179	Ozon	2,22	Stickstoff	1,250
Kohlendioxid	1,977	Propan	2,0	Wasserstoff	0,090

Tab. 7 Elastizitätsmodul E in 10^{11} N/m², Kompressionsmodul K in 10^{11} N/m² und Poissonzahl μ

Stoff	E	K	μ	Stoff	E	μ
Aluminium	0,73	0,72	0,34	Basalt	0,5 bis 1	
Blei	0,17	0,44	0,45	Beton	0,1 bis 0,4	0,17
Gußeisen	0,75	0,72	0,26	Granit	0,15 bis 0,7	
Kupfer	1,24	1,43	0,35	Kalkstein	0,25 bis 0,7	0,33
Magnesium	0,41	0,33	0,28	Marmor	0,42	0,30
Messing	1,03	1	0,35	Sandstein	0,04 bis 0,4	
Nickel	0,20	2	0,31	Ziegel	0,09	
Stahl (Cr/Ni)	2,0		0,3	Laborglas	0,65	0,25
Federstahl	2,2	0,53	0,29	Plexiglas	0,03	
Wolfram	3,55	3,3	0,29	Polystyrol	0,032	0,33
Uran	1,3		0,28	Porzellan	0,7	0,23
Zink	0,8	0,59	0,25	Quarzglas	0,6	0,20
Zinn	0,55	0,53	0,33	Gummi	0,005	

Tab. 8 Reibungszahlen μ' bzw. μ für Haft- bzw. Gleitreibung

Stoffpaar	Haftreibung		Gleitreibung	
	trocken	naß bzw. geschmiert	trocken	naß bzw. geschmiert
Stahl auf Stahl	0,15	0,12 bis 0,11	0,09 bis 0,03	0,009
Stahl auf Holz	0,6 bis 0,5	0,1	0,5 bis 0,2	0,08 bis 0,02
Stahl auf Eis		0,027		0,014
Gummi auf Asphalt	0,9		0,85	0,45
Gummi auf Eis				0,15

Tab. 9 Rollreibungszahlen μ_R

Auto auf Asphalt	0,025	Stahlreifen auf Erde	0,05 bis 0,1
Auto auf Pflaster	0,04	Stahlreifen auf Pflaster	0,3
Eisenbahn	0,003	Stahlreifen auf Asphalt	0,02 bis 0,03

Tab. 10 Rollreibungslänge f in m

Stahl auf Stahl (Eisenbahn)	$5 \cdot 10^{-4}$	Gußeisen auf Gußeisen	$5 \cdot 10^{-5}$
Stahl auf Stahl (Kugellager)	$5 \cdot 10^{-6}$ bis 10^{-5}	Weichholz auf Weichholz	$1{,}5 \cdot 10^{-3}$

Tab. 11 Kompressionsmodul K von Flüssigkeiten in $10^8\,N/m^2$ bei 20 °C

Äthanol	8,55	Glycerin	45,1	Tetrachlorkohlenstoff	8,8
Benzol	7,87	Pentan	4,04	Wasser	2
Diäthyläther	6,4	Quecksilber	257		

Tab. 12 Kapillaritätskonstante σ von Flüssigkeiten in $10^{-2}\,N/m$ gegen Luft bei 20 °C (Wasser siehe Tab. 14)

Äthanol	2,20	Glycerin	6,47	Quecksilber	6,47
Benzol	2,88	Petroleum	2,9	Tetrachlorkohlenstoff	50

Tab. 13 Dynamische Viskosität η in $10^{-3}\,Pa\,s$ bei 20 °C (Wasser siehe Tab. 14)

Äthanol	1,20	Petroleum	1,46	Kohlendioxid	0,0147
Benzol	0,648	Quecksilber	1,554	Methan	0,0108
Diäthyläther	0,24	Schweres Wasser	1,26	Sauerstoff	0,0203
Glycerin	1480	Tetrachlorkohlenstoff	0,97	Stickstoff	0,0175
Methanol	0,587	Toluol	0,585	Wasserstoff	0,013
Motoröl	20 bis 10^4	Ammoniak	0,224	Luft	0,0171
Pech	$3 \cdot 10^{10}$	Helium	0,022		

Tab. 14 Eigenschaften von Wasser in Abhängigkeit von der Temperatur ϑ
σ Kapillaritätskonstante, η dynamische Viskosität, ϱ Dichte, p_s Sättigungsdruck

ϑ in °C	0	10	20	30	40	50	60	70	80	90	100
ϱ in kg/dm³	0,99984	0,9997	0,9982	0,9957	0,9922	0,9881	0,9832	0,9778	0,9718	0,9653	0,9584
p_s in Pa	611	1228	2340	4244	7313	12 332	19 865	31 197	42,329	70 127	101 325
σ in 10^{-2} N/m²	7,56	7,40	7,25	7,09	6,93	6,78	6,57	6,45	6,30	6,12	5,88
η in 10^{-3} Pa s	1,79	1,31	1,00	0,80	0,65	0,55	0,47	0,40	0,36	0,32	0,28

Tab. 15 Widerstandsbeiwerte (Richtwerte) c_w

			c_w
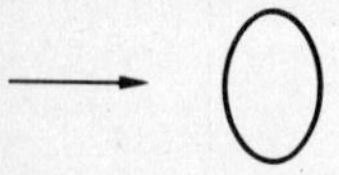	Kreisplatte	$Re < 2 \cdot 10^5$	1,11
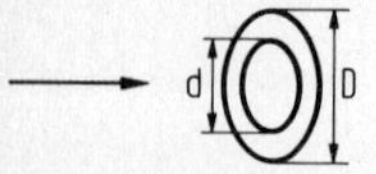	Kreisringplatte	$D : d = 2$	1,22
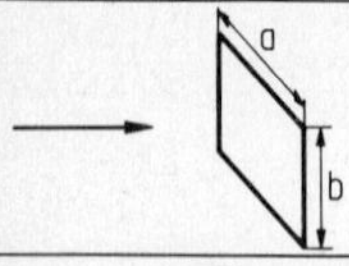	Rechteckplatte	$a : b = 1$ $a : b = 4$ $a : b = 10$ $a : b = 18$	1,10 1,19 1,29 1,40
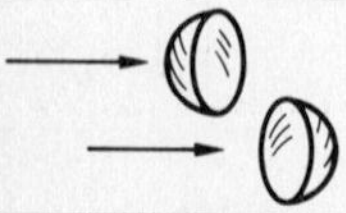	Halbkugel (ohne Boden)		0,34 1,33
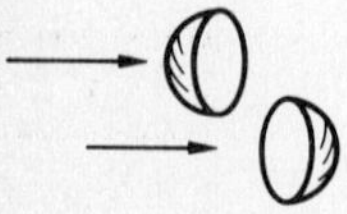	Halbkugel (mit Boden)		0,40 1,17
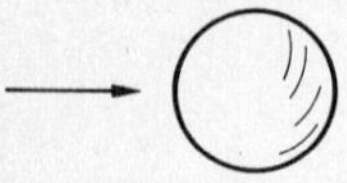	Kugel	 $Re = 10^6$	0,47 0,13

			c_w
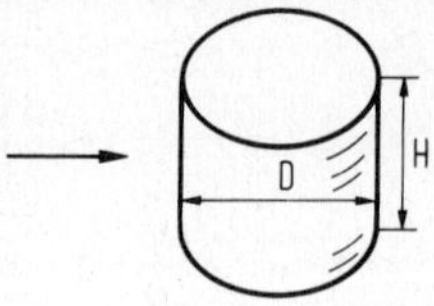	Kegel (mit Boden)	$\alpha = 60°$ $\alpha = 30°$	0,51 0,34
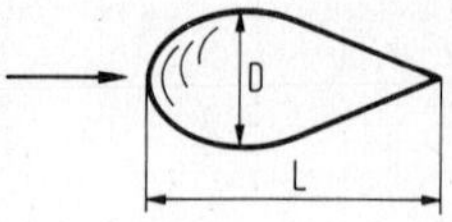	Stromlinienkörper	$Re \approx 10^5$ $L : D = 2$ $L : D = 5$ $L : D = 10$ $L : D = 20$	 0,2 0,06 0,083 0,094
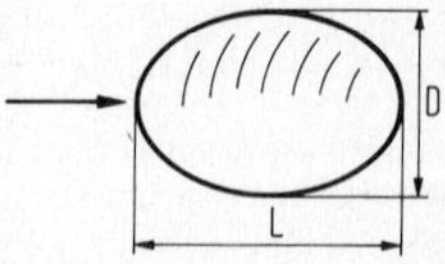	Ellipsoid $L : D = 9 : 5$ $L : D = 3 : 4$	 $Re > 10^5$ $Re < 4{,}5 \cdot 10^5$ $Re > 5{,}5 \cdot 10^5$	 0,1 0,6 0,2
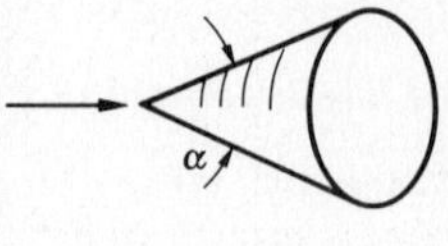	Zylinder	$Re \approx 8 \cdot 10^4$ $H : D = 1$ $H : D = 2$ $H : D = 5$ $H : D = 10$	 0,63 0,68 0,74 0,82

Tab. 16 Schallgeschwindigkeit c in m/s bei 20 °C

Luft	344	Kautschuk	50	Eis	4000
Kohlendioxid	278	Sand	200	Eichenholz	3400
Leuchtgas	453	Kork	540	Mauerwerk	3600
Petroleum	1451	Bleiplatte	700	Beton	4000
Quecksilber	1460	Bleistab	1250	Messingstab	3500
Wasser	1480	Blei	2400	Eisenstab	5170
Glycerin	1923	Glas	5200	Aluminium	5100

Tab. 17 Bewerteter Schallpegel $L_A = L + \Delta L$ in dB(A)

Frequenz in Hz	31,5	63	125	250	500	1000	2000	4000	8000	16000
ΔL in dB	−39	−26	−16	−9	−3	0	1	1	−1	−7

Tab. 18 Schallabsorptionsgrad α von Schallabsorbern

Frequenz in Hz	125	250	500	1000	2000	4000
Putz auf Mauerwerk	0,02	0,03	0,03	0,03	0,04	0,04
Mineralwolleputz 1 cm	0,07	0,09	0,27	0,52	0,74	0,76
Hochlochziegel 11,5 cm mit Mineralwolle in 6 cm Hohlraum	0,15	0,65	0,45	0,45	0,40	0,70
Bimsbeton	0,15	0,40	0,60	0,60	0,60	0,60
Vorhang glatt	0,05	0,10	0,25	0,30	0,40	0,50
Vorhang dick, faltig	0,25	0,30	0,40	0,50	0,60	0,70
Sperrholz 3 mm mit						
5 cm Abstand	0,25	0,34	0,18	0,10	0,10	0,06
2 cm Abstand	0,07		0,22		0,10	
0 cm Abstand	0,07		0,05		0,10	
Holztür	0,20	0,15	0,10	0,08	0,09	0,11
geschlossene Einfachfenster	0,10	0,04	0,03	0,02	0,02	0,02
Linoleum	0,02	0,02	0,03	0,03	0,04	0,04
Parkett aufgeklebt	0,04	0,04	0,06	0,12	0,10	0,15
Boucleteppich hart	0,02		0,05		0,18	
Velourteppich 5 mm	0,04	0,04	0,15	0,30	0,50	0,60
Holzgestühl	0,40	0,20	0,06	0,05	0,04	0,04
Stoffpolstergestühl	0,45	0,60	0,75	0,90	0,80	0,70
Fläche von Personen bei voller Besetzung	0,50	0,70	0,85	0,97	0,93	0,85

Tab. 19 Schallschluckung A' von Schallabsorbern in m^2

Frequenz in Hz	125	250	500	1000	2000	4000
Holzklappstuhl	0,02	0,02	0,02	0,04	0,04	0,03
Stoffpolsterklappstuhl	0,15	0,30	0,30	0,40	0,40	0,40
Person auf Stuhl	0,15	0,30	0,45	0,45	0,45	0,45
Personen in großen und halligen Räumen	0,65	0,75	0,85	0,95	0,95	0,80

Tab. 20 Raumvolumen V und optimale Nachhallzeit T in s für 500 Hz

V in m^3	Vortragssaal	Konzertsaal	Kirche	Frequenz in Hz	Nachhallzeitfaktor
200	0,7	1,0	1,3		
500	0,8	1,1	1,4	125	1,4
1000	0,9	1,2	1,5	250	1,15
2000	1,1	1,35	1,7	500	1
5000	1,2	1,5	1,9	1000	0,9
10000	1,4	1,8	2,2	2000	0,9
20000	1,7	2,1	2,6	4000	0,9

Tab. 21 Längenausdehnungskoeffizient α von festen Stoffen in $10^{-6} K^{-1}$ im Bereich von $-20\,°C$ bis $100\,°C$

Aluminium	23,8	Wolfram	4,5	Supremaxglas 56	3,7
Beryllium	13	Zink	26,3	Quarzglas	0,5
Blei	29,2	Zinn	27	Celluloid	100 bis 150
Bronze	17,5	Asphalt	170 bis 230	Pertinax	10 bis 30
Cadmium	29,4	Eis (0 °C)	37	Plexiglas	70 bis 100
Invar (Ni-Stahl)	0,9	Erde	≈2	Polyamid	100 bis 140
Konstantan	15	Granit	3 bis 8	Polyäthylen	200
Kupfer	16,6	Graphit	7,9	Polystyrol	60 bis 100
Manganin	18	Holz, längs zur Faser	8	PVC	150 bis 200
Messing	18			Stahlbeton	10 bis 15
Natrium	71	Porzellan	3	Gips	25
Silber	10,5	Geräteglas 20	4,8	Kalkstein	7
Silicium	7,6	Duranglas 50	3,2	Klinker	3
Stahl	9,5 bis 12	Suprax	3,9	Mörtel, Putz	9
Titan	9	Normalglas 16	8,2	Zement	14
V2A-Stahl	16	Thermometerglas	6,0	Ziegel	5

Tab. 22 Volumenausdehnungskoeffizient γ von Flüssigkeiten in $10^{-4} K^{-1}$ bei $20\,°C$

Äthanol	11,2	Essigsäure	10,7	n-Pentan	16
Aceton	14,9	Glycerin	5,0	Quecksilber	1,818
Benzol	12,5	Heizöl	9 bis 10	Terpentinöl	9,7
Benzin	10,1 bis 10,6	n-Hexan	13,5	Tetrachlorkohlenstoff	12,3
Chloroform	12,8	Methanol	12	Toluol	11,1
Diäthyläther	16,2	Nitrobenzol	8,3	Wasser	1,8

Tab. 23 Sättigungsdruck p_s in Pa bei $20\,°C$

Kohlendioxid	$5{,}73 \cdot 10^6$	Schwefelkohlenstoff	$3{,}996 \cdot 10^4$	Quecksilber	0,163
Freon 22 (CHF_2Cl)	$9{,}17 \cdot 10^5$	Trichloräthylen	$7{,}2 \cdot 10^4$	Ramsay-Fett	10^{-2} bis 10^{-3}
Freon 12 (CF_2Cl_2)	$5{,}67 \cdot 10^5$	Äthylalkohol	$5{,}87 \cdot 10^3$	Picein	4 bis $5 \cdot 10^{-2}$
Methylenchlorid	$4{,}61 \cdot 10^4$	Pumpenöl	>5	Hochvakuum-Siliconfett	$\approx 10^{-6}$

Tab. 24 Kritische Temperatur T_k, kritischer Druck p_k und kritische Dichte ϱ_k von Fluiden

	T_k in K	p_k in 10^5 N/m²	ϱ_k in kg/dm³		T_k in K	p_k in 10^5 N/m²	ϱ_k in kg/dm³
Ammoniak	405	103	0,235	Methan	191	32,2	0,162
Argon	151	49	0,536	Propan	370	42,6	0,226
Deuterium	38	16,7	0,0668	Sauerstoff	154	50,8	0,430
Helium	5	2,3	0,0694	Stickstoff	126	33,9	0,52
Kohlendioxid	304	73,8	0,468	Wasserstoff	33,3	13	0,0301
Krypton	209	55	0,908	Wasser	647	218	0,312

Tab. 25 Kalorimetrische Werte bei Normaldruck

c spez. Wärmekapazität; c_p spez. Wärmekapazität bei konstantem Druck; ϑ_S Erstarrungs- bzw. Schmelztemperatur, ϑ_D Siede- bzw. Kondensationstemperatur; q_S spez. Schmelz- bzw. Erstarrungswärme; q_D spez. Verdampfungs- bzw. Kondensationswärme; R_i spezifische Gaskonstante; λ Wärmeleitfähigkeit, $\varkappa$ Adiabatenexponent

Feste Stoffe und Flüssigkeiten	c bei 20 °C in 10^3 J kg^{-1} K^{-1}	ϑ_S in °C	q_S in 10^3 J/kg	ϑ_D in °C	q_D in 10^6 J/kg	λ in W/(m K) bei 20 °C
Aluminium	0,91	660	397	2450	10,9	239
Blei	0,129	327,4	23	1750	8,6	34,8
Cadmium	0,231	320,9	56	765	0,89	93
Eisen (rein)	0,45	1535	277	2880	6,34	75
Gold (rein)	0,129	1063	2700	2700	1,65	312
Graphit	0,836	3650		4350		160
Gußeisen	0,54	1150				50
Kupfer	0,383	1083	205	2590	4,79	395
Messing	0,381	920				112
Natrium	1,22	97,8	113	890	0,39	130
Platin (rein)	0,133	1769,3	111	4300	2,29	70,1
Silber	0,235	961	105	2200	2,35	428
Uran	0,115	1132	82,8	3900	1,73	25
Wolfram	0,134	3380	192	5500	4,35	177
Zinn	0,227	232	60	2960	2,45	65
Eis	2,09	0	333,7	–	–	2,2 (0 °C)
Äthanol	2,43	−114,5	108	78,3	0,84	0,130
Benzol	1,73	5,5	128	80,1	0,394	0,148
Diäthyläther	2,31	−116,3	101	34,5	0,384	0,130
Glycerin	2,39	− 18	201	290,5	0,882	0,285
n-Pentan	2,35	−129,7	116	36,1	0,36	0,116
Quecksilber	0,138	− 38,9	11,8	356,6	0,285	8,2
Seewasser	4,18	− 2,5				
Wasser, normal	4,18	0	333,7	100	2,256	0,6
Wasser, schwer	4,212	3,8	317,8	101,4	2,072	

Gase	$\varkappa$ (20 °C)	c_p bei 20 °C in 10^3 J kg^{-1} K^{-1}	ϑ_S in °C	q_S in 10^6 J/kg	ϑ_D in °C	q_D in 10^3 J/kg	R_i in 10^3 J kg^{-1} K^{-1}
Ammoniak	1,305	2,16	− 77,7	0,339	− 33,4	1370	0,488
Argon	1,648	0,523	−189,4		−185,9	163	2,079
Deuterium		0,498	−254,4		−249,5	304	
Helium	1,63	5,23			−268,9	20,6	2,072
Kohlendioxid	1,293	0,837	− 56,6		− 78,5	136,8	0,1876
Krypton	1,69		−157,2		−153,4	108	
Luft	1,402	1,005			−191,4	192	0,2868
Methan	1,308	2,219	−182,5		−161,5	510	0,5180
Propan	1,13	1,595	−187,7		− 42,1	426	
Sauerstoff	1,398	0,918	−218,8	0,014	−183	213	0,2595
Stickstoff	1,401	1,038	−210	0,025	−195,8	198	0,296
Wasserstoff	1,41	14,32	−259,2	0,058	−252,8	454	4,121
Wasserdampf			–	–	100	2256	0,462

Tab. 26 Baustoffkennwerte
Rohdichte ϱ; Rechenwert der Wärmeleitfähigkeit λ_R; Wasserdampf-Diffusionswiderstandszahl μ

	ϱ in kg/m³	λ_R in W/(m K)	μ
Wärmedämmender Putz	600	0,20	5/20
Kalkmörtel	1800	0,87	15/35
Zementmörtel, -estrich	2000	1,4	15/35
Gipsmörtel	1400	0,70	10
Normalbeton	2400	2,1	70/150
Gasbeton	400 bis 800	0,14 bis 0,23	5/10
Asbestzementplatten	2000	0,58	20/50
Gipskartonplatten	900	0,21	8
Vollklinker	2000	1,0	100
Ziegelmauerwerk	600 bis 2000	0,35 bis 1,0 [1])	5/10
Kalksandsteinmauerwerk	1000 bis 1400	0,50 bis 0,70 [1])	5/10
	1600 bis 2200	0,79 bis 1,3 [1])	15/25
Gasbetonmauerwerk	500 bis 800	0,22 bis 0,29 [1])	5/10
Polystyrol-Partikelschaum	⩾30	0,025 bis 0,040	40/100
Polystyrol-Extruderschaum	⩾25	0,025 bis 0,040	80/300
Polyurethan-Hartschaum	⩾30	0,020 bis 0,035	30/100
Faserdämmstoffe	8 bis 500	0,035 bis 0,050	1
Holz (Fichte, Kiefer, Tanne)	600	0,14	40
Harte Holzfaserplatten	1000	0,17	70
Glas	2500	0,81	∞
Dachpappe	1200	0,17	15000/100000
PVC-Folie; 0,1 mm	–	–	20000/50000
Polyäthylen-Folie; 0,1 mm	–	–	100000

[1]) – 0,06 W/(mK) bei Verwendung von Leichtmauermörtel

Spezifische Wärmekapazität c in kJ/(kg K)

Anorganische Bau- und Dämmstoffe	1,0	Pflanzliche Fasern, Textilfasern	1,3
Holz und Holzwerkstoffe	2,1	Schaumkunststoffe, Kunststoffe	1,5

Wärmedehnungskoeffizient α in mm/(m K)

Aluminium	0,023	Leichtbetonsteine	0,010
Stahl	0,011	Kalksand-, Gasbetonsteine	0,008
Stahlbeton	0,010	Mauerziegel	0,006

Tab. 27 Wärmeübergangswiderstände $1/\alpha$ in m²K/W nach DIN 4108

An der Innenseite geschlossener Räume bei natürlicher Luftbewegung	
Wandflächen, Fenster	0,13
Fußböden und Decken bei Wärmebewegung von unten nach oben	0,13
von oben nach unten	0,17
An den Außenseiten bei einer mittleren Windegeschwindigkeit	0,04
in durchlüfteten Hohlräumen	0,08

Tab. 28 Wärmedurchlaßwiderstand $1/\Lambda$ von Luftschichten

	Dicke s in cm	1	2	2,5	3	5	10	15
lotrecht	$1/\Lambda$ in m^2 K/W	0,14	0,16	0,17	0,17	0,18	0,17	0,16
waagrecht, Wärmestrom ↑		0,14	0,15	0,16	0,16	0,16	0,16	0,16
waagrecht, Wärmestrom ↓		0,15	0,18	0,19	0,20	0,21	0,21	0,21

Tab. 29 Emissionsgrad ε (Gesamtstrahlung) von Oberflächen bei der Temperatur ϑ
(ε_n senkrechte Abstrahlung, ε Abstrahlung in den Halbraum)

	ϑ	ε_n	ε		ϑ	ε_n	ε
Aluminium blank	100	0,04	0,05 bis 0,08	Kupfer oxidiert	20	0,78	0,7
Aluminiumbronze	100	0,2 bis 0,4	0,55	Lack schwarz	80	0,97	
Asbestpappe	20		0,88 bis 0,95	Messing blank	20		0,05
Beton	20		0,88	Platin poliert	100		0,05
Chrom poliert	150	0,06	0,07 bis 0,08	Ruß	20		0,95
Eisenblech verzinnt	20	0,06	0,08	Schamotte	20		0,88
Eisen gerostet	20	0,6	0,65	Silber blank	20	0,02	0,02
Emaille, Lacke	20	0,85 bis 0,95		Wasser		0,67	
Kupfer blank	20	0,03	0,04	Ziegel, Dachpappe	20	0,93	0,93

Tab. 30 Absorptionsgrad α von Baustoffen und Anstrichen

Temperatur der Strahlungsquelle	6000 K	1000 K	300 K	Temperatur der Strahlungsquelle	6000 K	1000 K	300 K
Aluminium poliert	0,30	0,14	0,07	Dachpappe, Schiefer	0,90	0,89	0,93
Aluminium eloxiert	0,16	0,37	0,80	Holz glatt	0,35	0,75	0,90
Aluminiumfarbe	0,20	0,30	0,42	Gipsputz	0,26	0,76	0,88
Asbestschiefer	0,80	0,92	0,96	Weißlack auf Holz	0,21	0,87	0,95
Beton	0,60	0,86	0,88				

Tab. 31 Sättigungsdruck p_s von Wasserdampf in Abhängigkeit von der Temperatur ϑ

ϑ in °C	−20	−19	−18	−17	−16	−15	−14	−13	−12	−11	−10
p_s in Pa	103	114	125	137	150	165	181	198	217	237	260
ϑ in °C	−9	−8	−7	−6	−5	−4	−3	−2	−1	0	1
p_s in Pa	284	310	337	368	401	437	476	517	562	611	657
ϑ in °C	2	3	4	5	6	7	8	9	10	11	12
p_s in Pa	705	759	813	872	935	1002	1073	1148	1228	1312	1403
ϑ in °C	13	14	15	16	17	18	19	20	21	22	23
p_s in Pa	1498	1599	1706	1818	1937	2065	2197	2340	2487	2645	2810
ϑ in °C	24	25	26	27	28	29	30	31	32	33	34
p_s in Pa	2985	3169	3362	3566	3781	4006	4244	4492	4755	5030	5320

Tab. 32 Relative (statische) Dielektrizitätszahl ε_r bei 20 °C

Bakelit	3 bis 5	Kabelisolation	4,3	Tempa X	30
Barium-, Titanoxid	10^3 bis 10^4	Kerafar R	80	Toluol	2,4
Bariumtitanat	ca. 3000	Kerakonstant	ca. 3000	Trafoöl	2,2 bis 2,5
Benzol	2,3	Nitrobenzol	36	Wasser	81,6
Bernstein	2,3 bis 2,9	Papier ungetränkt	1,6	Gase bei 0 °C; 1013 hPa	
Calit	6,5	Papier getränkt	4,3		
Condensa C u. F	80	Paraffin	2,0 bis 2,4	Ammoniak	1,0072
Condensa N	40	Polyäthylen	2,5	Kohlendioxid	1,00096
Glas	3 bis 15	Polystyrol	2,6	Helium	1,000074
Glimmer	4,5 bis 8	Quarz	3,8 bis 4,3	Luft	1,000594
Hartpapier	5	Siliconöl	2,2 bis 2,8	Sauerstoff	1,00055
Hartgewebe	5 bis 6	Steatit	5,5 bis 6,5	Stickstoff	1,00061
Hartporzellan	5,5 bis 6,5	Tempa S	14	Wasserstoff	1,00026

Tab. 33 Spezifischer Widerstand ϱ und Temperaturkoeffizient α bei 20° C

	ϱ in Ω m	α in K^{-1}
Aluminium	$1{,}86 \cdot 10^{-8}$	$3{,}8 \cdot 10^{-3}$
Blei	$21 \cdot 10^{-8}$	$4{,}2 \cdot 10^{-3}$
Eisen	$9{,}8 \cdot 10^{-8}$	$6{,}6 \cdot 10^{-3}$
Gold	$2{,}04 \cdot 10^{-8}$	$4{,}0 \cdot 10^{-3}$
Kalium	$7 \cdot 10^{-8}$	$5{,}4 \cdot 10^{-3}$
Kupfer	$1{,}79 \cdot 10^{-8}$	$3{,}9 \cdot 10^{-3}$
Nickel	$7 \cdot 10^{-8}$	$6{,}8 \cdot 10^{-3}$
Platin	$10{,}5 \cdot 10^{-8}$	$3{,}9 \cdot 10^{-3}$
Quecksilber	$96 \cdot 10^{-8}$	$0{,}9 \cdot 10^{-3}$
Silber	$1{,}6 \cdot 10^{-8}$	$3{,}6 \cdot 10^{-3}$
Wismut	$12 \cdot 10^{-7}$	$4{,}2 \cdot 10^{-3}$
Zink	$6{,}3 \cdot 10^{-8}$	$3{,}7 \cdot 10^{-3}$
Zinn	$11 \cdot 10^{-8}$	$4{,}2 \cdot 10^{-3}$
Chromnickel	$11 \cdot 10^{-7}$	$2{,}0 \cdot 10^{-4}$
Konstantan	$5 \cdot 10^{-7}$	$-3{,}0 \cdot 10^{-5}$
Manganin	$4{,}3 \cdot 10^{-7}$	$1{,}0 \cdot 10^{-5}$
Nickelin	$4{,}3 \cdot 10^{-7}$	$2{,}0 \cdot 10^{-4}$
Lampenkohle	$6 \cdot 10^{-4}$	$-0{,}5 \cdot 10^{-3}$
Wasser dest.	$3 \cdot 10^4$	
Erde	$3 \cdot 10^3$	

	ϱ in Ω m
Salzsäure 10 %	$2{,}5 \cdot 10^{-2}$
NaCl-Lösung 10 %	$7{,}9 \cdot 10^{-2}$
$AgNO_3$-Lösung 10 %	$2{,}1 \cdot 10^{-1}$
$CuSO_4$-Lösung 10 %	$3{,}0 \cdot 10^{-1}$
Bernstein	10^{20}
Glimmer	$5 \cdot 10^{14}$
Hartporzellan	$3 \cdot 10^{12}$
Lupolen	10^{15}
Marmor	10^8
Plexiglas	10^{13}
Polypropylen	10^{16}
PVC	10^{13}
Quarz	$3 \cdot 10^{14}$
Quarzglas	$5 \cdot 10^{16}$
Silikatglas	$5 \cdot 10^{11}$
Teflon	10^{13}
Trolitul	10^{17}
Germanium (27 °C)	0,46
Selen	10^{13}
Silicium	$2{,}3 \cdot 10^3$

Tab. 34 Dichtebezogene magnetische Suszeptibilität $\varkappa_m$ in $10^{-9}\,m^3\,kg^{-1}$ bei 20 °C von para- bzw. diamagnetischen Stoffen

Paramagnetische Stoffe				Diamagnetische Stoffe			
Aluminium	7,7	Mangan	121	Al_2O_3	−3,5	Kupfer	− 1,08
Eisen (800 °C)	18 900	Platin	12	Argon	−6,1	Quecksilber	− 2,1
Kobalt (1200 °C)	3 800	Sauerstoff	1 300	Benzol	−8,9	Wasser	− 9,05
Luft	3 100	Titan	40	Chlor	−7,4	Wismut	−16
Magnesium	10			Helium	−5,9		

Tab. 35 Daten einiger Thermoelemente

Thermoelement	Thermokraft in μV/K (zugehöriger Temperatur-Bereich in °C)		ungefähre obere Grenze der Anwendungs-Temperatur in °C
Kupfer/Konstantan	42,5	(0 bis 100)	400
Eisen/Konstantan	53,7	(0 bis 200)	700
Nickel/Chromnickel	41,3	(0 bis 1000)	1000
Platin/Platin-Rhodium	9,6	(0 bis 1000)	1300
Iridium/Iridium-Rhenium	17	(0 bis 2000)	2000

Tab. 36 Ionenbeweglichkeit b in stark verdünnter wäßriger Lösung bei 18 °C in $10^{-8}\,m^2V^{-1}s^{-1}$

H^+	33	Ag^+	5,7	$(OH)^-$	18,2	J^-	6,95
Na^+	4,6	NH_4^+	6,7	Cl^-	6,85	$(MnO_4)^-$	5,6
K^+	6,75	Fe^{3+}	4,8	Br^-	7,0	$(SO_4)^{2-}$	7,2

Tab. 37 Hall-Konstante R_H in $10^{-11}\,m^3/C$

Cadmium	+5,89	Zink	+6,3	InSb	$-3 \cdot 10^7$
Gold	−7,24	Wismut	ca. -10^4	InAs	$-\ 10^7$
Kupfer	−4,92	Arsen	+ 450		
Silber	−8,97	Antimon	+2000		

Tab. 38 Mengenkonstante A_r und Austrittsarbeit ΔW_A der thermischen Elektronenemission

	A_r in $Acm^{-2}K^{-2}$	ΔW_A in eV		A_r in $Acm^{-2}K^{-2}$	ΔW_A in eV
Molybdän	115	4,29	Bariumoxid	10^{-3} bis 10^{-1}	1,0 bis 1,5
Platin	32	5,30	Bariumoxid/ Strontiumoxid	10^{-3} bis 10^{-1}	0,9 bis 1,3
Wolfram	72	4,50	Thoriumoxid	3 bis 8	2,6
Wolfram/Barium	1	1,5 bis 2,1			
Wolfram/Cäsium	3	1,4			
Wolfram/Thorium	5 bis 16	2,8			

Tab. 39 Brechzahl n (bezogen auf Luft von 20 °C und 1013 hPa) und Abbezahl ν für verschiedene Wellenlängen

λ in nm	n_C 656,3	n_D 589,3	n_F 486,1	ν	λ in nm	n_C 656,3	n_D 589,3	n_F 486,1	ν
Benzol	1,49633	1,50132	1,51338	29,214	Quarzglas	1,4563	1,4584	1,4631	67,411
Diäthyläther	1,3508	1,3529	1,3572	55,141	CS_2	1,61816	1,62796	1,65230	18,394
Diamant		2,4173			Wasser	1,33115	1,33299	1,33712	55,777
Kalkspat (o)	1,65441	1,65838	1,66786	48,950					
Kalkspat (ao)	1,48462	1,48643	1,49080	78,710	Flintglas (F3)	1,60805	1,61279	1,62464	36,937
Quarz (o)	1,54187	1,54422	1,54966	69,063	Schwerflint (SF4)	1,74728	1,75496	1,77471	27,523
Quarz (ao)	1,55089	1,55332	1,55896	68,565	Schwerflint (SFS1)	1,91038	1,92250	1,95250	20,918
					Kronglas (K3)	1,51554	1,51814	1,52433	58,946

Tab. 40 Grenzwinkel ε_G der Totalreflexion für $\lambda_D = 589{,}3$ nm

Diamant/Luft	24° 26′	Quarzglas/Luft	43° 17′	Schwerflintglas (SF4)/Wasser	49° 25′
Flintglas (F3)/Luft	38° 19′	CS_2/Luft	37° 54′	Kronglas (K3)/Wasser	61° 24′
Kronglas (K3)/Luft	41° 12′	CCl_4/Luft	43° 12′		
Schwerflint (SF4)/Luft	34° 44′	Flintglas (F3)/Wasser	35° 44′		

Tab. 41 Spektrale Hellempfindlichkeit $V(\lambda)$ des menschlichen Auges für Tagsehen

λ in nm	$V(\lambda)$	λ in nm	$V(\lambda)$	λ in nm	$V(\lambda)$	λ in nm	$V(\lambda)$
380	0,0000	480	0,139	580	0,870	680	0,017
390	0,0001	490	0,208	590	0,757	690	0,0082
400	0,0004	500	0,323	600	0,631	700	0,0041
410	0,0012	510	0,503	610	0,503	710	0,0021
420	0,0040	520	0,710	620	0,381	720	0,00105
430	0,0116	530	0,862	630	0,265	730	0,00052
440	0,023	540	0,954	640	0,175	740	0,00025
450	0,038	550	0,995	650	0,107	750	0,00012
460	0,060	560	0,995	660	0,061	760	0,00006
470	0,091	570	0,952	670	0,032	770	0,00003

Tab. 42 Schwächungskoeffizient μ in cm^{-1} für Photonenstrahlung

Material	Dichte in g/cm^3	Energie in MeV 0,1	0,5	1	1,5	2	5
Wasser	1	0,167	0,0966	0,0706	0,0575	0,0494	0,0301
Aluminium	2,7	0,435	0,227	0,166	0,135	0,117	0,076
Eisen	7,86	2,7	0,648	0,468	0,381	0,333	0,246
Beton	2,3	0,389	0,200	0,146	0,119	0,102	0,066
Kupfer	8,9	3,8	0,73	0,521	0,424	0,372	0,281
Blei	11,3	59,78	1,64	0,73	0,579	0,516	0,418

Tab. 43 γ-Dosiskonstante K_γ für Punktquellen in 10^{-13} Sv m² h^{-1} Bq^{-1}

Na 22	3,13	Kr 85	0,00316	J 131	0,545	Ra 226 und	
Na 24	4,72	Co 60	3,36	Cs 137	0,847	Folgeprodukte	2,14
K 42	0,325	Cu 64	0,3	Cs 134	2,34	mit 0,5 mm Pt	
Fe 59	1,63	Tc 99^m	0,156	Au 198	0,595		

Tab. 44 Qualitätsfaktor Q der Äquivalentdosis

Elektronen, Positronen Röntgenstrahlung, γ-Strahlen	1	Protonen	1 MeV	6
Thermische Neutronen	2	α-Teilchen	1 MeV	20
Neutronen 1 MeV	10	α-Teilchen	10 MeV	11

Tab. 45 Auswahl an Radionukliden (* natürliches Radionuklid)

Nuklid (Isotopen-häufigkeit)	Zerfallsart	A_r	maximale kinetische Energie eines Teilchens bzw. Energie eines Quants in MeV (Anteil am Gesamtzerfall)	Halbwertszeit $T_{1/2}$
H 3	β^-	3,016049	0,018 (kein γ)	12,3 a
C 14	β^-	14,003242	0,158 (kein γ)	5730 a
Na 22	β^+, K	21,99444	1,83 (0,05 %); 0,54 (89 %)	2,6 a
	γ		1,28	
Na 24	β^-	23,99096	1,39; 4,17 (0,003 %)	15,0 h
	γ		1,37; 2,75 (1 : 1)	
P 32	β^-	31,97391	1,71 (kein γ)	14,3 d
S 35	β^-	34,96903	0,167 (kein γ)	87 d
K 40*	β^-, K	39,96400	1,31 (89 %)	$1,28 \cdot 10^9$ a
(0,0118 %)	γ		1,46	
Fe 59	β^-	58,93488	1,56 (0,3 %); 0,47 (54 %); 0,27 (46 %)	45 d
	γ		1,10 (56 %); 1,29 (42 %); 0,19 (8 %)	
Co 60	β^-	59,93381	0,32; 1,48 (0,15 %)	5,26 a
	γ		1,33; 1,17;	
Kr 85	β^-	84,9125	0,67 (99,3 %); 0,15 (0,7 %)	10,7 a
	γ		0,51	
Sr 89	β^-	88,90474	1,46 (kein γ)	50,5 a
Sr 90	β^-	89,90775	0,546 (kein γ)	28 a
Y 90	β^-	89,90717	2,27 (99,9 %)	64 h
	γ		1,73	
J 131	β^-	130,90612	0,61 (87 %); 0,34 (9,3 %); 0,25 (2,8 %)	8,05 d
	γ		0,36; 0,64; 0,724; 0,08	
Cs 137	β^-	136,90707	1,18 (4,8 %); 0,51 (95 %)	30 a
Au 198	β^-	197,9682	1,37 (0,025 %); 0,96 (98,6 %); 0,28 (1,4 %)	2,7 d
	γ		0,41; 0,68; 1,09 (100 : 1,1 : 0,24)	
Tl 204	β^-, K	203,97387	0,76 (98 %); 0,29 (2 %) (kein γ)	3,78 a
Po 210*	α	209,98288	5,30 (100 %); 4,5	138,4 d
	γ		0,80 (10^{-3} %)	
Rn 220*	α	220,0114	6,29; 5,75 (0,3 %)	55,6 s
	γ		0,54 (0,03 %)	
Ra 226*	α	226,02544	4,78 (94,6 %); 4,60 (5,4 %)	1602 a
	γ		0,19	
U 234*	α, Sp	234,04098	4,77 (72 %); 4,72 (28 %)	$2,47 \cdot 10^5$ a
(0,0056 %)	γ		0,053	
	—		0,12	
U 235*	α, Sp	235,04397	4,58 (5 %); 4,39 (62 %); 4,36 (17 %)	$7,10 \cdot 10^8$ a
(0,72 %)			4,21 (5,5 %)	
	γ		0,18 (100 %); 0,14 (17 %)	
U 238*	α, Sp	238,0508	4,2 (77 %); 4,15 (23 %)	$4,51 \cdot 10^9$ a
(99,27 %)	γ		0,048	
Am 241	α, Sp	241,05684	5,48; 5,54	433 a
	γ		0,060	

Tab. 46 Natürliche radioaktive Zerfallsreihen

Thorium-Reihe				Uran-Radium-Reihe				Actinium-Reihe			
Nuklid	Hist. Name	Zerfall	Halbwertszeit $T_{1/2}$	Nuklid	Hist. Name	Zerfall	Halbwertszeit $T_{1/2}$	Nuklid	Hist. Name	Zerfall	Halbwertszeit $T_{1/2}$
Th 232		α	$1{,}41 \cdot 10^{10}$ a	U 238	UI	α	$4{,}51 \cdot 10^{9}$ a	U 235	AcU	α	$7{,}10 \cdot 10^{8}$ a
Ra 228	MsThl	β	6,7 a	Th 234	UX1	β	24,1 d	Th 231	UY	β	25,5 h
Ac 228	MsTh2	β	6,13 h	Pa* 234	UX2	β	1,17 min	Pa 231		α	$3{,}25 \cdot 10^{4}$ a
Th 228	RdTh	α	1,91 a	Pa 234	UZ	β	6,75 h	Ac 227		α, β	22 a
Ra 224	ThX	α	3,64 d	U 234	UII	α	$2{,}47 \cdot 10^{5}$ a	Th 227	RdAc	α	18,2 d
Rn 220	Tn	α	55 s	Th 230	Io	α	$8 \cdot 10^{4}$ a	Fr 223	AcK	α, β	22 min
Po 216	ThA	α	0,15 s	Ra 226		α	1602 a	Ra 223	AcX	α	11,43 d
Pb 212	ThB	β	10,64 min	Rn 222		α	3,82 d	At 219		α, β	0,9 min
Bi 212	ThC	α, β	60,6 min	Po 218	RaA	α, β	3,05 min	Rn 219	An	α	4,0 s
Po 212	ThC′	α	$3 \cdot 10^{-7}$ s	Pb 214	RaB	β	26,8 min	Bi 215		β	7 min
Tl 208	ThC″	β	3,1 min	At 218		α	2 s	Po 215	AcA	α, β	$1{,}8 \cdot 10^{-3}$ s
Pb 208	ThD	—	∞	Bi 214	RaC	α, β	19,7 min	Pb 211	AcB	β	36,1 min
				Po 214	RaC′	α	$1{,}64 \cdot 10^{-7}$ s	At 215		α	10^{-4} s
				Tl 210	RaC″	β	1,3 min	Bi 211	AcC	α, β	2,15 min
				Pb 210	RaD	α, β	21 a	Po 211	AcC′	α	0,52 s
				Hg 206		β	8 min	Tl 207	AcC″	β	4,79 min
				Bi 210	RaE	α, β	5 d	Pb 207	AcD	—	∞
				Tl 206	RaE″	β	4,2 min				
				Po 210	RaF	α	138,4 d				
				Pb 206	RaG	—	∞				

Sachverzeichnis